高等学校"十四五"农林规划新形态教材

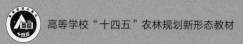

EXPERIMENTS OF
ANIMAL PHYSIOLOGY

动物生理学实验指导

（第 2 版）

主编　付守鹏　栾新红　计红

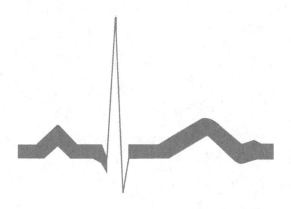

中国教育出版传媒集团
高等教育出版社·北京

内容简介

　　根据我国高等院校动物生理学的教学现状及其实验课的开课需求，本教材较为详尽地阐述了动物生理学实验的基础知识和基本技能、基本实验方法及实验内容、设计性实验总体要求和设计示例；在附录中提供了膜片钳实验技术和脑立体定位实验技术介绍、实验动物主要生理学数据、常用实验试剂的配制、国家实验动物管理法规等内容。本书共选编了 56 个基础实验和 12 个设计性实验，具有较强的可操作性、应用性、前瞻性和创新性等特点。

　　本书可供农业院校、师范院校以及综合性大学的动物科学、动物医学和生物科学等相关专业的生理学实验课选用，也可供相关专业研究生及生理、药理学工作者参考。

图书在版编目（CIP）数据

　　动物生理学实验指导 / 付守鹏，栾新红，计红主编 .
--2 版 . -- 北京：高等教育出版社，2024.1
　　ISBN 978-7-04-061420-6

　　Ⅰ．①动…　Ⅱ．①付…　②栾…　③计…　Ⅲ．①动物学
- 生理学 - 实验 - 高等学校 - 教材　Ⅳ．① Q4-33

　　中国国家版本馆 CIP 数据核字（2023）第 226145 号

DONGWU SHENGLIXUE SHIYAN ZHIDAO

策划编辑　张　磊	责任编辑　田　红	封面设计　张雨微	责任校对　窦丽娜	
责任印制　赵　振				

出版发行	高等教育出版社	网　　址	http://www.hep.edu.cn
社　　址	北京市西城区德外大街4号		http://www.hep.com.cn
邮政编码	100120	网上订购	http://www.hepmall.com.cn
印　　刷	河北鹏盛贤印刷有限公司		http://www.hepmall.com
开　　本	850mm×1168mm　1/16		http://www.hepmall.cn
印　　张	14.75	版　　次	2012 年 4 月第 1 版
字　　数	380 千字		2024 年 1 月第 2 版
购书热线	010-58581118	印　　次	2024 年 1 月第 1 次印刷
咨询电话	400-810-0598	定　　价	38.00元

编 审 人 员

新形态教材 · 数字课程（基础版）

动物生理学实验指导

（第2版）

主编　付守鹏　栾新红　计红

登录方法：

1. 电脑访问 http://abooks.hep.com.cn/61420，或微信扫描下方二维码，打开新形态教材小程序。
2. 注册并登录，进入"个人中心"。
3. 刮开封底数字课程账号涂层，手动输入20位密码或通过小程序扫描二维码，完成防伪码绑定。
4. 绑定成功后，即可开始本数字课程的学习。

绑定后一年为数字课程使用有效期。如有使用问题，请点击页面下方的"答疑"按钮。

新形态教材网 Abooks

关于我们 | 联系我们　　登录/注册

动物生理学实验指导（第2版）

付守鹏　栾新红　计红

开始学习　　　收藏

本数字课程与纸质教材相配套，内容包括国家实验动物管理法规、动物生理学相关的拓展阅读等，供教师教学和学生自学参考。

http://abooks.hep.com.cn/61420

第 2 版前言

《动物生理学实验指导》第 1 版为全国高等学校"十二五"农林规划教材,自 2012 年 4 月出版以来,被全国高等农业院校广泛选用,教学效果良好,得到了广大师生的充分认可和好评。同时,生物学实验新技术的发展,极大地推动了动物生理学新知识、新理论的涌现。为了满足新技术在动物生理学实验教学中的应用,满足先进实验方法的普及,在第 1 版教材的基础上,吸取广大动物生理学教学工作者和学习者们在教材使用中的意见和建议,我们于 2022 年 4 月召开教材修订启动会,组织教材的修订工作。

参与本版修订工作的编者团队由来自 17 所高等院校从事一线教学的 35 位骨干教师组成。本次修订遵循第 1 版的编写理念、基本框架和主要内容,针对在教材使用过程中发现的不足之处,对教材进行了如下修订:对教材内容的编排和呈现形式进行了修订和完善;删减了一些目前教学中不常开设的内容;第一章中增加了目前国内常用的生物信号采集处理系统的使用方法及步骤;第十一章中增加了新的设计性实验;修改和完善了教材中的插图;附录中增加了国家实验动物管理法规等内容。本次修订工作使教材结构更加完整,内容更加简洁清晰,同时兼具了内容的丰富性和多样性,旨在使学生更直观地学习和掌握生理学实验的基本操作技术,把动物生理学理论与实验有机结合,从而实现高素质综合性人才培养的目的。

全书由柳巨雄教授、胡建民教授和杨焕民教授审校。此外,诸多同仁在编书过程中给予了很多的支持和鼓励,对教材修订提出了一些宝贵的意见和建议,在此一并表示诚挚的感谢。

由于书中内容所涉甚广,难免出现错误、遗漏,恳请广大读者、同行和专家批评指正。

编　者

2023 年 7 月

第 1 版前言

近年来，随着计算机等技术在动物生理学实验教学中的不断应用，以及先进实验方法的出现，动物（家畜）生理学实验课教学内容有了很大变化，原有教材已无法满足实验教学需要，因此更新教材成为任课教师的当务之急。但是由于各高校引进仪器、技术，尤其是生物信号采集处理系统的不同，使得编写一本适用性较为广泛的教材的难度较大。在这种背景下，由沈阳农业大学、吉林大学、黑龙江八一农垦大学、吉林农业大学、内蒙古农业大学、东北农业大学、山西农业大学、河北农业大学、云南农业大学、四川农业大学、扬州大学、河北科技师范学院、河北工程大学、河北北方学院、大庆师范学院等 16 所院校从事一线教学的教师组成的编写小组，综合国内目前各类实验教材的内容，结合自身院校使用仪器的特点，编写了本书。

本书以提高学生动手能力，发现、分析和解决问题能力，以创新能力为核心，培养高素质综合人才为目的编写而成。根据我国大多数高等院校动物（家畜）生理学的教学现状及其实验课的开课需求，本书阐述了设计性实验及生理学实验新技术的实验范例，以充分锻炼学生的创新思维和发现、分析、解决问题的能力。针对各院校使用不同生物信号采集处理系统进行教学，本教材除在附录中列出该类系统操作参数设置外，还综合简化了各实验中所涉及的各项内容，使其具有较强的可操作性和应用性，以及前瞻性和创新性等特点，本书适用于各类院校教师从事动物（家畜）生理学实验教学，指导学生使其独立完成实验项目，提高其综合能力。

本书共选编 69 个实验，可供农业院校、师范院校以及综合性大学的动物科学、动物医学和生物科学等相关专业实验课选用，也可供相关专业硕士研究生及生理学、药理学工作者参考。

本书还配有数字课程，包括知识点的扩展和补充、各章图片等，并将陆续补充更新关于动物生理学实验的教学资源。

全书由胡建民教授、柳巨雄教授和杨焕民教授审校。此外，诸多同仁在编写过程中给予了支持和鼓励，在此表示诚挚的谢意。

由于书中内容所涉甚广，难免发生错误、遗漏，若读者发现有不当之处，敬请批评指正。

编　者

2012 年 1 月

目 录

绪 论

一、实验课的目的

动物生理学是一门理论性和实验性都很强的科学，它的很多理论都来自实验，因此，加强实验环节是体现其特点、提升教学质量的关键。根据动物生理学的特点及其教学实践，探寻培养本科生创新意识、创新精神和创新能力的策略和路径是当下动物生理学实验教学的核心任务。

基于创新性教育的基本理念，动物生理学实验课的目的在于，通过实验使学生初步掌握动物生理学实验的基本操作技术，了解获得动物生理学知识的科学方法，验证和巩固生理学的基本理论，从而培养学生严谨的治学态度和实事求是的学术作风。通过实验逐步培养学生对事物进行客观观察、比较和分析综合的能力，以及独立思考的能力，并通过开展设计性实验，培养学生的创新意识和创新能力，以实现培养创新人才的教育目标。

二、实验课的要求

为了实现实验课的目的，实验课的具体要求如下：

1. 实验前

（1）仔细阅读实验指导，了解实验目的、实验要求、实验步骤和操作程序。

（2）结合实验内容，复习有关理论，做到充分理解。

（3）预测实验各个步骤可能得到的结果。

（4）注意和估计实验中可能发生的误差。

2. 实验中

（1）实验器材的安放力求整齐、清洁。

（2）按照实验步骤，以严肃认真的态度循序操作，不得进行与实验无关的活动，要注意保护实验动物和标本，节省实验器材，避免实验药品的浪费。

（3）仔细、耐心观察实验过程中出现的现象，随时记录实验现象，并联系讲授内容进行思考。如：①发生了什么现象？②为什么会出现这种现象？③这一现象有什么生理意义等。

3. 实验后

（1）将实验用具整理就绪，所用器械擦洗干净。如有损坏、短少者，应立即报告任课教师。临时借用的器械或物品，实验完毕后，交给任课教师。

（2）整理实验记录，分析实验结果，得出实验结论。

（3）清晰填写实验报告，按时交给任课教师评阅。

三、实验结果的处理

实验过程中所得到的结果需要进行分析和整理。凡属于测量性质的结果，如高低、长短、快慢、轻重、多少等，均应准确定量。凡是有曲线记录的实验，尽量用曲线记录实验结果，并在曲线上标注说明，如刺激记号、时间记号等。有些实验为了便于比较、分析测量结果，可用表格或绘图表示。做表格时，应事先详细考虑，制出比较完善的表格。一般将观察的项目（如刺激的各种条件）列在表内左侧，由上向下逐项填入。表的右侧可按时间或数量变化的顺序由左至右逐格写入。绘图时，一般应注意以下几点：①在图的旁边列出数值表格；②横轴表示各种刺激条件，纵轴表示所发生的各种反应；③坐标轴应适当注解，包括剂量单位；④选择大小适宜的标度以便作图，根据图的大小确定坐标轴的长短；⑤绘制经过各点的曲线或折线要光滑，如果不是连续性的变化，也可用柱形图表示；⑥在图的下方注明实验条件。

四、实验报告写作要求

1. 示教实验或自己做的实验，均要求每人写出报告。

2. 实验报告必须按时完成，由课代表收齐交任课教师评阅。

3. 按照每个实验的具体要求，认真书写实验报告。写报告应注意文字简练、通顺，书写清楚、整洁，正确使用标点符号。实验报告的书写内容如下：

（1）姓名、班级、组别、日期、室温、气压。

（2）实验序号和题目。

（3）实验目的及原理。

（4）实验方法　一般不必描述。如果实验仪器或方法临时有所变更，或因操作技术影响观察的可靠性时，可作简短说明。

（5）实验结果与分析　实验结果是实验中最重要的部分，应客观、正确地记录实验过程所观察到的现象，否则容易发生错误和遗漏。实验结果的处理见前项要求，同时，运用所学理论对结果进行解释和分析。

（6）讨论和结论　实验结果的讨论是根据已知的理论判断实验结果是否为预期的，如果出现非预期的结果，应该考虑和分析其可能的原因，并指出实验结果的生理意义。实验结论是从实验结果中归纳出的一般性、概括性的判断，也就是这一实验所能验证的概念、原则或理论的简明总结。结论中一般不要罗列具体的结果。在实验结果中未能得到充分证据的理论分析不应写入结论。实验讨论和结论的书写是富有创造性的工作，应该严肃认真对待，不应盲目抄袭书本。参考其他资料应注明出处。

五、实验室守则

1. 遵守学习纪律，准时到达实验室。实验时因故外出或早退应向任课教师请假。

2. 必须严肃认真进行实验，实验期间不得进行任何与实验无关的活动。

3. 保持实验室安静。讲话要低声，以免影响他人实验。

4. 实验室内各组仪器和器材仅限本组人员使用，不得与其他组调换，以免混乱。如遇仪器损坏或机件不灵，应报告负责老师或实验准备人员，以便修理或更换，不要自行修理。实验用的动物按组发放，如需补充使用，须经任课教师同意才能补领。

5. 爱惜公共财物，注意节约各种实验器材和实验用品。

6. 保持实验室清洁整齐，不必要的物品不要带进实验室。

7. 实验完毕后，将实验器材、用品清点清楚，放回原处，实验桌收拾干净。动物尸体、纸片及废品应放到指定地点，不要随地乱扔。

第一章

基础知识和基本实验技能

第一节 动物生理学实验的基本常识

动物生理学既是一门理论性很强的基础科学，就其研究方法和知识获得途径而言，又是一门实验性科学，动物生理学的知识完全来自对生命现象的客观观察和通过实验获得。其实验课的目的是通过实验使学生初步掌握基本操作技术，了解获得动物生理学知识的实验方法，以及验证某些生理学基本理论，有助于理解并巩固和掌握相关理论内容。要做好动物生理学实验，首先应该掌握一些动物生理学实验的基本常识。

一、动物生理学实验动物

（一）实验动物概念、分类及其选择

1. 实验动物的概念与分类

实验动物是经人工培育或人工改造，对其携带的微生物或寄生虫实行控制，遗传背景明确或来源清晰，用于科学研究、教学、生物制品或药品检验，以及其他科学实验的动物。人们把自然界中具有科学研究应用价值的动物在一定的人工控制环境条件下，以特定的遗传控制繁育手段保留其科学研究所需的独特生物学特性，定向培育出遗传稳定、来源清晰的动物种群，并通过生物净化的方式排除病原体的干扰。所以，实验动物有着严格的遗传、微生物、环境和营养控制，以确保其质量，满足科学研究的需要。

实验动物按遗传学控制可分为：①近交系实验动物，即纯系动物；②封闭群动物；③杂交一代动物（F_1）。按微生物和寄生虫控制等级可分为：①普通动物；②清洁级动物；③无特定病原体动物，即 SPF 动物（specefic pathogen-free animal）；④无菌动物，即 GF 动物（germ-free animal）。

有时实验中也选用一些野生动物、家畜、家禽和鱼类进行实验。但由于它们或因遗传背景不清楚，或因其健康状况有差异，对刺激的敏感性不同、机体反应也不一致，造成实验结果重复性和可靠性较差，只能被称为实验用动物。实验用动物是指一切用于实验的动物，其中除了符合严格要求的实验动物外，还包括家畜和野生动物等。

2. 实验动物的选择

实验动物的正确选择是实验研究成败的关键之一，选择时应从动物的健康状态、动物的种类，以及动物的个体角度出发，选择最符合实验目的的实验动物。

根据不同的实验目的，选择使用适宜的种属、品系的实验动物，是实验研究成败的关键之一。

（1）实验动物种类的选择 不同种类动物对同一因素的反应有共同的一面，但有的也会出现特殊反应。要充分利用这些特殊反应，选用对实验因素最敏感的动物，这对实验研究十分重要。如心脏生理实验要求心脏标本存活期长、所需条件简单，可选用蛙类；性激素功能实验要求结果明显，易于分辨，选用雏鸡鸡冠的变化为指标等。

（2）实验动物个体的选择

① 年龄与体重 年龄是一个重要的生物参数，动物的解剖生理特征和对实验的反应性随年龄的不同有明显变化。一般而言，幼龄动物较成年动物敏感；老龄动物的代谢、各系统功能较为低下，反应不灵敏。不同实验对年龄要求不尽相同，需根据实验目的而定。一般动物实验应选用成年动物，一些慢性实验因周期较长，可选择幼龄动物。有些特殊实验，则考虑用老龄动物。值得注意的是，在发育上，有的以日、月计龄，有的以年计龄。大体上动物年龄可以根据体重大小来估计，成年的小鼠为 20～30 g，大鼠为 180～250 g，豚鼠为 450～700 g，家兔、猫为 1.5～2.5 kg，狗为 9～15 kg，同一批实验所用动物的年龄应基本一致。

② 性别 实验证明，不同性别对不同因素的反应不同，即使对性别无特殊要求的实验，选择动物时也应该雌雄各半。

③ 生理状态 处于怀孕、哺乳等生理状态时，动物对外界刺激的反应会有所改变，如无特殊目的，一般应从实验组中剔除，以减少因个体差异带来的实验误差。

④ 健康状况 实验证明，健康动物对各种刺激的耐受性比有病的动物要大，而且实验结果更稳定，所以实验时应剔除瘦弱、营养不良的动物。

（3）实验动物健康状态的判断 掌握判断实验动物是否处于健康状态的方法，是实验得以成功的基本保障之一。健康动物的基本标准如下：

① 一般情况是，发育良好，眼睛有神，反应灵活，运动自如，食欲良好，眼球结膜无充血，瞳孔处无分泌物，无鼻翼扇动、无打喷嚏、抓耳挠腮等现象。

② 皮毛清洁、柔软、有光泽、无脱毛、无蓬乱和真菌感染等现象。

③ 腹部呼吸均匀，无膨大隆起。

④ 外生殖器无损伤、无脓痂、无异味黏性分泌物。

⑤ 动物爪趾无咬伤、无溃疡、无结痂等。

（二）动物生理学常用实验动物

（1）蛙和蟾蜍 蛙和蟾蜍是动物生理学实验中常用的小型动物，属两栖类变温动物。蛙和蟾蜍容易饲养，且具有价格低廉、离体器官存活时间相对较长等优点。常用其坐骨神经－腓肠肌标本来观察各种刺激或药物对周围神经、肌肉、神经－肌肉接头的作用；因其离体心脏在适宜的环境中能持久地、有节律地跳动，故常用于研究各种离子对心脏的作用。另外，蛙或蟾蜍也常用于脊髓反射的基本特征和反射弧分析、肌梭传入冲动的观察以及破坏动物一侧迷路的效应等实验。

（2）家兔 家兔属于哺乳纲啮齿目兔科，是动物生理实验中最常用的动物，品种很多，常用的有：青紫蓝兔、中国本地兔（白家兔）、新西兰白兔、大耳白兔。

家兔性情温顺，灌肠、取血方便；耳缘静脉浅表，易暴露，是静脉给药的最佳部位。家兔的减压神经在颈部与迷走神经、交感神经分开，单独成为 1 束，常用于心血管反射活动的调节、呼吸运动的调节、尿液的生成与泌尿机制调节的研究。家兔的消化道运动活跃，可用于消化道运动及平滑肌的研究，如：离体小肠平滑肌的生理特性，小肠吸收与渗透压的关系。家兔的大脑皮质运动区机能定位已具有一定的雏形，因此，也常用于大脑皮质运动机能定位和大脑皮层的诱发电位等实验。

（3）小鼠　小鼠属于脊椎动物亚门哺乳纲啮齿目鼠科，是动物生理学实验中最常用且用途最广泛的动物，体型较小，易于饲养管理，具有成熟早、繁殖周期短、繁殖量大、生长快、性情温顺易捉、操作方便等特点，是短时间内可大量提供的实验动物。小鼠常用于动物需要量大的实验，如药物的筛选、半数致死量和药物的效价比较等实验。

（4）大鼠　大鼠属于脊椎动物亚门哺乳纲啮齿目鼠科，大鼠性情温顺，易于捉取，一般不会主动咬人，但当粗暴操作或营养缺乏时可攻击人或互相撕咬，哺乳母鼠更易产生攻击人的倾向，实验者应该特别注意实验过程中的自我保护。大鼠具有成熟快、繁殖力强、易于饲养管理等优点。大鼠垂体 - 肾上腺系统发达，常用来做应激反应和肾上腺、垂体等内分泌功能实验。利用大鼠对新环境易适应，有探索性，易训练，对惩罚和暗示敏感的特性进行行为学研究和高级神经活动的研究。大鼠无胆囊，但胆总管较大，可用胆总管插管收集胆汁，研究消化功能。

（5）豚鼠　豚鼠属于哺乳纲啮齿目豚鼠科，又称荷兰猪、天竺鼠和海猪等。豚鼠耳蜗管发达，听觉灵敏，常用于耳蜗微音器电位的实验。豚鼠对组织胺敏感，并易于致敏，常被用于抗过敏药实验。豚鼠对结核杆菌敏感，常用于抗结核病药的研究。

（6）猫　猫属于哺乳纲啮齿目猫科，大脑和小脑较发达，其头盖骨和脑的形态固定，是脑神经生理学研究的绝好实验动物。常用于睡眠、体温调节和条件反射及周围神经和中枢神经的联系、去大脑僵直、交感神经瞬膜和虹膜反应研究等。

（7）狗　狗属于哺乳纲食肉目犬科。狗听觉、嗅觉灵敏，反应敏捷，各种生理活动都具有哺乳动物所共有的基本特征，对外界环境适应能力强，易饲养，可调教，能很好地配合实验研究的需要。狗具有发达的血液循环系统，大脑皮层很发达，消化道具有肉食动物的特征，如消化道比较短而简单、蠕动较快、腺体发达等，是理想的实验动物。在动物生理学实验中常用于心血管系统、唾液、胰液和胆汁的分泌、能量代谢与体温调节等实验。

（8）羊　羊属于哺乳纲偶蹄目牛科羊亚科，喜粗食，性格温顺，具有复胃，颈静脉表浅。常用于采血、动物的心电图描记、瘤胃内容物在显微镜下的观察、反刍机制、外源性缩胆囊素对动物摄食行为的调控等实验。

（9）猪　猪属于哺乳纲偶蹄目猪科，性情温顺，易饲养，嗅觉灵敏，对外界环境适应能力强，常用于巴氏小胃、血液循环系统及病理、药理实验。猪在解剖学、生理学、疾病发生机制等方面与人极为相似，因此在生理科学领域中的应用率越来越高。小型猪、微型猪是实验用猪发展的方向，我国已培养出若干种小型和微型猪品系。由于长期小群体内部近亲繁育，因此基因纯合度相对较高，遗传稳定性好，实验重复性好。

（10）鸡　鸡属于鸟纲鸟形目雉科，品种多，飞翔能力已退化，习惯于四处觅食，食性广。鸡听觉敏锐，白天视力敏锐，易受惊扰。鸡食道中部有扩张而成的嗉囊，肺为海绵状紧贴于肋骨上，肺上有9个气囊，无肺胸膜及横膈膜；鸡无膀胱，尿少，由泄殖腔随粪便排出，呈白色，为尿酸或尿酸盐，呈鳞屑稀粥样附在粪的表面；鸡的凝血机制好，红细胞与其他哺乳动物不同，具有细胞核。在生理学中常用于观察血细胞计数、消化、内分泌和产蛋等研究。

（11）鸽　鸽属于鸟纲鸽形目鸠鸽科，在形态解剖上与鸡大致相同。鸽的听觉和视觉特别发达，姿势平衡，反应灵敏，生理学上常用来观察迷路与姿势的关系；鸽具有良好的记忆力、敏锐的视觉和稳定的行为，是行为学研究的常用模型；鸽大脑皮层不发达，纹状体是中枢神经系统的高级部位，因此，单切大脑皮层影响不大，但切除其大脑半球则不能正常生活。

二、动物生理学实验常规用具

（一）动物固定器具

动物固定器具包括动物固定头夹及解剖台。在动物急性实验或手术过程中，动物麻醉后需要固定，以保证操作过程中动物不挣扎。常用实验动物有专门的固定头夹和手术台。用头夹把动物的头固定在手术台前端的直杆上，再用绳子把动物的四肢固定在手术台两侧的固定钩上。蛙的固定较简单，可以用图钉把四肢钉在蛙板上。

（二）常用手术器械

在急慢性动物实验的预备手术中，所使用的手术器械很多（图1-1），正确选择和使用每一种器械，了解和掌握其性能，对于保证手术的成功非常重要。

1. 哺乳类动物手术器械

（1）手术刀　手术刀由刀柄和刀片组成。刀片有圆刃、尖刃和弯刃3种（图1-2A）。刀柄也有多种，最常用的是4号刀柄和7号刀柄（图1-2B）。手术刀用于切开皮肤和脏器，可根据手术需要选择合适的刀片和刀柄。装载刀片时，用止血钳夹持刀片前端背部，使刀片的缺口对准刀柄前部的刀棱，稍用力向后拉动即可装上。使用后，用止血钳夹持刀尾端背部，稍用力提取刀片向前推即可卸下（图1-3）。执手术刀的方法视切口大小、位置等不同而有执弓式、握持式、执笔式和反挑式4种（图1-4）。执弓式是最常用的一种执刀方法，发挥腕和手指的力量，用于切开

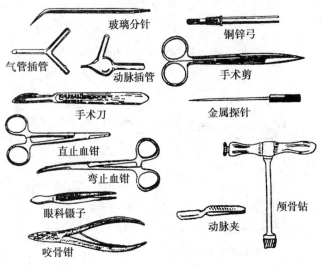

气管插管　玻璃分针　动脉插管　铜锌弓　手术剪　手术刀　金属探针　直止血钳　弯止血钳　眼科镊子　咬骨钳　动脉夹　颅骨钻

图1-1　生理学常用手术器械

较松软组织，力量较轻，动作较快，如腹部切口。握持式用于较长的皮肤切口，尤其是颈背部、臂部皮肤等较坚韧的部位，力量在手腕。执笔式用于切割短小切口，用力轻柔而操作精细，如分离血管和神经及切开腹膜小口等，动作和力量主要在手指。反挑式刀刃由内向外挑开，以避免损伤深部组织或器官，如腹膜切开或挑开狭窄的腱鞘等。

（2）手术剪　主要用于剪皮肤或肌肉等软组织；也可用来分离组织。手术剪分为钝头剪和尖头剪，其尖端有直、弯之分。还有一种小型的眼科剪，主要用于剪血管和神经等软组织。一般来说，深部操作宜用弯剪，

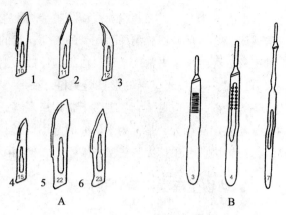

图1-2　不同类型的手术刀片及刀柄（林德贵，2004）

A. 刀片　B. 刀柄

1. 10号小圆刀　2. 11号角形尖刀　3. 12号弯形尖刀
4. 15号小圆刀　5. 22号大圆刀　6. 23号圆形大尖刀

不致误伤。剪线时大多用钝头直剪，剪毛用钝头、尖端上翘的剪刀。使用时，拇指套在一侧的手指环里，无名指套在另一侧的手指环里，食指支撑于剪轴处，中指放在手指环前，小指放在手指环后（图1-5）。

（3）手术镊　种类很多，名称也不同，常用的有无齿镊和有齿镊2种，用于夹住或提起组织，便于剥离、剪断或缝合。有齿镊用于提起皮肤、皮下组织、筋膜、肌腱等较坚韧的组织，使其不易滑脱，但有齿镊不能用于夹持重要器官，以免造成损伤。无齿镊用于夹持神经、血管、肠

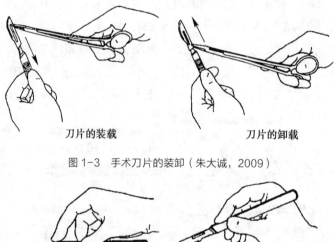

刀片的装载　　　　　刀片的卸载

图1-3　手术刀片的装卸（朱大诚，2009）

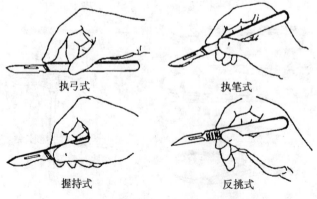

执弓式　　　　　执笔式

握持式　　　　　反挑式

图1-4　执刀方法（朱大诚，2009）

壁或其他脏器等较脆弱组织，而不会使其受损伤。手术中一般多用执笔式执镊（图1-6）。

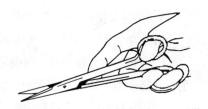

图1-5 手术剪的握持方法

（4）止血钳 止血钳分为直、弯、全齿和平齿等不同类型，用于止血、分离和牵拉组织。除用于夹持血管和出血点起止血作用外，有齿的用于提起皮肤，无齿的分离皮下组织。蚊式止血钳较小，适合用于分离小血管和神经周围的结缔组织，也可用于分离组织，牵引缝线，协助拔针等。执钳和执剪方法基本相同（图1-7）。但止血钳环间有齿可咬合锁住。松钳时可利用套入钳环的拇指与无名指相对挤压，继而两指向相反的方向旋开，放开血管钳。

（5）骨钳 分为剪刀式或小蝶式2种，剪刀式适用于咬断骨质，小蝶式适用于咬切骨片，主要用于咬切骨组织，如打开颅腔或骨髓腔等。

（6）颅骨钻 主要用于开颅时钻孔。

图1-6 镊子的握持

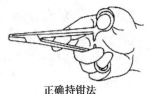

正确持钳法　　　　　　　　　错误持钳法

图1-7 持钳法

（7）缝合针 主要用于缝合各种组织，有圆针和三棱针2种，又有直形和弯形，而且大小不同。圆针用于缝合软组织，三棱针用于皮肤缝合，弯形针用于深部组织缝合。

（8）持针钳 主要用于把持缝针。

2. 两栖类动物手术器械

（1）手术刀 同哺乳动物。

（2）手术剪刀 同哺乳动物。

（3）粗剪刀 粗剪刀是普通的剪刀。在蛙类实验中，常用来剪蛙的脊柱、骨和皮肤等粗硬组织。

（4）止血钳 同哺乳动物。

（5）手术镊 同哺乳动物。

（6）毁髓针 也叫蛙针或金属探针，专门用于毁坏蛙类脑髓和脊髓的器械，由针柄和针部组成。

（7）玻璃解剖针 也叫玻璃分针，有直头与弯头之分，专门用于分离神经与血管。

（8）蛙板 分为20 cm×15 cm的玻璃蛙板和木制蛙板。木制蛙板上有许多小孔，可用蛙腿夹夹住蛙腿，嵌入孔内固定。也可用图钉将蛙腿钉在木板上。为减少损伤，制备神经-肌肉标本最好在清洁的玻璃蛙板上操作。

3. 其他用具

（1）动脉夹 主要用于短期阻断动脉血流，如在插动脉套管时使用。

（2）蛙心夹 使用时，将蛙心夹的前端在蛙心室舒张时夹住蛙心尖部，另一端借助丝线连接在张力换能器上进行心脏活动的记录。

（3）气管插管 急性动物实验时，插入气管，以保证呼吸道通畅，或做人工呼吸。将一端接气鼓或换能器，可记录呼吸运动。

（4）血管插管 有动脉插管和静脉插管。在急性实验时插入动脉，另一端接压力换能器或汞检压计以记录血压。静脉插管插入静脉后固定，以便在实验过程中随时用注射器向静脉血管注入药物和溶液。

（5）实验支架 动物生理学实验中经常用各种支架。一般都在铁架台的基础上增加一个实验专用的装置而成，如，专用夹持血压换能器的支架和万能支架。

（6）万能滑轮 动物生理学实验中经常用万能滑轮，主要用于改变力的传导方向。

三、实验动物的常用麻醉药

在急、慢性动物实验中，手术前均应将动物麻醉，以减轻或消除动物的痛苦，使其保持安静状态，从而保证实验顺利进行。由于麻醉药品的作用特点不同，动物的药物耐受性有种属或个体间差异，因此，选择适当的麻醉药对于保证实验的顺利进行和获得正确的结果是很重要的。理想的麻醉药应当是对动物麻醉完全，对动物的毒性及研究的机能影响最小，并且应用方便。

（一）麻醉药的分类

（1）从物理性质上可分为 挥发性麻醉药，如乙醚、氟烷、甲氧氟烷等；非挥发性麻醉药，如巴比妥类、氯胺酮、水合氯醛、安定，以及新型的复合麻醉药（如速眠新）等。

（2）从麻醉途径上可分为 吸入性麻醉药，主要为醚类或烷类麻醉药；静脉注射麻醉药，如戊巴比妥钠、氯胺酮等；肌内注射麻醉药，如速眠新、安定等。

（3）从作用机制上可分为 中枢抑制性麻醉药，如乙醚；镇静催眠药，如巴比妥类麻醉药；镇痛麻醉药，如氯胺酮；复方制动剂，如速眠新等。

（4）从作用范围上可分为 全身麻醉药和局部麻醉药。

（二）常用的麻醉药

1. 全身麻醉药

（1）乙醚 乙醚是无色透明、有强烈刺激气味的液体，极易挥发，其蒸汽比空气重 2.6 倍，易燃易爆，是一种呼吸性麻醉药，可用于各种动物，尤其是时间短的手术或实验。乙醚吸入麻醉的机理是抑制中枢神经系统，使肌肉松弛。但会刺激呼吸道，使分泌物增多，甚至导致动物窒息死亡，使用时应由专人负责观察动物呼吸道是否通畅。为阻止呼吸道阻塞，术前可皮下注射阿托品（0.1 ~ 0.3 mg/kg 体重）* 对抗乙醚刺激呼吸道分泌黏液的作用，术中保持动物呼吸道通畅。乙醚麻醉性很强，安全范围广，麻醉深浅和持续时间容易控制。恢复快，动物在停止吸入乙醚后

---

* 表示按每千克体重 0.1 ~ 0.3 mg 阿托品对实验动物给药。本书中其他给药剂量的表示原则与此相同：mg/kg 体重或 g/kg 体重表示每千克体重给纯药品的质量；而 mL/kg 体重，则表示每千克体重给药品溶液的体积。

1 min 内即可苏醒。

（2）巴比妥类　具有镇静和催眠效应，根据其作用时限可分为长、中、短、超短时作用四类，这类麻醉药的主要作用机制是阻止神经冲动传到大脑皮层，从而对中枢神经系统产生抑制作用。常用的巴比妥类药物包括戊巴比妥钠、硫喷妥钠、苯巴比妥钠。

① 戊巴比妥钠：最为常用。本品为白色粉末，用时配制成 3%~5% 的溶液，静脉或腹腔注射，作用发生快、持续时间较短，一次给药的有效时间为 2~4 h。静脉注射时，前 1/3 剂量可快速注射，以快速度过兴奋期；后 2/3 剂量则缓慢注射，并密切观察动物的肌紧张状态、呼吸频率及深度和角膜反射。动物麻醉后，常因麻醉药的作用及肌肉松弛和皮肤血管扩张致使体温下降，所以，实验过程中应注意保温。

② 硫喷妥钠：淡黄色粉末，其水溶液不稳定，故需临时配制成 2.5%~5% 溶液静脉注射。一次给药可维持 0.5~1 h，实验时间较长时可重复给药，维持量为原剂量的 1/10~1/5。

③ 苯巴比妥钠：作用时间较长，一次给药的有效时间为 4~6 h。在正常用药情况下，对动物的血压、呼吸及其他机能无太大影响；缺点是麻醉诱导期长，如狗通常需要 0.5~1 h 才能进入麻醉期。

（3）氨基甲酸乙酯　即乌拉坦，作用快而强，可导致较持久的浅麻醉，对呼吸无明显影响，安全系数大，多数实验动物都可以使用，尤其适用于小动物。兔对其较敏感，犬、猫、鸟类、蛙类等均可使用。兔、犬、猫的用量为 0.75~1 g/kg 体重，配成 20% 或 25% 溶液，耳缘静脉或腹腔注射。因其低温时易结晶，所以冬天做实验时应适当加温以免影响药效，但该药长期接触或有致癌作用，目前仅用于血压测定等麻醉要求较高的实验中。

（4）氯醛糖　在水中的溶解度极小，常温下几乎不溶解。加温溶解后，冷却还会出现结晶（加温时温度不宜过高，以免影响药效），给动物注射也要在溶液没有完全冷却的情况下进行。本药的安全范围大，能导致持久的浅麻醉，但是动物易受激惹引起抽搐反应。

2. 局部麻醉药

（1）普鲁卡因　此药毒性小，见效快，常用于局部浸润麻醉，用时配成 0.5%~1% 溶液。

（2）利多卡因　此药见效快，组织穿透性好，常用 1%~2% 溶液作为大动物神经干阻滞麻醉，也可用 0.25%~0.5% 溶液作局部浸润麻醉。

以上麻醉药种类虽较多，但不同实验使用药品各有侧重：做慢性实验的动物常用乙醚吸入麻醉；急性动物实验对狗、猫和大鼠常用戊巴比妥钠麻醉；对家兔、蛙和蟾蜍常用氨基甲酸乙酯麻醉；对大鼠和小鼠常用硫喷妥钠或氨基甲酸乙酯麻醉。

四、实验动物的术后护理

动物生理学慢性实验的术后护理非常关键。

1. 苏醒

手术后苏醒越快，对于动物的生命威胁就越低。但是使用不同的麻醉药物，动物的苏醒过程是不同的。吸入麻醉比其他的麻醉方式安全的主要原因就是吸入麻醉苏醒快。若是使用的注射型麻醉，麻醉时间和强度很难精确地控制，因此，一般根据手术的长短需要追加麻醉剂量。很多情况下手术已经结束，动物还没有苏醒。让动物长时间处于麻醉状态是很危险的，如低血压、低体温、意识暂时性丧失。若是身体状态不好的动物，药物麻醉后代谢缓慢，苏醒时间会延迟，很可能出现严重的后果。因此，手术结束后，若麻醉比较深，应该立即让动物苏醒过来。

2. 体位的摆放

为让动物在术后迅速苏醒，体位的摆放很关键。让动物侧卧，颈部保持伸直，这样呼吸道就能保持畅通。使用吸入麻醉时一般都会使用气管插管。气管插管的使用可以完全避免术后苏醒期间窒息的危险，对于体位的要求不高。

3. 术后排尿

术后排尿说明肾功能正常，因此，术后观察是否有尿排出是很重要的。一般来说，术后 12 h 内一定要排尿，若尿量不足，则说明问题很严重。

4. 呼吸频率及心肺功能的观察

有些动物在麻醉后会出现肺水肿，其症状就是呼吸频率加快、呼吸困难、口色发紫，严重时还会从鼻腔流出血性的液体。遇到这种情况应立即进行抢救。

5. 体温

麻醉后动物的体温都会不同程度地下降，特别在冬天需要注意保温，尽量让动物的体温维持在 38℃左右。

五、实验动物的处死方法

动物生理学急性实验结束后，要及时处死动物，应考虑采用简便快速的方法，以保证安全和减轻动物挣扎的痛苦。

1. 较大哺乳动物的处死方法

以下几种方法适用于豚鼠、猫、兔、狗等较大或体型更大的哺乳动物。

（1）空气栓塞法　将空气注入动物静脉后，随着心脏的跳动，空气与血液在右心相混，使血液呈泡沫状，随血液循环到全身。如进入肺动脉，可阻塞其分支，进入心脏冠状动脉，造成冠状动脉阻塞，发生严重的血液循环障碍，动物很快致死。一般兔、猫等需注入 20～40 mL，狗需注入 80～150 mL。

（2）急性失血法　将动物轻度麻醉，如狗可用硫喷妥钠（20～30 mg/kg 体重），动物即很快入睡。暴露股三角区，做一个横切口，把股动、静脉全切断，立即喷出血液。用一块湿纱布不断擦去股动脉切口周围的血液和血凝块，同时不断地用自来水冲洗，使股动脉切口处保持畅通，动物数分钟内即可死亡。采用此方法，动物十分安静，对脏器无损伤，对采集病理切片标本是一种较好的方法。

（3）破坏延脑法　如果急性实验后，脑已暴露，可用器具将延脑破坏，导致动物死亡。对家兔可用木槌或手击其后脑部，损坏延脑，造成死亡。

（4）开放性气胸法　将动物开胸，造成开放性气胸。这时胸膜腔的压力与大气压力相等，肺因受大气压的影响发生肺萎陷，纵隔摆动，动物可因呼吸衰竭而迅速致死。

（5）化学药物致死法　静脉内注入一定量的氯化钾溶液，使动物心肌失去收缩能力，心肌急性扩张，致心脏弛缓性停跳而死亡。成年兔耳缘静脉注射 10% 氯化钾 5～10 mL 即可致死。

2. 小哺乳动物的处死方法

以下几种方法适用于大鼠、小鼠等小哺乳动物。

（1）脊椎脱臼法　左手拇指与食指用力向下按住鼠颈部，右手抓住鼠尾用力向后拉，将脊髓与脑髓拉断，鼠便立即死亡。

（2）急性大失血法　可将眼球摘除导致大量失血致死。

（3）击打法　右手抓住鼠尾提起，用力撞击其头部，鼠痉挛后立即死亡。用小木槌击打鼠头部也可致死。

（4）断头法　给小鼠断头时，可用左手拇指和食指夹住小鼠的肩胛部固定，右手拿剪刀迅速将头剪断。给大鼠断头时，实验者应戴上棉纱手套，用右手握住大鼠头部，左手握住背部，露出颈部，助手用剪刀在鼠颈部将鼠头剪掉。

3. 蛙类的处死方法

常用金属探针插入枕骨大孔，破坏脑脊髓。左手用湿布将蛙包住，露出头部，并且用食指按压其头部前端，拇指按压背部，使头前俯；右手持探针由头前端沿中线向尾方刺入，触及凹陷处即枕骨大孔所在。进入枕骨大孔后将探针尖端转向头方，向前探入颅腔，然后向各方搅动，以捣毁脑组织。脑组织捣毁后，将探针退出，再由枕骨大孔刺入，转向尾方，与脊柱平行刺入椎管，以破坏脊髓。待蛙的四肢肌肉完全松弛后拔出探针，用干棉球将针孔堵住，以防止其出血。

如处死的是蟾蜍，在操作时要防止毒腺分泌物射入眼内。如被射入，立即用大量生理盐水冲洗眼睛。

第二节　动物生理学实验的基本操作技术

一、实验动物及实验用动物的选择

生理学实验中做好动物的选择关系到实验的成败。应按照不同实验的特殊要求选择相应的种属、品种、品系，并对个体进行选择。首先要挑选健康的动物；其次，应根据实验内容和要求，结合动物解剖生理特点挑选（见本章第一节）。有时为充分利用动物，节省时间和经费，在不影响实验结果的情况下，可利用同一动物完成不同的实验内容。此外，在动物饲养时还应对饲料加以控制，包括营养素要求及搭配、合理加工、无发霉变质等；设备标准化，如饲养环境的温度、湿度、光照、空气清洁度、噪声控制等应做规范管理。

在进行慢性动物实验时，常选择年轻健康的动物。在手术前数周内训练动物，使其熟悉实验环境。实验前 12 h 停止喂食，但需喂水。实验时应实行无菌操作，实验后需精心护理和喂养。

二、实验动物的捉拿及固定方法

在进行实验时，为了不损害动物的健康，不影响观察指标，并防止被动物咬伤，首先要限制动物的活动。使动物处于安静状态，工作人员必须掌握合理的抓取固定方法。抓取动物前，必须对各种动物的一般习性有所了解。操作时要小心仔细、大胆敏捷、熟练准确，不能粗暴、恐吓动物，同时，要爱惜动物，使动物少受痛苦。固定动物一般应用特定的固定器械（图1-8）将其固定在特制的实验台上。固定动物的方法一般多采用仰卧位，适于作颈、胸、腹、股等部位的实验；俯卧位适于作脑和脊髓部位的实验。

1. 犬

至少由2~3人进行捉拿。捆绑前实验者应先对其轻柔抚摸，避免使其惊恐或激怒。用一条粗棉绳兜住上、下颌，在上颌处打一结（勿太紧），再绕回下颌打第二个结，然后将绳引向头后部，在颈项上打第三个结且在其上打一活结（图1-9）。切记兜绳时，要注意观察犬的动向，以防被其咬伤。如犬不能合作，须用长柄犬头钳夹持其颈部，并按倒在地，以限制其头部活动，再按上述方法捆绑其嘴部。捆嘴后使其侧卧，一人固定其肢体，另一人注射麻醉药。此时应注意犬可能出现挣扎，甚至大小便俱下，由于这种捆绑动作往往会使犬呼吸急促，甚至屏气等问题出现，待动物进入到麻醉状态后，立即解绑，以防窒息。

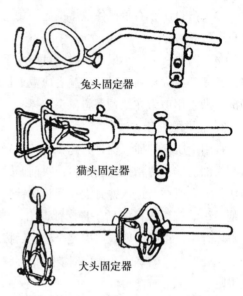

图1-8　动物头部固定器（陈克敏，2001）

将麻醉好的犬仰卧置于实验台上，用特制的固定器（图1-8）固定犬的头部。固定前将犬舌拽出口外，避免堵塞气道。将犬嘴伸入铁圈，再将直铁杆插入上、下颌之间，再下旋铁杆，使弯形铁条紧压犬的下颌（仰卧固定）或压在鼻梁上（俯卧固定）。再将头部夹固定在手术台上。

固定好头部后，再固定四肢取绳索用其一端分别绑在前肢的腕关节上部和后肢的踝关节上部，绳索的另一端分别固定在实验台同侧的固定钩上。固定两前肢时，亦可将两根绳索交叉从犬的背后穿过并将对侧前肢压在绳索下，分别绑在实验台两侧的固定钩上。若采取俯卧位固定时，绑前肢的绳索可不交叉，直接绑在同侧的固定钩上。

图1-9　犬的固定（姚运纬，1998）
A. 捆绑犬嘴的步骤　B. 捆绑犬嘴的方法
1. 第1结　2. 第2结　3. 引向脑后打第3结

2. 猫

捉拿猫时应戴手套，防止被其抓伤（图1-10）。先将猫关入特制的玻璃容器中，投入乙醚棉团对其进行快速麻醉，然后乘其未醒立即

图1-10　猫的捉拿与固定（王月影，2010）

固定在猫袋或实验台上。

3. 兔

抓取家兔时只需实验者和助手将其抓牢或按住即可。正确抓取方法为：一手抓住家兔颈背部皮肤，轻轻提起，另一手托住其臀部，使其呈坐位姿势（图1-11D）。

兔可固定在兔盒或小动物手术台上（图1-12）。在手术台上用兔头夹固定头部，把嘴套入铁圈内，调整铁圈至最适位置，然后将兔头夹的铁柄固定在手术台上；或用一根较粗棉线绳一端打个活结套住兔的两颗上门齿，另一端拴在实验台前端的铁柱上。做颈部手术时，可将一个粗注射器筒垫于兔的颈下，以抬高颈部，便于操作。兔的四肢固定和狗相同。

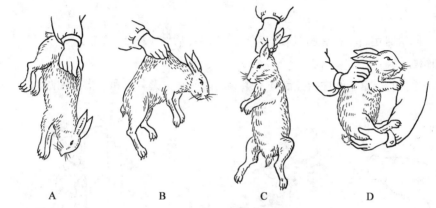

图1-11 家兔的抓取方法（沈岳良，2002）
A、B、C. 错误的操作 D. 正确操作

图1-12 兔的固定（陈主初，2002）
A. 兔手术台固定法 B. 兔头固定盒固定法

4. 小鼠和大鼠

实验者右手捏住小鼠尾部，鼠会本能地向前爬行。左手攥紧鼠颈背部皮肤，使其腹部向上，拉直躯干，并以左手小指和掌部夹住其尾固定在左手上（图1-13），可作腹腔麻醉。亦可用金属筒、有机玻璃筒或铁丝笼式固定器固定，露出尾部，做尾静脉注射。

4~5周龄以内的大鼠捉持方法基本同小鼠。周龄较大的大鼠捉拿时可戴防护手套，或用厚布盖住鼠身作防护，握住整个身体，并固定头骨，防止被咬伤，也可用钳子夹持。动作应轻柔，切忌粗暴。因大鼠在惊恐或激怒时会咬人。最后再根据需要，将大鼠置于固定笼内或捆绑四肢。

图 1-13　鼠的捉拿与固定
A. 小鼠（方家选，2006）　B. 大鼠（陈克敏，2001）

5. 豚鼠

抓取成年豚鼠时用右手横握豚鼠腹前部，左手轻托后肢（图 1-14）。

6. 蛙和蟾蜍

实验者一手拇指、食指和中指控制蛙和蟾蜍的两前肢，无名指和小指压住两后肢（图 1-15）。

图 1-14　豚鼠的捉拿（陈主初，2002）

图 1-15　蛙和蟾蜍的捉拿（黄敏，2002）

7. 鱼类

（1）一般鱼类的固定　首先给鱼用肌松剂，然后固定在特制的手术台上。固定用的手术台可以有不同的形状，根据实验要求自制。安装好流水呼吸装置。

（2）黄鳝的固定　黄鳝固定前，先破坏其脊髓。用粗剪刀尖于枕骨后缘剪断脊柱和肌肉，用一根细钢丝插进椎管。若已插入椎管，会有阻力感。不断前后抽动钢丝，凡钢丝通过之处，黄鳝腹壁肌肉松弛。约破坏到躯体中央时，抽出钢丝。将黄鳝腹面向上，用钉子分别将黄鳝吻和尾部固定于手术板（木板条）上。

三、实验动物的编号及分组

1. 编号

实验动物常需要标记以示区别。编号的方法很多，根据动物的种类、数量和观察时间长短等因素来选择合适的标记方法。

（1）挂牌法　将号码烙压在圆形或方形金属牌（最好用铝或不锈钢的，可长期使用不生锈）上，金属号牌可固定于动物耳上或将号码按实验分组编号烙在拴动物颈部的皮带上，将此颈圈固定在动物颈部，该法适用于狗等大型动物。

（2）打号法　用刺数钳（又称耳号钳）将号码打在动物耳朵上。打号前用蘸有乙醇的棉球对耳朵消毒，用耳号钳刺上号码，然后在烙印部位用棉球蘸上溶在食醋里的黑墨水在刺号上擦抹。该法适用于耳朵比较大的兔、犬等动物。

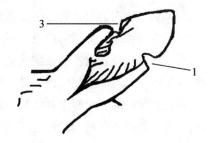

图 1-16　耳缺号（左耳）

（3）针刺法　用 7 号或 8 号针头蘸取少量碳素墨水，在耳部、前后肢及尾部等处刺入皮下，在受刺部位留有一个黑色标记，该法适用于大鼠、小鼠、豚鼠等。在实验动物数量少的情况下，也可用于兔、狗等动物。

（4）打孔或剪缺口法　可用打孔机在耳朵一定位置打一个小孔来表示一定的号码，或用剪刀在耳朵一定部位剪缺口表示一定的号码（图 1-16），此种方法常在饲养大量动物时作为终身号采用。一般原则是"左一右十，上三下一"，如：右耳下方有两个缺口，左耳上方有两个缺口，下方有一个缺口，则编号为 27 号。

（5）化学药品涂染动物被毛法　使用某些化学药品涂于体表不同部位来表示一定的号码（图 1-17）。根据实验分组编号的需要，可用一种化学药品涂染实验动物背部被毛即可。如果实验动物

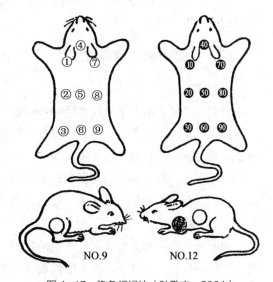

图 1-17　染色标记法（孙敬方，2001）

数量较多，则可以选择两种染料。原则是：先左后右，从前到后。用单一颜色可标记 1～10 号，若用两种颜色配合使用，其中一种颜色代表个位数，另一种代表十位数，可编到 99 号。经常应用的涂染化学药品有：涂染红色，0.5% 中性红或品红溶液；涂染黄色，3%～5% 苦味酸溶液；涂染黑色，煤焦油乙醇溶液。

该方法对于实验周期短的实验动物较合适，时间长了染料易褪色；对于哺乳期的仔畜也不适合，因母畜容易咬死仔畜或把染料舔掉。

（6）剪毛法　该法适用于大、中型动物，如狗、兔等。方法是用剪毛剪在动物一侧或背部剪出号码，此法编号清楚可靠，但只适于短期观察。

2. 分组

（1）分组的原则　进行动物实验时，经常需要将选择好的实验动物按研究的需要分成若干组。动物分组应按随机分配的原则，使每只动物都有同等机会被分配到各个实验组和对照组中去，以避免各组之间的差别，影响实验结果，特别是进行准确的统计检验，必须在随机分组的基础上进行。

每组动物数量应按实验周期长短、实验类型及统计学要求而定。如果是慢性实验或需要定期处死动物进行检验的实验，就要求选较多的动物，以补足动物自然死亡和人为处死所丧失的数

量，确保实验结束时有合乎统计学要求的动物数量存在。

（2）设立对照组　分组时应设立对照组。

自身对照组：是指就实验数据而言，实验动物本身在实验处理前、后两个阶段的各项相关数据的变化，此法可排除生物间的个体差异。

平行对照组：有正对照组和负对照组两种。给实验组动物某种处理，而给正对照组用同样方法进行处理，但并不采用实验所要求的药物或手段，负对照组则不给任何处理。

具体分组时应避免人为因素，随机把所有的动物进行编号，然后令其双数为 A 组（实验组），单数为 B 组（对照组）即可或反之。如果要分若干个组时，应该用随机数字表示进行完全随机分组。

四、实验动物的给药方法

（一）口服法

口服法是将能溶于水且在水溶液中较稳定的药物放入动物饮水中，不溶于水的药物混于动物饲料内，由动物自行摄入。该方法简单，给药时动物接近自然状态，不会引起动物应激反应，适用于多数动物慢性药物干预实验，如抗高血压药物的药效、药物毒性测试等。其缺点是动物饮水和进食过程中，总有部分药物损失，药物摄入量计算不准确，而且由于动物本身状态、饮水量和摄食不同，药物摄入量不易保证，影响药物作用分析的准确性。

（二）灌服法

灌服法是将动物适当固定，强迫动物摄入药物。这种方法能准确把握给药时间和剂量，及时观察动物的反应，适合于急性和慢性动物实验，但经常强制性操作易引起动物不良反应，甚至因操作不当引起动物死亡，故应熟练掌握该项技术。强制性给药方法主要有两种：

1. 固体药物口服

一人操作时，用左手从背部抓住动物头部，同时以拇指和食指压迫动物口角部位使其张口，右手用镊子夹住药片放于动物舌根部位，然后让动物闭口吞咽下药物。此法多适用于兔、猫和犬等较大的动物。

2. 液体药物灌服

小鼠与大鼠一般由一人操作，左手捏持小鼠头、颈、背部皮肤，或握住大鼠以固定动物，使动物腹部朝向术者，右手将连接注射器的硬质胃管由口角处插入口腔，用胃管将动物头部稍向背侧压迫，使口腔与食管成一直线，将胃管沿上颚壁轻轻插入食道，小鼠一般用 3 cm，大鼠一般用 5 cm 的胃管（图 1-18）。插管时应注意动物反应，如插入顺利，动物安静，呼吸正常，可注入药物；如动物剧烈挣扎或插入有阻力，应拔出胃管重插。如将药物灌入气管，会导致动物立即死亡。

给家兔灌服时，宜用兔固定箱或由两人操作。助手取坐位，用两腿夹住兔腰腹部，左手抓住兔双耳，右手握持前肢，以固定兔；术者将木制开口器横插入兔口内并压住舌头，将胃管经开口器中央小孔沿上颚壁插入食道约 15 cm，将胃管外口置于一杯水中，看是否有气泡冒出，检测是否插入气管，确定胃管不在气管

图 1-18　小鼠灌胃法
（孙敬方，2001）

后，即可注入药物（图 1-19）。

（三）注射法

1. 淋巴囊注射

蛙与蟾蜍皮下有多个淋巴囊，注射药物
易于吸收，适用于该类动物全身给药。常
用注射部位为胸、腹和股淋巴囊。为防止
注入药物自针眼处漏出，胸淋巴囊注射时
应将针头刺入口腔，由口腔组织穿刺到胸
部皮下，注入药物。股淋巴囊注射时应由
小腿刺入，经膝关节穿刺到股部皮下，注
射药液量一般为 0.25 ~ 0.5 mL（图 1-20）。

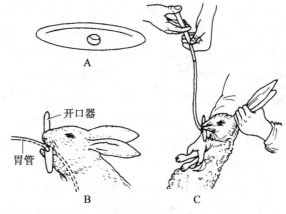

图 1-19　兔灌胃法（杨芳炬，2004）
A. 开口器　B. 插管　C. 灌胃

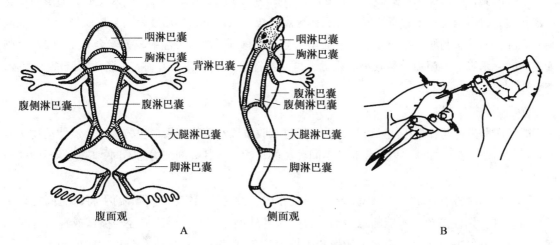

图 1-20　蛙、蟾蜍淋巴囊注射
A. 蛙、蟾蜍的皮下淋巴囊（孙敬方，2001）　B. 蛙的胸淋巴注射法

2. 皮下注射

皮下注射是将药物注射于皮肤与肌肉之间，适合于所有哺乳动物。实验动物皮下注射一般应
由两人操作，熟练者也可一人完成。由助手将动物固定，术者用左手捏起皮肤，形成皮肤皱褶，
右手持注射器，注射针头以 15° 刺入皱褶皮下，将针头轻轻左右摆动，如摆动容易，表示确已刺
入皮下，再轻轻抽吸注射器，确定没有刺入血管后，
将药物缓慢注入（图 1-21）。拔出针头后，应轻轻
按压针刺部位，以防药液漏出，并可促进药物吸收。
鸽、禽类常选用翅下注射。大鼠、小鼠和豚鼠可取颈
后肩胛间、腹部或腿内侧皮下注射。

3. 肌内注射

肌肉血管丰富，药物吸收速度快，故肌内注射适
用于几乎所有水溶性和脂溶性药物，特别适用于犬、

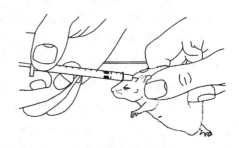

图 1-21　小鼠的皮下注射法（孙敬方，2001）

猫、兔等肌肉发达的动物。而小鼠、大鼠、豚鼠因肌肉较少，肌内注射稍有困难，必要时可选用股部肌肉。鸟类选用胸肌或腓肠肌。肌内注射一般应由两人操作，小动物也可一人完成。助手固定动物，术者用左手指轻压注射部位，右手持注射器刺入肌肉，回抽针栓，如无回血，表明未刺入血管，将药物注入，然后拔出针头，轻轻按摩注射部位，以促进药物吸收。

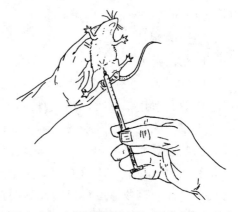

4. 腹腔注射

由于腹腔吸收面积大，药物吸收速度快等特点，常用于刺激性小的水溶性药物的给药，是啮齿类动物常用给药途径之一。腹腔注射穿刺部位一般选在下腹

图 1-22 小鼠的腹腔注射法（孙敬方，2001）

部正中线两侧，该部位无重要器官。腹腔注射可由两人完成，熟练者也可一人完成。助手固定动物，并使其腹部向上，术者将注射器针头在选定部位刺入皮下，然后使针头与皮肤呈约 45° 缓慢刺入腹腔，如针头与腹内小肠接触，一般小肠会自动移开，故腹腔注射较为安全（图 1-22）。刺入腹腔时，术者会有阻力突然减小的感觉，再回抽针栓，确定针头未刺入小肠、膀胱或血管后，缓慢注入药液。

5. 静脉注射

静脉注射是将药物直接注入血液，无须经过吸收阶段，药物作用最快，是急、慢性动物实验最常用的给药方法。静脉注射给药时，不同种类的动物由于其解剖结构的不同，应选择不同的静脉血管。

（1）兔耳缘静脉注射   将家兔置于兔固定箱内，没有兔固定箱时可由助手将家兔固定在实验台上，并特别注意兔头不能随意活动。剪除兔耳外侧缘被毛，用乙醇轻轻擦拭或轻揉耳缘局部，使耳缘静脉充分扩张。用左手拇指和中指捏住兔耳尖端，食指垫在兔耳注射处的下方（或以食指、中指夹住耳根，拇指和无名指捏住耳的尖端），右手持注射器由近耳尖处将针（6 号或 7 号针头）刺入血管（图 1-23），再顺血管腔向近心端刺进约 1 cm，回抽针栓，如有回血则表示确已刺入静脉，然后由左手拇指、食指和中指将针头和兔耳固定好，右手缓慢推注药物入血液，注射完毕，拔出针头，用手指或脱脂棉球压迫针眼片刻。如感觉推注阻力很大，并且局部肿胀，表示针头已滑出血管，应重新穿刺。注意兔耳缘静脉穿刺时应尽可能从远心端开始，以便重复注射。

（2）小鼠与大鼠尾静脉注射   小鼠尾部有三根静脉，两侧和背部各一根，两侧的尾静脉更适合于静脉注射。注射时先将小鼠置于鼠固定筒内或扣在烧杯中，让尾部露出，用乙醇或二甲苯反复擦拭尾部或浸于 40～50℃的温水中 1 min，使尾静脉充分扩张。术者用左手拉尾尖部，右手持注射器（以 4 号针头为宜）在末端 1/3 或 1/4 处，针头与静脉平行（小于 30°）将针头刺入尾静脉，然后左手捏住鼠尾和针头，右手注入药物（图 1-24）。如推注阻力很大，局部

图 1-23 家兔耳缘静脉注射
（方家选，2007）

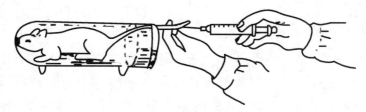

图 1-24 小鼠尾静脉注射法

皮肤变白，表示针头未刺入血管或滑脱，应重新穿刺。注射药液量以 0.15 mL/ 只为宜。幼年大鼠也可做尾静脉注射，方法与小鼠相同，但成年大鼠尾静脉穿刺困难，不宜采用尾静脉注射。

（3）犬静脉注射 犬前肢小腿内侧有较粗的静脉，后肢外侧有小隐静脉，都是犬静脉注射较方便的部位。注射时先剪去该部位被毛，用乙醇消毒。用压脉带绑扎肢体根部，或由助手握紧该部位，使静脉充分扩张。术者左手抓住肢体末端，右手持注射器向近心端刺入静脉，此时回抽可见明显回血，然后放开压脉带，左手固定针头，右手缓慢注入药液（图 1-25）。

（4）家禽静脉注射 家禽可选择翅下肱静脉或蹼间静脉（图 1-26）进行注射给药，方法同其他动物。

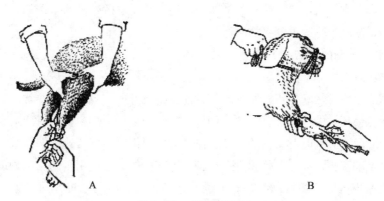

图 1-25 犬的静脉注射
A. 犬后肢外侧小隐静脉注射法 B. 犬前肢背侧皮下头静脉注射法

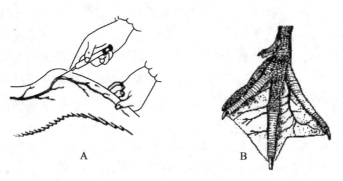

图 1-26 家禽的静脉注射
A. 翅下肱静脉 B. 蹼间静脉

五、实验动物的麻醉方法

在大多数实验过程中，为了使动物免受痛苦，同时保护实验者，通常需要对实验动物进行麻醉，在选择麻醉方法时，应根据实验要求、动物的种属特性及客观条件选择安全、有效、简便、经济又便于管理的方法。由于动物不易配合手术，所以实际操作中常常选择动物全身麻醉，包括吸入麻醉、静脉麻醉、腹腔麻醉或肌内注射麻醉等；偶尔选择局部麻醉、复合麻醉或气管插管麻醉等。

（一）麻醉前的准备工作

（1）熟悉麻醉药品的特点。根据实验内容合理选用麻醉药。例如，乌拉坦对兔和猫的麻醉效果好，较稳定，不影响循环及呼吸功能。氯醛糖很少抑制神经系统的活动，适用于保留生理反射的实验。乙醚对心肌功能有直接抑制作用，但兴奋交感－肾上腺髓质系统，全身浅麻醉时，可使心输出量增加20%。硫喷妥钠对交感神经抑制作用明显，副交感神经功能相对增强而诱发喉痉挛。

（2）麻醉前应核对药物名称，检查药品有无变质或过期失效。

（3）狗、猫等手术前应禁食12 h，以减轻呕吐反应。

（4）需在全麻下进行手术的慢性实验动物，可适当给予麻醉辅助药。例如，皮下注射吗啡镇静止痛，注射阿托品减少呼吸道分泌物的产生等。

（二）实验动物的麻醉方法

1. 全身麻醉法

（1）吸入麻醉　挥发性麻醉药经面罩或气管插管进行开放式吸入麻醉。常用的吸入麻醉剂是乙醚。乙醚为无色易挥发的液体，有特殊的刺激性气味，易燃易爆，使用时应远离火源。乙醚可用于多种动物的麻醉，麻醉时对动物的呼吸、血压无明显影响，麻醉速度快，维持时间短，更适合于时间短的手术和实验，如去大脑僵直、小脑损毁实验等，也可用于凶猛动物的诱导麻醉。

给犬吸入乙醚麻醉时可用特制的铁丝犬嘴套套住犬嘴，由助手将犬固定于手术台，术者用2~3层纱布覆盖犬嘴套，然后将乙醚不断滴于纱布上，使犬吸入乙醚。犬吸入乙醚后，往往由于中枢抑制解除而首先有一个兴奋期，动物挣扎，呼吸快而不规则，甚至出现呼吸暂停，如呼吸暂停应将纱布取下，等动物呼吸恢复后再继续吸入乙醚，待动物逐渐进入外科麻醉期，头颈及四肢肌肉松弛呼吸逐渐平稳均匀，角膜反射消失及瞳孔缩小，对疼痛反应消失，即可进行手术。

麻醉猫、大鼠、小鼠时可将动物置于适当大小的玻璃罩中，再将浸有乙醚的棉球或纱布放入罩内，并密切注意动物反应，特别是呼吸变化，直到动物麻醉。给家兔麻醉时，可将浸有乙醚的棉球置于一个大烧杯中，术者左手持烧杯，右手抓兔双耳，使其口鼻伸入烧杯内吸入乙醚，直到动物麻醉。

乙醚麻醉注意事项：①乙醚吸入麻醉常刺激呼吸道黏膜而产生大量分泌物，易造成呼吸道阻塞，可在麻醉前半小时皮下注射阿托品，以减少呼吸道黏膜分泌物的产生。②乙醚吸入麻醉过程中动物挣扎，呼吸变化较大，乙醚吸入量及速度不易掌握，应密切注意动物反应，以防吸入过多，麻醉过度而使动物死亡。

（2）注射麻醉　非挥发性麻醉剂常用腹腔或静脉注射麻醉，其操作简便。腹腔注射常用于小鼠、大鼠、豚鼠，而静脉注射常用于兔、犬、猫、羊等动物。常用乌拉坦、戊巴比妥钠及氯醛糖等。主要给药途径有：①静脉注射；②腹腔注射；③肌内注射；④皮下注射；⑤淋巴囊内注射。

2. 局部麻醉

局部麻醉药物通过可逆地阻断感觉神经冲动的产生与传导产生局部麻醉作用。进行局部麻醉时，药物接近神经纤维的方式主要有两种：

（1）用作表面麻醉时，药物通过点眼、喷雾或涂布作用于黏膜表面，进而透过黏膜接触黏膜下神经末梢而发挥作用。该药物除具有麻醉作用外，还有较强的穿透力，如利多卡因。

（2）作浸润麻醉时，用注射的方法将药物送到神经纤维旁。此类药物只需有局部麻醉作用，不一定要求有强大的穿透力，如普鲁卡因（对氨苯甲酸酯）、可卡因、利多卡因（其效力是普鲁卡因的 2 倍）。用作局部麻醉的药物的浓度一般为 1%~2%，通常用 0.5%~1%。

（三）合理选择麻醉途径

（1）选择简单易行的麻醉途径。小鼠、大鼠、豚鼠等动物体型小，易于保定，腹腔注射容易，效果较快。兔耳缘静脉明显，且温顺，不需保定即可进行静脉注射。

（2）尽量减少实验动物的痛苦。

（3）尽快发挥药物的麻醉效果。

一般来说，各种途径给药后，其产生药效所需的时间为：静脉注射最快，腹腔注射次之，肌内注射最慢。

（四）麻醉效果的观察

动物的麻醉效果直接影响实验的进行和实验结果。如果麻醉过浅，动物会因疼痛而挣扎，甚至出现兴奋状态，呼吸心跳不规则，影响观察。麻醉过深，可使机体的反应性降低，甚至消失，更为严重的是抑制延髓的心血管活动中枢和呼吸中枢，导致动物死亡。因此，在麻醉过程中必须善于判断麻醉程度，观察麻醉效果。判断麻醉程度的指标有：

1. 呼吸

动物呼吸加快或不规则，说明麻醉过浅；若呼吸由不规则转变为规则且平稳，说明已达到麻醉深度；若动物呼吸变慢，且以腹式呼吸为主，说明麻醉过深，动物有生命危险。

2. 反射活动

主要观察角膜反射或睫毛反射。若动物的角膜反射灵敏，说明麻醉过浅；若角膜反射迟钝，麻醉程度适宜；角膜反射消失，伴有瞳孔散大，则麻醉过深。

3. 肌张力

动物肌张力亢进，说明麻醉过浅；全身肌肉松弛，麻醉合适。

4. 皮肤夹捏反应

麻醉过程中可随时用止血钳或有齿镊夹捏动物皮肤，若反应灵敏，则麻醉过浅；若反应消失，则麻醉程度合适。

总之，观察麻醉效果要仔细，上述 4 项指标要综合考虑。最佳麻醉深度的标志是：动物卧倒、四肢及腹部肌肉松弛、呼吸深慢而平稳、皮肤夹捏反应消失、角膜反射明显迟钝或消失、瞳孔缩小。在静脉注射麻醉时还要边注入药物边观察。只有这样，才能获得理想的麻醉效果。

（五）麻醉深度的掌握及麻醉后动物的监护

掌握好麻醉深度是麻醉的关键环节。麻醉者要根据动物体重、药物浓度仔细计算好所需的麻醉药物剂量。在静脉注射麻醉时，不可将药物一次性快速推入，而是间歇性地缓慢推进，在注射到预定剂量 1/2 后，更要减慢推进速度，一边注射一边观察动物的睫毛反射、肌肉松弛程度及呼吸，达到实验所需麻醉状态时，立即停止药物注射。

为了防止麻醉后的动物（主要是猪、犬等大动物）因呼吸道阻塞而窒息死亡，最好在麻醉后，实验前进行气管插管，以保持其呼吸道通畅。在需要动物长时间处于麻醉状态的实验中，追加麻醉药要严格控制剂量（一般不超过麻醉剂量的 1/3），因为有了基础麻醉，麻醉药物稍微过量，便可超过动物的耐受阈值，导致麻醉过深。为了预防动物麻醉过深，实验室应备有常用的抢救药物，如尼可刹米、肾上腺素等，以及呼吸机、心电监护仪等设备。

（六）麻醉注意事项

（1）动物在麻醉前应禁食、禁水，以防止窒息。麻醉前应正确选用麻醉药品、用药剂量及给药途径。

（2）进行静脉麻醉时，先将总用药量的 1/3 快速注入，使动物迅速度过兴奋期，余下的 2/3 则应缓慢注射，并密切观察动物麻醉状态及反应，以便准确判断麻醉深度。

（3）如麻醉较浅，动物出现挣扎或呼吸急促等，需补充麻醉药以维持适当的麻醉。一次补充药量不宜超过总麻醉剂量的 1/5。

（4）麻醉过程中，应随时保持呼吸道通畅，密切注意呼吸、血压、脉搏等变化，同时需要注意保温。麻醉期间，动物的体温调节机能往往受到抑制，出现体温下降，可影响实验的准确性。此时需采取保暖措施。

（5）在手术操作复杂、创伤大、实验时间较长或麻醉深度不理想等情况下，可配合局部浸润麻醉或基础麻醉。吗啡具有很好的止痛及镇静作用，有时用作基础麻醉，但因吗啡抑制呼吸中枢和心血管中枢的活动，增高颅内压，减少胰液和胆汁的分泌，并有抗利尿作用，不宜用于呼吸、循环、消化及泌尿等实验。

（6）实验中注意液体的输入量及排出量，维持体液平衡，防止酸中毒及肺水肿的发生。

（七）实验动物的急救措施

当实验进行中因麻醉过量、大失血、过强的创伤、窒息等各种原因，而使动物出现血压急剧下降甚至测不到，睫毛反射消失，呼吸极慢而无规则甚至呼吸停止及临床死亡症状时，应立即进行急救。急救的方法可根据动物情况而定。对犬、兔、猫常用的急救措施有如下几种：

（1）针刺　针刺人中穴对抢救家兔效果较好。对犬用每分钟几百次频率的脉冲电刺激膈神经效果较好。

（2）静脉快速注射温热的高渗葡萄糖液　可刺激动物血管内感受器，反射性地引起血压、呼吸的改善。

（3）注射呼吸中枢兴奋药　从静脉注射山梗菜碱或尼可刹米。

（4）注射强心剂　可以静脉注射 0.1% 肾上腺素 1 mL，必要时直接做心脏内注射。

（5）动脉快速输血输液　在动物股动脉插一软塑料套管，连接加压输液装置快速从股动脉输血和输液。

（6）人工呼吸 可采用双手压迫动物胸廓进行人工呼吸。

（7）注射苏醒剂 呼吸停止，人工呼吸无效时，注射苏醒剂咖啡因（1 mg/kg 体重）、可拉明（2~5 mg/kg 体重）或山梗菜碱（0.3~1 mg/kg 体重）等。

六、实验动物的采血方法

血液常被比喻为观察内环境的窗口，在需要检测内环境变化的生理实验中常需要采取血液样本。因实验动物解剖结构和体型大小差异及所需血量的不同，采血方法不尽相同。

（一）兔

1. 耳中央动脉采血

在兔耳中央有一条较粗、颜色较鲜红的中央动脉，用乙醇棉球涂擦耳中央动脉部位，使其充分扩张，用注射器刺入耳中央动脉抽取动脉血样，一次性采血时也可用刀片切一个小口，让血液自然流出，收集血样；采血后用棉球压迫局部，予以止血。每次可收集 30~50 mL，每周可放血一次。

2. 股动脉采血

将家兔仰卧位固定。术者左手以动脉搏动为标志，确定穿刺部位，右手将注射器针头刺入股动脉，如流出血为鲜红色，表示穿刺成功，应迅速抽血，拔出针头，压迫止血。

3. 耳缘静脉采血

剃去耳缘被毛，用浸二甲苯的棉球擦拭耳缘静脉使其充分扩张，然后涂以无菌凡士林以防血凝。用刀片尖沿血流方向切开血管 3~5 mm，用无菌试管收集流出的血液。用纱布压迫止血，并用乙醇擦洗，再用冷水擦洗除去二甲苯。5~10 min 内可放血 30~50 mL。每 3~4 d 可重新放血。

4. 心脏穿刺采血

将家兔仰卧位固定，剪去心前区被毛，用碘酒消毒皮肤。术者用装有 7 号针头的注射器，在心跳搏动最显著部位（在由下向上数第 3~4 肋间、胸骨左侧外 3 mm 处）刺入心脏，刺入心脏后血液一般可自动流入注射器，或者边刺入边抽吸，直至抽出血液。抽血后迅速拔出针头。心脏采血可获得较大量的血样，一般每次可采血 20~30 mL，可每周采血一次。采血前应禁食18~24 h。采血动作要谨慎，否则容易划破心脏使动物死亡。

如需要抗凝血样时，应事先在注射器或毛细管内加入适量抗凝剂，如柠檬酸钠或肝素，将它们均匀浸润注射器或毛细管内壁，然后烘干备用。

（二）大鼠和小鼠

1. 断尾采血

固定动物，露出尾部，用二甲苯擦拭尾部皮肤或将鼠尾浸于 45~50℃的热水中数分钟，使其血管充分扩张，然后擦干，用手术剪剪去 0.3~0.6 cm，让血自行流出，也可从尾根向尾尖轻轻挤压，促进血液流出，同时收集血样，取血后用棉球压迫止血。该方法采血量较少，小鼠每次采血量 0.1 mL，大鼠每次采血量 0.3~0.5 mL。

2. 眼眶后静脉丛采血

术者用左手抓持动物，拇指、中指从背侧稍用力捏住头颈部皮肤，阻断静脉回流，食指压迫动物头部以固定，右手持 1 mL 注射器（选择 7 号针头）或毛细采血管（内径 0.5~1.0 mm），使采血器与鼠面成 45° 夹角，由眼内角刺入，针头斜面先向眼球，刺入后再旋转 180° 使斜面对着眼眶后界。进针深度小鼠 2～3 mm，大鼠 4～5 mm。当感到有阻力时，将针后退 0.1～0.5 mm，边退边抽（图 1-27）。取血后，解除左手对颈部的压迫，拔出采血器，以防止穿刺孔再出血。用本法一般可在短期内重复采血。小鼠每次可采血 0.2～0.3 mL，大鼠每次可采血 0.4～0.6 mL。

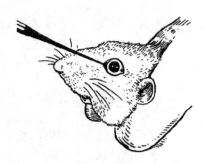

图 1-27　眼眶后静脉丛采血
（陈主初，2002）

3. 摘除眼球采血

此法适于小鼠采血，采血量可达 0.6～1 mL。具体采血方法如下：

（1）左手抓住小鼠颈部皮肤，轻压在实验台上，取侧卧位，左手食指尽量将小鼠眼周皮肤往颈后压，使眼球突出。用眼科弯镊迅速夹去眼球，将鼠倒立，用器皿接住流出的血液。采血完毕立即用纱布压迫止血。

（2）左手拇、食指抓取小鼠双耳及颈后皮肤，小指固定尾部，如摘取左侧眼球，中指将小鼠左侧前肢轻压在胸骨心脏部位，无名指按在腹部，向右侧捻动拇指，压左侧眼部皮肤，会使左侧眼球充血突出；如摘取右侧眼球，向左侧捻动食指可使右侧眼球充血突出。此时术侧眼部向下，用弯头镊夹取眼球，根据需要捻动拇指与食指的方向，使血液从眼眶内以不同速度垂直流出，必要时还可用左手中指轻按小鼠心脏部位，以加快心脏泵血速度。

4. 心脏采血

小鼠采血量 0.5～0.6 mL，大鼠采血量 1～1.5 mL。

将鼠仰卧位固定，剪去胸前区被毛，皮肤消毒后，用左手食指在左侧第 3～4 肋间触摸到心搏处，右手持带有 4 号或 5 号针头的注射器，选择心搏最强处穿刺，当刺中心脏时，血液会自动进入注射器，或者边刺入边抽吸，直至抽出血液。

5. 断头采血

左手拇指和食指从背部抓住鼠颈部皮肤，将鼠头朝下，右手用剪刀剪断鼠颈部 1/2～4/5，让血液流入试管。此法小鼠采血 0.8～1.2 mL，大鼠采血量 5～10 mL。

（三）豚鼠采血方法

1. 耳缘切口采血

先将豚鼠耳消毒，用刀片沿血管方向割破耳缘，切口长约 0.5 cm，在切口边缘涂上 20% 柠檬酸钠溶液，防止血凝，则血可自切口处流出。此法采血每次可采 0.5 mL。

2. 背中足静脉采血

固定豚鼠，将其右后肢或左后肢膝关节伸直，脚背消毒，找出足静脉，左手拇指和食指拉住豚鼠的趾端，右手将注射针刺入静脉，拔针后立即用干棉球压迫止血。

3. 心脏采血

用手指触摸，选择心跳最明显的部位，把注射针刺入心脏，血液即流入针管。心脏采血时所用的针头应细长些，以免发生采血后穿刺孔出血。

（四）犬

方法同静脉注射给药。

（五）鸡

1. 静脉采血

将鸡固定，伸展翅，在翅内侧近心端选一粗大静脉，小心拔去羽毛，用碘酒和乙醇棉球消毒，再用左手食指、拇指压迫静脉近心端使该血管怒张，针头由翅根部向翅尖方向沿静脉平行刺入血管。采血完毕，用碘酒或乙醇棉球压迫针刺处止血。一般可采血 10 ~ 30 mL。

2. 心脏采血

将鸡侧位固定，右侧在下，头向左侧固定。找出从胸骨走向肩胛部的皮下大静脉，心脏约在该静脉分支下侧；或由肱骨头、股骨头、胸骨前端三点所形成三角形中心稍偏前方的部位。用乙醇棉球消毒后在选定部位垂直进针，如刺入心脏可感到心脏跳动，稍回抽针栓可见回血，否则应将针头稍拔出，再更换一个角度刺入，直至抽出血液。每只鸡可取血 30 mL 左右。

3. 断头采血

可切断颈总动脉和颈静脉一次性取血。

（六）鱼类采血

1. 断尾采血

将鱼身体表面的水揩干，并用纱布包裹露出尾柄，于臀鳍后尾柄中央用粗剪刀将尾柄剪断，将血接入培养皿内。采血时要防止将鱼捏得过紧，阻碍血液的流动，必要时可对鱼体进行按摩，促进血液流动。此法取血可能会混入组织液，影响血液质量。

2. 尾部血管采血

将鱼用纱布包住，侧卧于木板上，在鱼尾部（腹鳍和尾鳍之间）侧线下方用手去除少许鳞片，将注射器在侧线下方 1 ~ 2 cm 处垂直插入肌肉，碰到脊椎骨后，稍往下方移动，插入尾静脉内，轻轻抽取注射器，让血在负压作用下自然流入注射器内。

另一种对小型鱼尾部采血的方法是在臀鳍后方将注射器垂直插入尾柄，当感觉到针头碰及脊椎时，将注射器稍向后退，并抽吸注射器，会有血液进入注射器。若插入鱼的尾动脉则获得鲜红的动脉血，若插入尾静脉则获得暗红的静脉血。

纱布包鱼时仅将身体部位包住，不要包到鳃，以免影响呼吸；如一时抽不出血可轻轻转动注射器，直至血被抽出为止。

3. 鳃动脉采血

对于鳃腔较大的鱼类可进行鳃动脉取血。将鳃盖打开，用玻璃棒或钝性棒压迫鳃动脉的远心端，使鳃动脉怒张（靠近颅腔侧，也可不进行此步），持注射器刺入鳃动脉缓慢抽取，可得到多于 10 mL 的血液。

4. 血管插管采血

插管方法可在慢性实验中反复采血。

（1）鱼类尾部血管插管　体重在 600 g 以上的鱼可在尾部血管安置导管以供取血样或注射药物用。用 18 号针头，内穿过口径适宜的细塑料管。塑料管长 20 ~ 30 cm，一端做尖锐的切口，另一端接连注射器和针头，管内充满含肝素的生理盐水。鱼经麻醉后用湿毛巾包住前半部，一手握住尾柄，另一手将内含细塑料管的针头从尾柄腹部插入体壁而到达血管弧。用连接细塑料管的注射器抽取，有少量血液进入管内，即可证明细塑料管前端已插入尾部血管内。此时，可仔细把细塑料管推进到血管内数厘米，然后把注射针头小心地从入针部位拉出来，并脱离细塑料管。最后用细线把塑料管（即导管）固定在尾鳍基部。使细塑料管充满含肝素的生理盐水后，将注射器取出，用大头针将导管末端塞紧并避免出现气泡。这时可把鱼放回水族箱内。待它完全恢复正常即可进行实验。

取血样时，可用注射器先将导管内含肝素的生理盐水及少量血液取出弃去，然后换上另一支注射器吸取血样。取完血样后应用注射器从导管注入一些含肝素的生理盐水，并用大头针将导管末端塞紧，以备第二次取血样。

（2）鱼类背大动脉插管

① 该操作适宜口裂较大的鱼类，在做手术之前须仔细解剖、了解实验鱼的背大动脉在口腔上壁的具体位置。

② 将鱼麻醉，用粗注射针头在鱼的上颌鼻腔附近穿刺，插入一根长 3～4 cm 的粗塑料管，以备手术后将血管导管引出体外。

③ 将鱼腹部向上，置于手术台上的塑料吊床上，在左、右鳃盖下插入小胶管，使循环流动的含低浓度麻醉剂的溶液灌注鳃部，并使鱼的体表保持湿润。用一个吊钩将鱼的下颌吊起，使口腔尽可能地张大。在口腔顶部上皮的正中线上，用弯针穿引两条相距 1 cm 的结线，以备固定血管导管用。

④ 通过注射器向长约 50 cm 的塑料小管内注入含肝素的生理盐水（不得有气泡），以作血管导管用。用特制的塑料套管和插入套管内的长穿刺针头在咽腔上壁第一对鳃弓和第二对鳃弓之间的正中线，以 30° 倾斜角轻轻斜刺入上皮及其下方的背大动脉（不要插过头）。如果套管内的注射针头正好插入背大动脉，血将立即沿针头向外涌出。此时，一手将套管稳定不动，另一手将注射针头取出，并将准备好的血管导管从套管中插入已刺破的背大动脉内。如果血流通畅，说明已插入背大动脉，如果血流中断，说明血管导管并没有插入背大动脉，必须将血管导管抽出，再用塑料套管和长穿刺针头重新寻找新的刺入点。

⑤ 当血管导管准确插入背大动脉后，一手用镊子轻轻夹住血管导管，将其位置稳住不动，另一手慢慢地将塑料套管小心移出。当塑料套管小心移出一段距离后，便可用原已系在口腔上壁的线将血管导管结扎固定在口腔上壁。在结扎之前仍需抽拉注射器，检查血管导管内血液是否流动通畅。血管导管固定好后，塑料套管即可取出。并将血管导管通过鱼上颌上的粗塑料管引出体外，并用粗线将血管导管扎在粗塑料管上。此时可用注射器，通过血管导管向鱼体内输入生理盐水（不得有气泡），以补充手术过程中流失的血液，然后取走注射器，用大头针将血管导管末端塞紧。

⑥ 手术后鱼的护理　做完背大动脉插管后，应立即将鱼移入有新鲜流水与充气的水族箱中，迅速使其苏醒。如因麻醉较深，苏醒较慢，可用手帮助其口腔和鳃腔运动（即进行人工呼吸）。苏醒后的鱼应移入特制的用黑色塑料板隔成长格的流水式水族箱内，每格只能放一尾鱼，而且使其安静不能游动，以免引起导管脱落。手术后至少要有 24 h 的恢复时间才能开始实验。

七、实验动物的除毛

在动物手术前，应将手术部位的被毛去除，以利于手术进行。根据不同实验需要可采用不同的被毛去除方法。

（一）剪毛法

这是生理教学实验中常用的方法，常用于急性实验。剪毛时需用一手将皮肤绷平，另一手持剪毛剪贴于皮肤，逆着毛的朝向剪毛，勿用手提起毛剪之，以免剪破皮肤。剪下的毛应立即浸泡入水中，以免到处飞扬。剪毛范围须大于切口的长度。

（二）拔毛法

大、小鼠皮下注射或家兔耳缘静脉注射、取血时常用此法。操作时，将动物固定后，用拇指、食指将所需部位被毛拔去，涂上一层凡士林，可更清楚地显示出血管。

（三）剃毛法

大动物慢性实验时采用。先用刷子蘸肥皂水，将需去毛的部位充分浸润透，然后用剃毛刀顺着被毛方向进行剃毛。若采用电动剃刀，则逆着被毛方向剃毛。

（四）脱毛法

采用化学脱毛剂将动物的被毛脱去。此方法常用于大动物作无菌手术、观察动物局部血液循环及其他各种病理变化时。将动物需脱毛部位的被毛先用剪刀尽量剪短，用棉球蘸脱毛剂在脱毛部位涂成薄层，$2 \sim 3$ min 后，用温水洗去脱毛部位脱下的毛，再用干纱布将水擦干，涂上一层油脂。

常用的脱毛剂：①硫化钠 10 g，生石灰 15 g，溶于 100 mL 水中：适用于犬等大动物的脱毛。②硫化钠 3 g，肥皂粉 1 g，淀粉 7 g，加适量水调成糊状：适用于兔、鼠等动物的脱毛。③硫化钠 8 g，淀粉 7 g，糖 4 g，甘油 5 g，硼砂 1 g，加水 75 mL：适用于兔、鼠等动物的脱毛。

八、切口和止血

（一）切口

根据实验目的要求确定手术切口的部位和大小。如肠切除取腹正中切口，肾切除取左背部切口，必要时做出标记。进行切口时，用一只手拇指和食指向两侧绷紧皮肤使其固定，另一只手持刀，使刀刃与欲切开的组织垂直，以适当的力度一次切开皮肤和皮下组织为佳。

组织要逐层切开，并以按皮肤纹理或各组织的纤维方向切开为佳。组织的切开处应选择无重要血管及神经横贯的地方，以免其损伤。用几把止血钳夹住皮肤切口边缘，暴露手术视野，以利于进一步分离、结扎、插管等操作。

（二）止血

手术过程中要随时注意，止血。完善的止血不仅可以防止继续失血，还可以使术野清晰，有利于手术的顺利进行。止血的方法有：

（1）钳夹止血法　此法用于出血点明确的血管止血。使用时只需将止血钳钳住出血点即可，小血管出血钳住一会儿放松后可不再出血。大的血管出血，应钳住后再用结扎法止血。

（2）压迫止血法　此法用于小血管的大面积渗血。使用时将灭菌纱布或棉球用温热生理盐水打湿拧干后，按压在出血部位片刻或用明胶海绵覆盖。干纱布只用来吸血或压迫止血，不能用来擦组织，以免损伤组织刚形成的凝血块。

（3）烧烙止血法　用专用电刀直接烧灼出血点即可。此法常用于渗血和小血管出血。特点是止血快、效果好，但对组织有一定损伤。

（4）结扎止血法　此法主要用于出血点明确的大血管出血，是一种较为可靠的止血方法。使用时先用止血钳将出血点钳住，确认出血点后用丝线将其扎住。

肌肉的血管丰富，肌肉组织出血时，血管要与肌肉一同结扎。为了避免肌肉组织出血，在分离肌肉时，若切口与肌纤维的方向一致，应钝性分离；若方向不一致，则应采取两端结扎，再从中间切断的方法。

（三）肌肉、神经和血管的分离

1. 一般原则

神经、肌肉和血管都是比较娇嫩的组织，在分离过程中要仔细、耐心、轻柔。分离时应掌握先神经后血管，先细后粗的原则。分离的方向一般要求与神经、血管的走向平行，才能避免损伤组织。在分离较大神经、血管时，应先用止血钳（或眼科镊）将神经或血管周围的结缔组织稍加分离，然后用大小适宜的止血钳插入已被分开的结缔组织破口，沿着神经或血管走向逐渐开大，使神经或血管从周围的结缔组织中游离出来。必要时也可用手术剪将附着在神经或血管上的结缔组织剪去。分离细小的神经或血管时，可用玻璃分针或眼科镊将神经或血管从组织中仔细分离出来。需特别注意保持局部的自然解剖位置，不要把结构关系搞乱。

切不可用带齿镊子分离，不能用止血钳或镊子夹持神经和血管，以免受损。分离完毕后，在神经或血管的下方穿一根浸透生理盐水的线，以备刺激时提起或结扎之用。然后盖上一块浸以生理盐水的纱布，或在创口内滴加适量温热（37℃左右）石蜡油，使神经浸泡其中，以防组织干燥。

2. 兔颈部神经、血管和气管的暴露与分离

兔的颈部神经、血管、气管的解剖位置关系清晰、分支较少；更为突出的是，兔的减压神经单独为一支，与迷走神经、交感神经、颈动脉伴行（图1-28），是进行心血管活动及内脏神经功能研究的理想实验材料。

将兔麻醉后仰卧固定在手术台上，颈部剪毛、消毒后，即可切开皮肤进行分离。

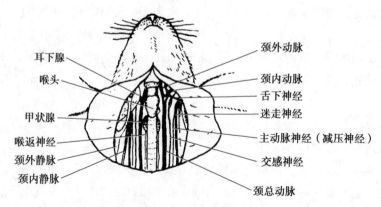

图1-28　兔颈部血管、神经毗邻关系（朱大诚，2009）

（1）神经 颈总动脉旁有一束神经与其伴行。小心分离颈总动脉的鞘膜后，仔细辨认该神经束中的三条神经：其中最粗的是迷走神经，最细的是减压神经，交感神经粗细介于二者之间。在颈部中央段，迷走神经位于最外侧，减压神经靠近颈总动脉，交感神经位于二者之间。减压神经细如毛发，常与交感神经紧贴在一起。用玻璃分针小心地将所需要的神经分离出 1~2 cm，穿线备用。

（2）颈总动脉 位于气管两侧，分离覆盖在气管上的胸骨舌骨肌和侧面斜行的胸锁乳突肌，深处可看到颈动脉鞘。仔细分离鞘膜即可看到搏动的颈总动脉，在其下穿线备用。需要剪断血管分支时，必须采用双结扎。

（3）气管 在喉头下缘沿颈前正中线做一个适当长度的切口（兔约为 4 cm），用止血钳分开胸骨舌骨肌和胸锁乳突肌，即可看到气管。用玻璃分针或手术刀柄将覆盖在气管表面的筋膜除去，使气管完全暴露。用弯头止血钳或镊子在气管下穿线备用。

其他动物组织的分离技术将在有关实验中加以介绍。

九、实验动物常用插管术

动物插管是为了保证动物的生理状态而常用的一种处理方法，如为了保证动物的肺通气通畅，需做气管插管，使动物通过气管插管进行呼吸；为了测定血压或放血、注射、取血、输液等，需采用血管插管。

进行动物组织插管时，动作要轻，创面要小，尽量避免对周围组织造成损伤，减少对动物的伤害。所有插管要与所在组织扎牢，以免脱落。保持裸露组织的湿润。经常观察插管部位，以防意外情况出现。

1. 气管插管

动物（以兔为例）暴露、游离出气管，并在气管下穿一根较粗的线。用剪刀或专用电热丝于喉头下 2~3 cm 处的两软骨环之间，横向切开气管前壁约 1/3，再于切口上缘向头侧剪开约 0.5 cm 长的纵向切口，整个切口呈"⊥"形。若气管内有分泌物或血液，要用小干棉球拭净。然后一手提起气管下面的缚线，一手将一个适当口径的"Y"形气管插管斜口朝下，由切口向肺方向插入气管腔内，再转动插管使其斜口面朝上，用线缚结于套管的分叉处，加以固定（图 1-29）。

2. 颈动脉插管

事先准备好插管导管，取适当长度的塑料管或硅胶管，插入端剪一斜面，另一端连接于装有抗凝溶液（或生理盐水）的血压换能器或输液装置上，让导管内充满溶液。

分离出一段颈总动脉，在其下穿两根线备用。将动脉远心端的线结扎，用动脉夹夹住近心端，两端间的距离尽可能长。用眼科剪在靠远心端结扎线处的动脉上呈 45° 剪一个小口，约为管径的 1/3 或 1/2，向心

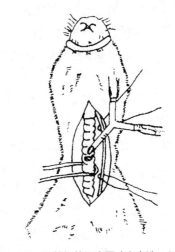

图 1-29 气管插管示意图（方家选，2007）

脏方向插入动脉导管，用近心端的备用线，在插入口处将导管与血管结扎在一起，其松紧以开放动脉夹后不致出血为度。小心缓慢开放动脉夹，如有出血，需将线再扎紧些，但仍以导管能抽动为宜。将导管再送入 2 ~ 3 cm，并使结扎更紧些，以防止导管脱落。用远心端的备用线围绕导管打结、固定。操作完毕后将血管放回原处（图 1-30）。

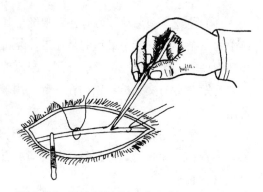

图 1-30　颈总动脉插管示意图（胡还忠，2002）

3. 股动脉、股静脉插管

动物麻醉后仰卧固定于手术台上，剪去股三角区的毛后，用手触摸股动脉搏动，确定股动脉走向。沿血管方向切开 3 ~ 5 cm 的皮肤，分离皮下组织及筋膜，可看到股动脉、股静脉和股神经。三者的位置从外向内依次为股神经、股动脉和股静脉。用蚊式钳小心地将股神经分出，然后再将股动脉和股静脉分出，血管周围的结缔组织要分离干净。在远心端结扎血管，并用动脉夹夹闭近心端血管。在动脉夹后穿线，以备固定插管用。用眼科剪朝心脏方向将血管剪一小斜口，然后用一插管从剪口处向心脏方向插入血管内，再用结扎线固定。插管导管的准备同颈总动脉插管导管，其末端插入粗细相当的钝针头，针头上接三通活塞。用注射器通过三通活塞向插管导管内注入肝素，关闭活塞。

4. 输尿管插管

动物麻醉后仰卧固定于手术台上，在耻骨联合以上腹部备皮。自耻骨联合上缘约 0.5 cm 处沿正中线向上作 4 ~ 5 cm 的皮肤切口，用止血钳提起腹白线两侧的腹壁肌肉，再用手术剪沿腹白线剪开腹壁及腹膜（注意勿伤及腹腔脏器）。将膀胱翻出切口外（勿使小肠外露，以免血压下降），在其底部两侧找到两条透明、光滑的小管，此即输尿管（图 1-31）。在输尿管靠近膀胱处穿过一条丝线，并打一活结备用。用镊柄或食指挑起输尿管后，再用眼科剪剪一斜口。由切口处向肾脏方向插入充满生理盐水的输尿管插管，并用备用丝线扎紧并固定，以防滑脱。放置好输尿管及其插管后可见管内有尿液慢慢流出（注意：塑料管要插入输尿管管腔内，不要插入管壁肌层与黏膜之间。插管方向应与输尿管方向一致，勿使输尿管扭结，以免妨碍尿液流出）。手术完毕后用温热生理盐水（38℃左右）润湿纱布，盖住腹部切口，以保持腹腔内温度和湿度。将细塑料管连至记滴器或直接从插管外口收集尿液至量杯。

5. 膀胱插管

将动物麻醉后保定，打开腹腔，找出输尿管，操作过程同输尿管插管。在输尿管下方穿一条丝线，翻转膀胱（注意避开输尿管），结扎尿道。在膀胱顶部血管较少处行荷包缝合，然后用眼科剪在荷包缝合圈内剪一小口，将充满生理盐水的膀胱漏斗由切口处插入膀胱，使漏斗对准输尿管开口处并贴紧膀胱壁。拉紧缝合线并结扎固定。术后用温热的生理盐水纱布覆盖腹部切口。

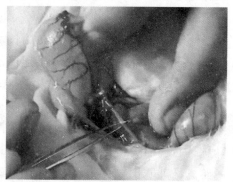

图 1-31　辨认、游离输尿管

6. 胰管、胆管插管

动物麻醉后保定，于剑突下沿正中线切开腹壁 5 ~ 8 cm，分离皮下组织，沿腹白线打开腹腔，沿胃幽门端找出十二指肠。

（1）胆管插管　在十二指肠起始部找出胆总管，用缝合针在胆总管十二指肠开口处穿线。在胆总管开口附近用眼科剪剪一个小口，然后插入细塑料管，并结扎固定，引流胆汁。同时结扎胆总管十二指肠端。

（2）胰管插管　在十二指肠顶点（即 U 状弯底）向后约 10 cm 处，提起小肠，对着光线可见白色发亮的胰主导管入十二指肠。细心分离胰导管入肠处并在下方穿线，用眼科剪剪一小孔插入充满生理盐水的玻璃套管，结扎固定。

在不影响胆汁、胰液引流条件下，应尽可能用止血钳封闭腹腔，以保持体温。

第三节　动物生理学实验常用仪器及设备

动物生理学实验主要是应用各种实验手段对动物正常生理机能进行实验与观察，以探讨生理机能内在的规律性。因此学习和掌握动物生理学常用仪器、设备的使用方法，对做好动物生理学实验十分重要。生理学仪器一般由 4 大部分组成，即刺激系统、引导换能系统、信号调节放大系统和显示记录系统（图 1-32）。下面将对生理学仪器的 4 个部分进行简要介绍。

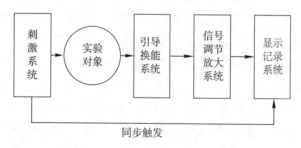

图 1-32　生理学实验仪器配置关系

一、刺激系统

为使机体或离体组织、细胞兴奋，需要给予其一定的刺激。多种刺激因素，如光、声、电、温度、机械及化学因素等，都能使可兴奋组织产生生理反应。但生理学实验中应用最广泛的是电刺激，因为这种刺激易于控制刺激参数，对组织没有损伤或损伤较小。常用的刺激设备包括电子刺激器或感应电刺激器、感应电极、铜锌弓、各种刺激电极和神经 – 肌肉标本盒等。

（一）电子刺激器

电子刺激器是能产生一定波形的电脉冲仪。输出的波形有方波、锯齿波、正弦波等。其中最常用的是方波，其不仅波形简单，对生物组织有效，而且刺激参数易于控制（包括刺激强度、持续时间和刺激频率），因此方波是较好的刺激形式。

1. 刺激强度

刺激强度是指方波幅度，可用电压或电流强度表示。电流强度一般从几微安至几十毫安，电压可在 200 V 以内。刺激强度过小，不能使细胞膜静息电位达到阈电位而引起细胞兴奋；强度过大，可引起组织内电解和热效应而使其损伤和破坏。因此，在实验过程中，过强或过弱的刺激均应避免。

2. 刺激时间

刺激时间是指方波的持续时间，又称宽波，一般刺激器的持续时间从几十毫秒至数秒。采用单向方波刺激时，刺激时间不宜过长，否则将产生损伤效应。为了减少引起组织损伤的电解和热效应，应尽量缩短刺激时间，并采用正负双向方波刺激。

3. 刺激频率

刺激频率是刺激方波的重复频率，一般少于 1000 次 /s。刺激频率过高时，可能有一部分刺激会落于组织的不应期而无反应，使刺激与生理效应不能同步。刺激频率的选择随被刺激组织的不同而变化。一般认为，在生理学实验中，应用连续刺激时可根据实验需要调节"串长"。"串长"表示以重复频率不断输出刺激方波可持续的时间，即一连产生数个方波的时间。

电子刺激器除可调节上述刺激参数外，还有其他功能可供使用。总周期是同步脉冲的周期，同步脉冲表示一次刺激的时间起点。同步脉冲输送到整个实验系统中，使各仪器有共同的时间起点，以保持时间上的同步。在电生理学实验中，刺激器的同步输出可将同步脉冲送至示波器的同步输入，而触发其一次扫描；也可送至另一台刺激器，使两台刺激器之间保持特定的时间关系。从同步脉冲至刺激方波的出现，这段时间称为"延时"，可使方波或方波刺激所引起的生理反应出现在示波器荧光屏上合适的位置，以便观察和记录。两台同步的刺激器也可通过调节各自的"延时"来改变其先后次序和时间间隔。这些设计为特殊的实验方案提供了方便条件。在使用计算机采集系统进行一般实验时，刺激设置的延时应调至最短（0.1 ms）。

4. 刺激伪迹与刺激隔离器

生物体是一个容积导体。实验时，由于刺激器输出和放大器输入具有公共接地线，使得一部分刺激电流输入放大器的输入端，而使记录系统记录一个刺激电流产生的波形，即刺激伪迹。为了减小刺激伪迹，常用一个刺激隔离器。使刺激电流的两个输出端与地隔离，切断了刺激电流从公共地线返回的可能，从而减小伪迹。

5. 电子刺激器使用方法及注意事项

（1）连接好电源线、刺激输出线、同步触发线（当需要触发信号时），接通电源（指示灯亮），根据实验需要选择刺激参数。

（2）在选择刺激参数时，刺激强度和波宽应由小到大，逐渐增加，以免刺激过强损伤组织。

（3）刺激器刺激输出的两端不可短路，否则会损坏仪器。

（4）要注意频率（或主周期）与延迟、波宽、串（脉冲的）个数和波间隔等的关系。应保证：主周期 > 延迟 + 波宽，或主周期 > 延迟 + 波间隔 × 串个数。

例如：当选择连续刺激，主周期为 100 ms，波宽为 80 ms，延迟为 50 ms 时，则刺激器不能按上述要求输出刺激。因为此时，周期 < 延迟 + 波宽。另外，有些数字拨盘式刺激器因电路原理上的原因，规定任何一组拨盘均不能全设置为零，否则将无输出。

（二）感应电极

刺激生物组织用的经典仪器是感应电极，主要由原线圈和副线圈组成。当接通或切断原线圈中的直流电流时，副线圈即出现瞬时的感应电流，以刺激组织。感应电刺激的缺点是输出的波形不稳定，单个电震的刺激时间和连续电震的刺激频率均无法控制和调节，因此已被电子刺激器所取代。

（三）铜锌弓

铜锌弓是平行排列的一根粗锌丝（片）和一根粗铜丝（片），二者的顶端焊接在一起，固定于电木管内构成，实际是一个带有简单锌铜电化学电池的双极刺激电极，常用来检查坐骨神经－腓肠肌标本的机能状况（图 1-33）。当铜锌弓与湿润的活体组织接触时，由于 Zn 较 Cu 活泼，易失去电子形成正极，使细胞膜超极化；Cu 的电子成为负极，使细胞膜去极化而兴奋。电流按 Zn →活体组织→ Cu 的方向流动。需要注意的是，用铜锌弓检查活体标本时，组织表面必须湿润。

（四）刺激电极

刺激电极多用金属制成，依其使用目的不同，可分为普通电极、保护电极、乏极化电极、微电极等多种（图 1-34，图 1-35）。

1. 普通电极

通常是在一个绝缘管的前端安装两根电阻很小的金属丝（常用银丝或不锈钢丝、钨丝），其露出绝缘管部分的长度仅 5 mm 左右，金属丝各连有一条导线，可与刺激器的输出端（作刺激电极用时）或放大器的输入端（作引导、记录电极用时）相接。使用此种电极时，应注意电极不要碰到周围的组织。

2. 保护电极

其结构与普通电极相似，特点是前端的银丝嵌在电木保护套中。使用此种电极刺激在体神经干时，可保护周围组织不受刺激。

3. 乏极化电极

常用的乏极化电极是银－氯化银（Ag-AgCl）电极（图 1-35）。

当用金属丝直接接触生物组织，用直流电刺激时会产生极化作用，即组织外液中的阴离子在

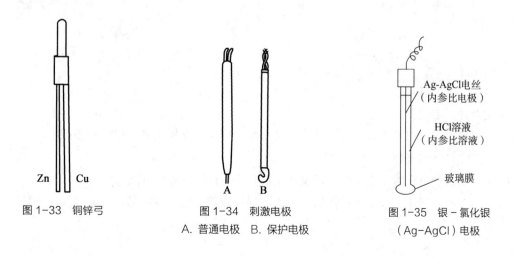

图 1-33　铜锌弓

图 1-34　刺激电极
A. 普通电极　B. 保护电极

图 1-35　银－氯化银
（Ag-AgCl）电极

Ag-AgCl电丝
（内参比电极）

HCl溶液
（内参比溶液）

玻璃膜

正极下聚集，阳离子在负极下聚集。这种极化现象对直流电有抵消作用，使刺激强度减弱或停止刺激，而在停止刺激时，阴、阳离子会形成反向电流。此外，电解所产生的物质附于电极上，可使电极电阻变大，电流变小，同时影响到组织的兴奋性。因此，在用直流电刺激组织时，常用银－氯化银电极来避免产生这种干扰。该种电极有时也用于记录电极。

当接通直流电时，在正极组织液中的 Cl^- 与 Ag^+ 结合生成 $AgCl$，而 Ag 原子与 Cl^- 结合生成 $AgCl$ 并释放出 1 个电子，电子经导线移向负极，不会出现 Cl^- 的聚集。在负极，Na^+ 与 Cl^- 结合生成 $NaCl$，而 Ag^+ 与 1 个电子结合生成 Ag 原子，也不会出现 Na^+ 聚集。

4. 微电极

有金属微电极和玻璃微电极。

（1）金属微电极　常用银丝、白金丝、不锈钢、碳化钨丝在酸性溶液中电解腐蚀而成，尖端以外部分用漆或玻璃绝缘。有双极或单极引导电极，多用于细胞外记录和皮层诱发电位等。

（2）玻璃微电极　有单、双、多管，用硬质的毛细玻璃管拉制而成。用于细胞内记录时，其尖端须小于 0.5 μm；用于细胞外记录时，其尖端可为 1 ~ 5 μm。微电极内常充灌 3 mol/L KCl 溶液，从电极的粗端插入银－氯化银电极丝（图 1-36）。

（五）神经 - 肌肉标本盒

在进行蛙类坐骨神经干动作电位、兴奋不应期及传导速度的测定实验中，为了保持神经干的良好机能状态，必须使用神经 - 肌肉标本盒。标本盒通常用有机玻璃制成，盒内有两根导轨，导轨上有 5 ~ 7 个装有银丝电极的有机玻璃滑块，电极滑块可以在导轨上随意移动，用以调节电极间的距离。每个电极滑块通过导线与标本盒侧壁的一个接线柱相连，其中一对作刺激电极，1 ~ 2 对作记录电极，记录电极与刺激电极间的电极接地。一般标本盒盖上装有小尺，用以测量电极间的距离（图 1-37）。

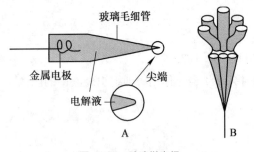

图 1-36　玻璃微电极

A. 单管玻璃微电极　B. 多管玻璃微电极

图 1-37　神经 - 肌肉标本盒

使用及注意事项：

（1）滑块电极的银丝必须保持清洁，如有污垢，可用浸有任氏液的棉球轻轻擦拭，仍不能清除时，可用细砂纸轻轻擦净。

（2）移动滑块电极时动作要轻，以免将电极与接线柱间的导线弄断。

（3）实验时，标本应经常保持湿润，标本安好后应将上盖盖好。标本两端的扎线要悬空。

二、引导、换能系统

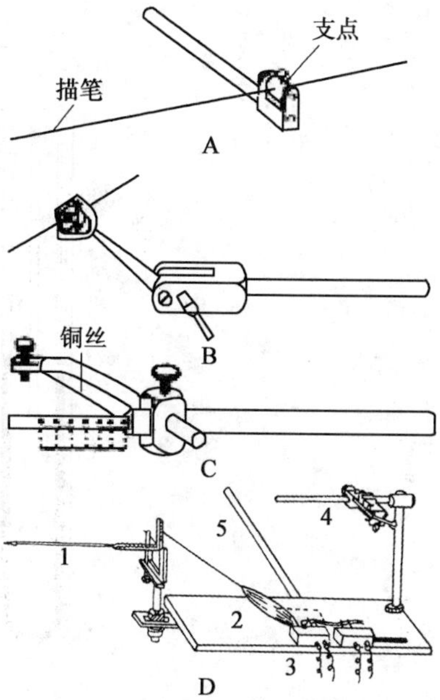

生理功能变化的信号只有用一定的仪器设备显示、记录下来才有研究的价值，因此需要一定的装置将其引导到显示、记录仪器上。若生理信号是电信号，引导系统可能是引导电极，包括记录单细胞活动的玻璃微电极和记录一群细胞电活动的金属电极；若生理现象为其他形式能量时，如机械收缩、压力、振动、温度和某种化学成分变化等，需要将原始生理信号转换为电信号，这就需要各种形式的换能器。

（一）机械引导（传动）装置

1. 肌动描记杠杆和肌动器

肌动描记杠杆是用记纹鼓记录肌肉收缩活动最常用的传动装置。通过改变杠杆动力臂和阻力臂的比例，即可调节描记曲线的大小。肌动器是固定并刺激蛙类神经–肌肉标本的装置，有平板式和槽式两种（图1-38）。

图1-38　杠杆（姚运纬，1998）
A. 普通杠杆　B. 万能杠杆　C. 等长杠杆
D. 肌动器　1. 杠杆　2. 标本　3. 刺激电极
4. 乏极化电极支架　5. 柄

2. 描记气鼓（玛利氏气鼓）

是随气体压力变化而起伏运动的传动装置（图1-39）。通常用来描记呼吸运动及器官容积的变化。它是一个带有中空侧管的金属圆皿，其上覆盖一层薄橡胶膜，在膜中央粘上一描笔支架。当侧管中的气体压力改变时，可使橡胶膜起落，从而带动膜上的描笔描记出相应曲线。

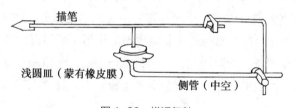

图1-39　描记气鼓

3. 检压计

检测压力变化的装置，为一个"U"形玻璃管，内装汞或水称为汞检压计或水检压计（图1-40）。在检压计"U"形管一端的液面上加上装有描笔的浮标，当另一端所连接的液体系统内的压力发生改变时，浮标随汞柱升降而上下移动，即可在记纹鼓上描记出相应曲线。水检压计所用的"U"形管一般内径较粗，且内盛有颜色的水，一般用于测量低压变化，如静脉压或胸内负压。

（二）换能器

换能器也叫传感器，是一种能将一种能量形式转变为另一种形式的器件装置。生理学实验常用的换能器是将一些非电信号（如机械、光、温度、化学等的变化）转变为电信号，然后输入不

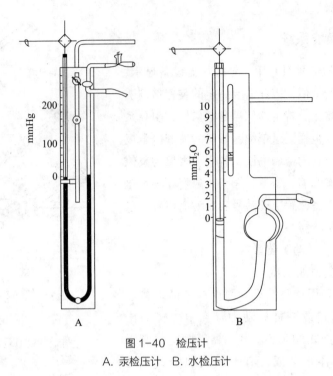

图 1-40　检压计

A. 汞检压计　B. 水检压计

同的仪器进行测量、显示、记录，以便对其所代表的生理变化作深入的分析。换能器的种类很多，这里仅介绍几种。

1. 张力（机械－电）换能器

（1）原理及结构　张力换能器是利用某些导体或半导体材料在外力作用下发生变形时，其电阻会发生改变的"应变效应"原理，将这些材料做成薄的应变片，配对（R_1R_3 及 R_2R_4）分别贴于金属弹性悬梁臂的两侧，两组应变片中间连接一个可调电位器 R_5，并与一 5 V 直流电源相接，构成惠斯登桥式电路（图 1-41）。当外力（肌肉收缩）作用于悬梁臂的游离端并使其发生轻度弯曲时，则一组应变片受拉变长，电阻增加；另一组受压缩短，电阻减小。由于电桥臂电阻值的改变，使电桥失去了平衡，产生电位差，即有微弱的电流输出。将此电流输入示波器、记录仪或生

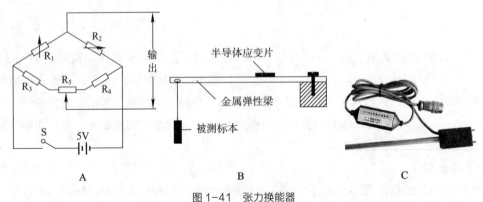

图 1-41　张力换能器

A. 惠斯登桥式电路　B. 张力换能器示意图　C. 张力换能器外观

物信号采集处理系统，经放大就能绘出或显示张力变化（肌肉收缩）的全过程。

机械－电换能器的灵敏度和量程取决于应变元件的厚度，悬梁臂越薄越灵敏，但量程的范围也越小，因此，这种换能器的规格应根据所做实验来决定。蛙腓肠肌实验的量程应在 100 g 以上，家兔小肠平滑肌实验应在 25 g，小动物心肌乳头肌实验应在 1 g 以下。

（2）使用方法　根据测量方向，将换能器固定在合适的支架上，既要保证受力方向和力敏感悬梁（弹簧片）的平面垂直，又要保证换能器的受力方向正确。

（3）使用注意事项

① 换能器调零时，不得用力太大。

② 实验时不能用猛力牵拉或用力扳弄换能器的悬梁臂，以免损坏换能器。测力时过负荷量不得超过满量的 20%。

③ 防止生理盐水等溶液渗入换能器。

2. 压力换能器

（1）原理和结构　压力换能器是将各种压力变化（如动、静脉血压，心室内压等）转换为电信号，然后将这些电信号输入前级放大器或示波器，原理同前。电信号输出的大小与外加压力大小呈线性关系。

压力换能器的结构如图 1-42 所示，头端是一个半球形的结构，内充抗凝剂，其内面后部为薄片状的应变元件，组成桥式电路。其前端有两个侧管，一个用于排出里面的气体，另一个与血管套管相连。

（2）使用注意事项

① 注意换能器的工作电压与供电电压是否一致，以及压力测量范围。对超出检测范围的待测压力不能进行测量。

图 1-42　压力换能器外观

② 进行液体耦合压力测量时，先将换能器透明球盖内充满用生理盐水稀释的抗凝剂，注意将透明球盖及测压导管内的气泡排净，以免引起压力波变形失真。注液时应首先检查导管是否通畅，避免阻塞形成死腔，引起高压而损坏换能器。

③ 压力换能器在使用时应固定在支架上，尽可能保证液压导管的开口处与换能器的感压面在同一水平面上，或有一个固定的距离，不得随意改变其位置，以免引起误差。

④ 严禁用注射器从侧管向闭合测压管道内推注液体；避免碰撞，要轻拿轻放，以免断丝；用后洗净并放在干燥无菌、无毒、无腐蚀的容器内保存。

3. 其他形式的换能器

除了张力换能器和压力换能器外，尚有许多形式的换能器可用于生理学实验中：

（1）绑带式呼吸换能器　该换能器采用一个压电晶体，当外力作用时，压电晶体就会有电流输出，再经放大器放大后，便能记录呼吸的变化。该呼吸换能器属于发电式换能器，无须外加电源即可工作。使用时只需微微拉紧缚于被测人或动物胸部即可。

（2）呼吸流量换能器　该换能器由一个差压换能器和一个差压阀组成，可测呼吸波（潮气量），也可测呼吸流量。

（3）离子换能器　是一种离子敏场效应管，由离子敏感膜和场效应管组成（图 1-43）。敏感器件工作时浸在溶液中，敏感膜与溶液直接接触，发生电化学反应，产生电极电位。这种电位可参比电极间的固定电压差，可加载在场效应管的栅源电极上，产生的漏源电流与被测液体的 pH 成正比。在生理学中可用来测定唾液、脑脊液、血清、尿、汗、骨髓中的离子情况。微型的离子敏感效应管可嵌入注射针头内，直接监测生物体有关部位的瞬间离子状况。离子敏感效应管可以通过检测细胞内外离子的变化，鉴别正常细胞和癌细胞。

（4）生物换能（传感）器　生物换能器巧妙地利用了生物活性物质对特定物质具有选择性亲和力（分子识别）的特点，来进行识别和测定，并应用电化学反应进行电信号转换，从而实现定量测定（图 1-44）。

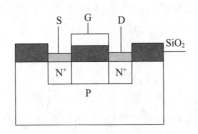
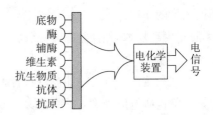

图 1-43　离子敏场效应管结构图　　　　图 1-44　生物换能器的原理

S. 源极　G. 栅极　D. 漏极　SiO₂. 绝缘层

N⁺. 高浓度掺杂 N 区　P. 衬底

另外，生理学实验还会用到脉波换能器、心音换能器及温度换能器等。

三、信号调节系统

有的生理信号较为微弱，尚需进行适当的放大。信号调节系统是一种放大器或放大器的组合，对信号基线的位置和输出信号幅度的高低（增益，信号的 Y 轴）进行调节。现代信号调节系统仪器包括示波器、记录仪中的放大器部分和专用的前置放大器、微电极放大器等。

从生物体各器官引导出的生物电信号特性差异很大，一般在几十微伏至几十毫伏，且记录环境中常常掺杂有同级或更大量级的干扰信号，要得到满意的结果必须借助生物电放大器从中提取微弱的生物信号，再输入示波器或记录仪才能显示、记录，因此常用的生物电放大器必须是：①差分式平衡放大，有较高的抗电干扰能力，信号 / 噪声比值大；②最大放大倍数不小于 1000 倍；③频率响应为 0 ~ 100 Hz；④低噪声，整机噪声不大于 15 μV；⑤仪器本身不受静电及磁场的干扰。

（一）生物电放大器的基本要素

尽管现代生物电放大器有不同的型号、用途，或与显示、记录仪或与生物信号采集处理系统结合组装在一起，但工作原理和要素基本相同。现仅将几个主要的基本要素的性能、使用方法等加以简要介绍。

放大器要能正常工作必须能对一定频率范围内的信号进行放大，超过此范围的信号，放大器对其放大的能力就下降。这个频率范围的下限称为下限截止频率，由放大器的时间常数决定；上限称为上限截止频率，由放大器高频滤波器决定。前者常被安排在输入选择中，后者被安排在一个高频滤波器中。

1. 时间常数

共有 4 挡，0、0.001、0.01、0.1 s，分别对应放大器下限频率为 0、160、16、0.16 Hz。时间常数愈小，下限截止的频率愈高，对低频滤波程度就愈大。

2. 直流

直流输入时，信号输入不经过电容，没有滤波效应，直接经输入端送入放大器，可观察缓慢的信号变化。

3. 高频滤波

用于除去高频部分以减少噪声。有 4 挡，为 100 kHz、10 kHz、1 kHz 和 100 Hz，分别表示此时的上限截止频率。

在实验中时间常数、高频滤波选择得当，有利于图像的传真、清晰。

4. 增益

能改变放大器的放大倍数，有 4 挡，分别为 ×20、×100、×200、×1 000。放大倍数系指输出与输入之间的电压比，增益愈高，放大倍数愈高。

5. 输入、输出

放大器的输入、输出的插座有 3 线，其中一线为地线，其他两线为输入线。

6. 平衡调节

用于调节放大器的平衡，使放大器的双边输出都接近于地电位。

（二）微电极放大器

在生理学实验中，广泛地应用了玻璃微电极在细胞内记录细胞的静息跨膜电位和快速变化的动作电位、终板电位，在细胞外记录神经元的放电活动。这些都要求微电极的尖端直径小于 1 μm 甚至小于 0.5 μm。尖端如此细的微电极，其电阻是很高的，通常在 10 MΩ 至几十兆欧姆甚至达 100 MΩ，它构成了组织电源内阻的主要部分。如此高的电极电阻用生物电前置放大器（一种能放大变化缓慢、非周期性微弱信号的生物放大器）来记录，因其输入阻抗一般只有 1~2 MΩ，则细胞电位的绝大部分会因微电极的分压作用而降落，输入放大器的只有很少的一部分电位。如微电极电阻（R_1）为 20 MΩ，放大器的输入阻抗（R_2）为 2 MΩ，则根据分压原理：

$$E = E_0 \frac{R_2}{R_1 + R_2} = E_0 \frac{2}{20+2} = E_0 \frac{2}{22} = 0.09E_0 \text{（即 } 9\%E_0\text{）}$$

即输入放大器的电位只有细胞电位的 9%，而 91% 的电位却在微电极上降落了。但若把放大器的输入阻抗提高到电极电阻的 10 倍，即 200 MΩ，则

$$E = E_0 \frac{R_2}{R_1 + R_2} = E_0 \frac{200}{20+200} = E_0 \frac{200}{220} = 0.91E_0 \text{（即 } 91\%E_0\text{）}$$

即被微电极降落的电压只有细胞电位的 9%，而 91% 则被输入到放大器被放大。如果放大器的输入阻抗提高到 10^{11} MΩ，则几乎 100% 的细胞电位被输入放大器放大。

因此，微电极放大器除了与一般的生物电前置放大器相同外，要有更高的输入阻抗（10^{12} MΩ）。另外，还需要有更小的输入电容和更小的栅流（$<10^{-11}$ A）才能有较好的放大效果。

四、记录与信息处理系统

生理现象变化极其迅速，只有在客观记录后才能进行精确的观察和分析，从而正确地认识其规律。常用的记录仪包括电动记纹鼓、示波器、示波照相机、生理记录仪等。

（一）电动记纹鼓

记纹鼓是最早用于记录生理变化过程的装置，如肌肉收缩和呼吸运动等机械变化的生理现象。此外，血压波动和流体流量、流速等，也可借助其他装置转换为机械变化而用记纹鼓记录下来。

1. 记纹鼓的基本结构

记纹鼓分为具有动力装置的机座和能转动的圆鼓两部分。电动记纹鼓以交流电源驱动马达作动力使鼓转动，鼓速均匀，能长时间连续转动，而且鼓速快慢有多档调节，因此使用十分方便。

2. 使用方法

（1）将大小适当的记录纸采用左手压右手的方法紧绕于鼓面上，套上两根橡皮筋将记录纸固定于鼓面。

（2）安装描记杠杆和笔尖，加上记录墨水。

（3）接通电源并选择适当的参数，即可开始描记。

（二）示波器

示波器是无惰性的生理记录仪，也是生理实验室的必备仪器。因结构比较复杂，使用前应了解其基本结构、工作原理及仪器各工作单元的用途，掌握正确的使用方法，方能熟练地使用示波器进行图像显示和测量工作。

1. 工作原理

利用示波管将需要观测的电信号转换成与其成正比的示波管光点在垂直方向上的变化，并在水平方向输入与时间成线性变化的扫描（如锯齿波）电压，将被测信号均匀显示在示波器上的荧光屏上。

2. 电路组成

包括 X 轴扫描电路、Y 轴放大电路、示波管电路、控制测量及电源五大部分。

3. 示波管部分

供电后可见示波管上光点由弱到强一般需数分钟，其亮度由"辉度"旋钮控制，大小由上下线的"聚焦"旋钮控制，另有一"标尺亮度"控制标尺亮度。

4. 使用方法

接好电源线和地线后，开机、预热 3 min，顺时针方向旋转"辉度"钮，直至有扫描线显示，适当调节上、下 Y 轴"移位"，可同时得到两根扫描线，调节聚焦使扫描线清晰。连接输入线，选择扫描方式，选择信号输入方式（AC、DC），适当调节 Y 轴灵敏度，选择适当的扫描速度，确定触发方向，若选用外触发，则连线后调节同步。这样可在荧光屏上观察到输入的信号，利用读出光标可对信号进行测量。

（三）记录仪

生理记录仪具有灵敏度高、适用范围广等优点。配接合适的换能器或引导电极，可以记录血压、心电、脑电、心音、呼吸、胃肠平滑肌收缩、心肌收缩、骨骼肌收缩等多种生理活动的变化，并以曲线形式直接描记在记录纸上。由于生理记录仪描记系统的频率响应不十分理想，一般小于 100 Hz，故在记录快速变化的生物电信号（如神经干动作电位）方面受到限制。

常用的记录仪有 LMS-2A 或 LMS-2B 型二道生理记录仪，MJ-3 三道生理记录仪，SJ-42 多道生理记录仪等。现以 LMS-2B 为例，介绍其使用方法。

1. 仪器结构与工作原理

LMS-2B 型二道生理记录仪是一种墨水描笔式直线记录仪，配合仪器附加的换能器和电极，可测量和记录肌肉舒缩、血压变化、呼吸运动以及心电的变化等。仪器结构采用插件式，即可根据记录指标更换相应的插件。

（1）电源部分 采用 220 V 交流电作电源，仪器电源具有二次稳压系统，因而外界电压变化对其影响较小（170～250 V 正常工作），也可接 ±24 V 的蓄电池供电。

（2）放大器部分 包括 FG 直流放大器、FD-2 前置放大器和 FY-2 血压放大器。FG 直流放大器为 1V 输入量级，主要进行功率放大，它与记录笔配合，实现信号的记录。FD-2 前置放大器为高输入阻抗、低噪音的双端输入差动式放大器，可对直流信号及加在直流电瓶上的交流信号进行放大。FY-2 血压放大器与血压换能器配合，作血压测量之用。

（3）记录部分 由书写面板、纸轴、走纸传动及变速系统和描笔等组成。描笔共 4 支，中间两支长笔接受放大器传来的信号，描记所放大的生理指标；上下两支短笔分别为标记笔和计时笔，均由本机驱动亦可由外接信号驱动。

2. 使用方法

（1）仪器通电前的操作 将仪器的电源开关、两个后极（FG 直流放大器）的"通""断"开关和前极（FY-2、FD-2）的测量开关及输出开关置于"关"或"断"状态，按下控制纸速的"停"键，将前极（PD-2，FY-2）的灵敏度波段开关置于各自的最低挡（500 mv/cm、12 kPa/cm），用导线将仪器接地。

（2）安装记录纸并装好墨水。

（3）测试前的操作 接通电源，指示灯亮，放下抬落笔架，使记录笔尖接触在纸面上；选择适当的走纸速度；确定时间标和标记笔；将 FY-2 的输出开关置于"断"，将 FD-2 插件抽出（或将二芯的后极输入电缆插入该 FG 放大器的 FG 输入插孔），这样便将前极（FY-2，FD-2）与它们相应的后极（FG 直流放大器）从电路上分割开，前极的零位就不会影响后极。此时分别旋转 2 个后极（FG 直流放大器）的零位旋钮，将笔尖调到记录纸上各自的中心线上。接 FG 校对（0.5 V）按钮，便可得 10 mm 的方波图形，零位调好后，就可将 FY-2 的输出开关置于"通"，恢复 FD-2 的位置（或抽出后极的输入电缆），再分别调前极（此时 FD-2、FY-2 的"测量"均应置于"断"零位）旋钮，由使用者自己确定零位。

（4）FD-2 多功能放大器的使用调整 配以不同的电极或换能器，可测量心电、脑电等生物电信号，配合换能器还可测量呼吸、肌肉收缩等多种生理活动。以上各波形还可以通过仪器"前极输出"插孔，接到示波器或计算机观察。该放大器的"直流平衡"与"调零"均可控制记录笔的零位，但"直流平衡"主要是使输入接地时第 1 级运算放大器的输出为零，以保证灵敏度开关换挡时基线不变。

放大器的高频特性由"滤波"旋钮控制，分别为 10、30、100、1 kHz、OFF 五挡。低频特性由"时间常数"旋钮控制，分 DC（直流）、2 s、0.2 s、0.02 s、0.002 s 5 挡，根据被测信号的不同选择合适的挡级。若不记录被测信号的直流成分，应采用时间常数 2 s、0.2 s、0.02 s、0.002 s 各挡。

（5）FY-2 血压放大器的使用　使用 FY-2 血压放大器测量之前，先校正血压放大器的"灵敏度"。校正时，记录仪、换能器、检压计连接如图 1-45 所示：

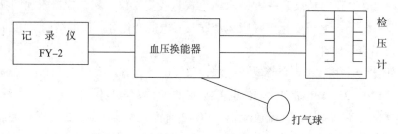

图 1-45　记录仪、换能器和检压计连接示意图

测量血压时，被测体、三通阀、换能器、记录仪连接如图：在血压换能器压力仓上的两嘴装上两个三通阀 A 和 B，将 A 和 B 的开关均置于 2，用注射器将抗血凝的流体注入，待完全排出换能器和插管中的空气后，将三通阀 B 置于不通（OFF），再将充满流体的插管插入欲测部位即可。测试完后，先关 FY-2 的"测量"开关，纸速置于"停"挡，再关"输出"开关，调 FG 放大器零位，使记录笔尖置于中心线上，关闭 FG 输出及仪器电源（图 1-46）。

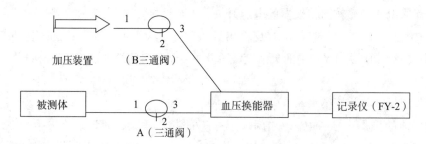

图 1-46　被测体、三通阀、换能器、记录仪连接示意图

（四）微型计算机

生物信号采集处理系统是应用大规模集成电路、计算机硬件和软件技术开发的一种集生物信号的放大、采集、显示、处理、存储和分析的机电一体化仪器。该系统可替代传统的刺激器、放大器、示波器、记录仪，一机多用，功能强大，广泛地被应用于生理学、病理学、药理学实验。

生物信号采集处理系统可完成对各种生物电信号（如心电、肌电、脑电）与非生物电信号（如血压、张力、呼吸）的采集，并对采集到的信号进行放大，进而对信号进行模／数（A/D）转换，使之进入计算机。软件主要用来对已经数字化的生物信号进行显示、记录、存储、处理及打印输出，同时对系统各部分进行控制，与操作者进行人机对话（图 1-47）。

1. 传感器和放大器

生物所产生的信息，其形式多种多样，除生物电信号可直接检测外，其他形式的生物信号必须先转换成电信号，对微弱的电信号还需经过放大，才能作进一步处理。生物信号采集处理系统

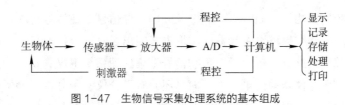

图 1-47　生物信号采集处理系统的基本组成

中的刺激器和放大器都是由计算机程控，其工作原理和一般的刺激器、放大器完全一样。主要的区别在于一般仪器是机械触点式切换，而生物信号采集处理系统是电子模拟开关，由电压高低的变化控制，是程序化管理，提高了仪器的可靠性，延长了仪器寿命。

2. 生物信号的采集

计算机在采集生物信号时，通常按照一定的时间间隔对生物信号取样，并将其转换成数字信号后放入内存，这个过程称为采样。

（1）A/D 转换器　生物信号通常是一种连续的时间函数，必须转换为离散函数，再将这离散函数按照计算机的"标准尺度"数字化，以二进制表达，才能被计算机所接受。A/D 转换设备能提供多路模/数转换和数/模转换。A/D 转换需要一定时间，这个时间的长短决定着系统的最高采样速度。A/D 转换的结果是以一定精度的数字量表示，精度越高，曲线幅度的连续性越好。对一般的生物信号采样精度不应低于 12 位数字。转换速度和转换精度是衡量 A/D 转换器性能的重要指标。

（2）采样　与采样有关的参数包括：通道选择、采样间隔、采样方式和采样长度等方面。

① 通道选择　一个实验往往要记录多路信号，如心电、心音、血压等。计算机对多路信号进行同步采样，是通过一个"多选一"的模拟开关完成的。在一个很短暂的时间内，计算机通过模拟开关对各路信号分别选"通""采样"。这样，尽管对各路信号的采样有先有后，但由于这个"时间差"极短暂，因此，仍可以认为对各路信号的采样是"同步"的。

② 采样间隔　原始信号是连续的，而采样是间断进行的。对某一路信号而言，两个相邻采样之间的时间间隔称为采样间隔。间隔越短，单位时间内的采样次数越多。采样间隔的选取与生理信号的频率也有关，采样速率过低，就会使信号的高频成分丢失，但采样速率过高会产生大量不必要的数据，给处理、存储带来麻烦。根据采样定律，采样频率应大于信号最高频率的两倍。实际应用时，常取信号最高频率的 3~5 倍来作为采样速率。

③ 采样方式　采样通常有连续采样和触发采样两种方式。在记录自发生理信号（如心电、血压）时，采用连续采样的方式；而在记录诱发生理信号（如皮层诱发电位）时，常采用触发采样的方式。后者又可根据触发信号的来源分为外触发和内触发。

④ 采样长度　在触发采样方式中，启动采样后，采样持续的时间称为采样长度。它一般应略长于一次生理反应所持续的时间。这样既记录到了有用的波形，又不会采集太多无用的数据，造成内存的浪费。

（3）生物信号的处理　生物信号采集处理系统因其强大的计算功能，可起到滤波器的功能，而且性能远远超过模拟电路，恢复被噪声所淹没的重复性生理信号。人们可以测量信号的大小、数量、变化程度和变化规律，如波形的宽度、幅度、斜率、零交点数等参数，做进一步的分类统计、分析，给出各频率分能量（如脑电、肌电及心率变异信号）在信号总能量中所占的比重，对信号源进行定位。对实验结果可以用计数或图形方式输出。对来自摄像机或扫描仪的图像信息经转换后，也可输入计算机进行分析。所以生物信号采集处理系统不仅具备了刺激器、放大器、示波器、记录仪和照相机等仪器的记录功能，而且还兼有微分仪、积分仪、触发积分仪、频谱分析仪等信号分析仪器的信息处理功能。为节省存储空间，计算机对其获得的数据可按一定的算法进行压缩。

（4）动态模拟　通过建立一定的数学模型，计算机可以仿真模拟一些生理过程。例如激素或药物在体内的分布过程、心脏的起搏过程、动作电位的产生过程等均可用计算机进行模拟。除过程模拟外，利用计算机动画技术还可在荧光屏上模拟心脏泵血、胃肠蠕动、尿液生成、兴奋的传导等生理过程。

3. 生物信号采集处理系统的基本操作

生物信号采集处理系统种类繁多，用其进行实验操作方法各有所异，这里只能做一般的、原则性的介绍。掌握实验的一般流程、配置实验和刺激参数设置方法是用好生物信号采集处理系统的关键。

（1）进入系统，选择通道　确定信号输入通道。

（2）刺激方式的选择　根据实验的需要确定是否需要刺激。一般有7种刺激方式可供选择（见刺激参数设置）。

（3）选择输入方式　根据生物信号是非电信号（如骨骼肌张力、血压、呼吸道压力、心肌收缩力、肠肌张力等），还是电信号（如神经干动作电位、心电、神经放电、脑电等），确定是否需要换能器。

（4）放大器放大倍数的选择　采样卡的有效采样电压一般为 +/–5 V。所以输入信号的强度一般不能超过 5 V，根据信号的强弱选择适当的放大倍数，在不溢出的前提下，放大倍数选大一些为好。

（5）滤波选择　根据是否需要滤波确定高频滤波和时间常数，使采样在最好的波段中进行。

（6）选择显示模式　用生物信号采集处理系统进行实验时有两种显示模式的选择：一类为快捷（或标准）方式，系统内提供了许多常规的生理、病理、药理专项实验方法，所配置及标定的参数都已提供在每一专项实验选项中。因此只要进入系统，激活实验菜单，选择具体的实验项目，即可按照标准实验内容做好各项配置、标定后进行实验。另一类是一般性（或通用）方式，适用于科研与特殊教学实验，可根据需要不断改变系统参数（进行显示设置），使采集的波形更好，更适合于观察以获得更好的实验结果。

（7）采样间隔选择　注意采样间隔与所采信号相匹配。

（8）采样　进入实验项目（通道采样内容）从 1~4 通道输入生理信号并选择希望进行的实验项目，点击开始按钮，系统开始采样，采样窗中即有扫描线出现，并随外部信号变化，显示波形。

注意：如果在触发方式中选定了刺激器触发，则应当在主界面中点击"刺激"按钮启动刺激器，即可开始同步采样。

（9）实时调整采样参数　为使采样波形达到最好，即最有利于观察的状态，可以在采样过程中实时按以下步骤调节各部分：

① 如信号太大或太小，可实时点击各通道放大器增益按钮，改变放大倍数，将信号幅度放大至适当程度。

② 调节各通道的时间常数和高频滤波值。

③ 调节各通道的扫描速度。

④ 如感到图形显示太大或太小，可实时在 Y 轴上进行压缩或扩展，使图形大小适中。注意此时输入的信号并没有改变，仅是图形的变形。

⑤ 如果感到图形 X 轴压缩比不合适，可实时点击 X 轴压缩或扩展按钮，使扫描线滚动速度适合观察。

⑥ 在需要刺激时，可在刺激器参数调整栏中，逐个调整刺激参数，形成最佳参数。

⑦ 如果出现 50 Hz 的干扰，可启动 50 Hz 抑制，将 50 Hz 电源的干扰信号消除掉。该命令只能对当前通道起作用。

（10）结束采样　点击采样结束按钮结束采样，全部结果数据以图形方式显示在各自的窗口，可移动 X 方向滚条从头到尾观察所有的图形。并可拖选图形进行测量、进入表格、打印等后处理。

（11）设置保存　如果本次实验成功，所选的设置参数合理，可将本设置以自定义文件名保存。

4. 刺激器的设置

为了方便电生理实验，系统内置了一个由软件程控的刺激器，对采样条件设置完成后，即可对刺激器进行设置。根据不同实验要求，可选择不同的刺激模式。刺激模式有：单刺激、串刺激、主周期刺激、自动间隔调节、自动幅度调节、自动波宽调节、自动频率调节等。

（1）刺激的基本方式　最基本的刺激方式有 3 种（图 1-48）。

① 单刺激　与普通刺激器一样，输出（数次）单个方波刺激，延时、波宽、幅度可调。可用于骨骼肌单收缩、心肌期前收缩等实验。

② 串刺激　相当于普通刺激器的复刺激，但刺激持续时间由程序控制。启动串刺激后，到达串长的时间，刺激器自动停止刺激输出。串刺激的延时（即普通复刺激的串间隔）、串长、波宽、幅度、频率可调。刺激减压神经、迷走神经和强直收缩等实验可采取此种刺激方式。

③ 主周期刺激　与普通刺激器相比，此种刺激方式是将几个刺激脉冲组成一个刺激周期，

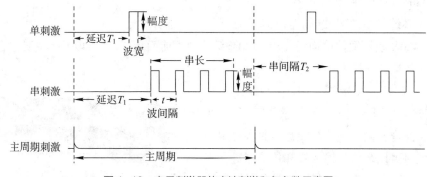

图 1-48　电子刺激器的方波刺激和各参数示意图

于是有了主周期和周期数概念。主周期：每个周期所需要的时间。周期数：重复每个周期的次数（即主周期数）。每个主周期下又有延时、波宽、波幅、波间隔、脉冲数，这些参数都是可调的。有了这些可调参数，可输出多种刺激形式。如周期数为1，脉冲数也为1，表示重复1次主周期，主周期中只有1个脉冲，相当于单刺激；周期数是连续、脉冲数是1，即不断重复主周期，而且主周期内只有1个脉冲刺激，这相当于复刺激；周期数是连续、脉冲数是2，即不断重复主周期，而且主周期内有2个脉冲刺激，这相当于双脉冲刺激。

（2）专用刺激方式　为了便于实验，在上述刺激方式的基础上还可以选择下述4种刺激方式。

①　自动间隔调节　在主周期刺激基础上自动增、减脉冲间隔，默认的脉冲数为2，主要用于不应期的测量。主周期、延时、波宽、波幅、首间隔、增量可调。

②　自动幅度调节　在主周期刺激基础上自动增、减脉冲的幅度，主要用于阈强度的测定。主周期、延时、波宽、初幅度、增量、脉冲数、间隔可调。

③　自动波宽调节　在主周期刺激基础上自动增、减脉冲的波宽，主要用于时间—强度曲线的测定。主周期、延时、波幅、频率、首波宽、增量可调。

④　自动频率调节　在串刺激基础上对刺激脉冲的频率自动增、减，主要用于单收缩、强直收缩、膈肌张力与刺激频率的关系等实验。串长、波宽、波幅、首频率、增量、串间隔可调。

五、两种生物信号采集与处理系统简介

（一）BL-420N 生物信号采集与处理系统

BL-420N 生物信号采集与处理系统（简称 BL-420N 系统）是一套基于网络化、信息化的新型信号采集与处理系统。它通过实验室预先配置的 NEIM-100 实验室信息化管理系统将分散、孤立的 BL-420N 系统连接起来，使其除了完成传统信号采集与分析系统的功能之外，还扩展了大量信息化的功能。

BL-420N 系统将传统的实验划分为3个学习阶段，分别对应于实验前、实验中和实验后，从不同角度帮助学生和科研工作者更好地完成自己的实验工作。在实验前，学生可以通过系统学习关于仪器的基本知识和本次实验的相关知识，这对学生的预习起到重要的支撑作用。在实验过程中，可使用双视功能对比查看本次实验在不同时间段记录的数据。在实验后，学生可以直接在BL-420N 系统中提取实验数据，撰写实验报告，教师则可以对实验报告进行网上批阅和指导。

1. BL-420N 系统硬件部分介绍

BL-420N 系统的硬件部分包括前面板和后面板两个部分。

（1）BL-420N 系统硬件前面板　BL-420N 系统硬件前面板（图1-49）上主要包含系统的工作接口，各工作接口连接方式及功能如下：

①　通道信号输入接口（CH1、CH2、CH3、CH4）：可连接信号引导线及各种传感器等，4个通道的性能指标完全相同，主要功能是接收各种生物信号。这个接口可以与信号输入线和传感器进行连接。信号输入线圆形接头一端插入硬件信号输入接

图1-49　BL-420N 系统硬件系统前面板

口，另一端连接到信号源，信号源可以是心电、脑电或胃肠电等生物电信号。传感器圆形接头连接到信号输入接口，另一端连接到信号源，信号源可以是血压、张力、呼吸等。

② 信息显示屏：可显示系统基本信息，包括温度、湿度及通道连接状况等。

③ 记滴输入：记滴输入接口，主要用于记录尿液生成滴数。

④ 刺激输出：显示系统发出刺激指示，其中绿灯为刺激输出指示灯，橙灯为高电压刺激输出指示灯（刺激电压 > 30 V）。刺激输出线的圆形接头可连接到该刺激输出口，另一端连接到生物体需要刺激的部位。

⑤ 全导联心电输入口：用于输入全导联心电信号。将全导联心电线的方形接头连接到该输入口，另一端连接到动物的不同肢体处（红—右前肢、黄—左前肢、绿—左后肢、黑—右后肢、白—胸前）。

⑥ 监听输出（耳机图案）：用于输出监听声音信号，某些电生理实验需要监听声音。将电喇叭的输入线连接到 BL-420N 系统硬件的监听输出口即可监听。

（2）BL-420N 系统硬件后面板　BL-420N 系统硬件后面板（图 1-50）上通常为固定连接口，只需要连接一次。各工作接口及连接方式如下：

① 电源开关：打开后面板上的电源开关，前面板的显示屏被点亮，显示启动画面，等待大约 30 s 后会听到硬件会发出"嘀"的一声声响，表示设备启动完毕。设备启动完成后，前面板的信息显示屏会显示出相应信息。

图 1-50　BL-420N 系统硬件系统后面板

② 电源接口：硬件电源输入接口，连接 12 V 直流电源即可。

③ 接地柱：硬件接地柱，可将接地线的一端连接到 BL-420N 系统的接地柱，另一端连接到实验室地线接头处，完成系统接地线的连接（连接到实验室地线非必须，连接后电生理实验效果更好）。

④ USB 接口：后面板有扁形和方形两个 USB 接口。扁形接口为硬件固件程序升级接口，方形接口为硬件与计算机连接的通信接口。将 USB 连接线的一端连接到方形 USB 接口位置，另一端连接到计算机的 USB 接口位置，可完成系统通信线路的连接。

⑤ 级联同步输入接口：多台 BL-420N 硬件设备级联同步输入接口。

2. BL-420N 系统软件部分介绍

（1）硬件设备正确连接指示　首先打开 BL-420N 系统硬件设备电源开关，然后启动 BL-420N 系统软件。如果 BL-420N 硬件和软件之间通信正确，则 BL-420N 系统顶部功能区上的"开始"按钮变为可用，表示可以正常进行实验（图 1-51）。

图 1-51　功能区上"开始"按钮的状态变化
注：开始按钮为灰色（硬件设备未连接）（左图）；
开始按钮可用（硬件设备连接）（右图）

（2）系统主界面介绍　BL-420N 系统包含 4 个主要视图区，分别为功能区、实验数据列表视图区、波形显示视图区及设备信息显示视图区（图 1-52）。功能区有系统的主要功能按钮，是各种功能的起始点；实验数据列表视图区是常见实验默认位置的数据文件列表，双击文件名可直接打开该文件；波形显示视图区的功能是显示采集到或分析后的通道数据波形；设备信息视图区包括通道参数调节视图、刺激参数调节（刺激器）视图、快捷启动视图及测量结果显示视图等。

但是，当进入到 BL-420N 系统软件后，会发现系统软件所显示的主界面与该图不同，这是由于 BL-420N 软件的很多视图都可隐藏和移动，而且视图之间还可能会相互覆盖，造成主界面有所变化。

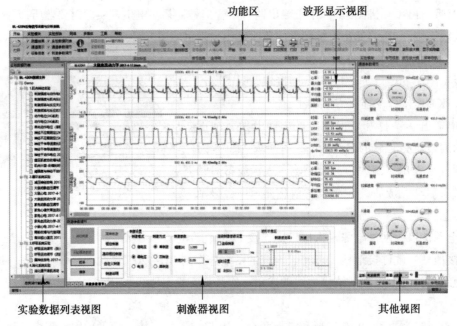

图 1-52　BL-420N 系统软件主界面

（3）启动实验　BL-420N 系统提供三种启动实验的方法，分别是从实验模块启动实验、从信号选择对话框进入实验或者从快速启动视图开始实验。下面简单介绍启动实验的三种方式。

① 从实验模块启动实验：选择功能区"实验模块"栏目（图 1-53），然后根据需要选择不同的实验模块开始实验，比如，选择"循环"→"期前收缩 - 代偿间歇"，将自动启动该实验模块。

从实验模块启动实验时，系统会自动根据用户选择的实验项目配置各种实验参数（图 1-53），包括：采样通道数、采样率、增益、滤波、刺激等参数，方便快速进入实验状态。实验模块通常根据教学内容配置，因此通常适用于学生实验。

② 从信号选择对话框启动实验：选择工具区"开始"→"信号选择"（图 1-54）按钮，系统会弹出一个信号选择对话框。在信号选择对话框中，实验者可根据自己的实验内容，为每个通道配置相应的实验参数，这是最为灵活的一种启动实验方式，主要适用于科研工作。

图 1-53 功能区中的实验模块启动下拉按钮

图 1-54 功能区开始栏中的信号选择功能按钮

③ 从快速启动视图开始实验：快速启动视图开始实验有两种方式，一种是从启动视图中的"快速启动"按钮开始实验，还可以从功能区"开始"菜单栏中的"开始"按钮快速启动实验（图 1-55）。

（4）暂停和停止实验 在启动视图中点击"暂停"或"停止"按钮，或者选择功能区开始栏中的"暂停"或"停止"按钮，就可以完成实验的暂停和停止操作（图 1-56）。

（5）保存数据 当单击"停止实验"按钮的时候，系统会弹出一个询问对话框询问是否停止实验，如果确认停止实验则系统会弹出"另存为"对话框，然后确认保存数据的名字，也可以修改存储的文件名，点击"保存"即可完成保存数据操作。

（6）数据反演 数据反演是指查看已保存的实验数据。BL-420N 系统软件可以同时打开多个文件进行反演，最多可以同时打开 4 个反演文件。有两种方法可以打开反演文件，一种是在"实验数据列表"视图中双击要打开反演文件的名字；另一种是在功能区的开始栏中选择"文件"→"打开"命令，将弹出文件对话框，在打开文件对话框中选择要打开的反演文件，然后单击"打开"按钮。

（7）实验报告功能 实验完成后，用户可以在软件中直接编辑和打印实验报告，对于编辑后的实验报

图 1-55 快速启动实验按钮
注：启动视图中的开始按钮（左）;
功能区开始栏中的开始按钮（右）

图 1-56 暂停、停止控制按钮区
注：启动视图中的暂停、停止按钮（左图）;
功能区开始栏中的暂停、停止按钮（右图）

告可以直接打印，也可以存储在本地。实验报告的相关
功能可以在"功能区"→"开始"栏→"实验报告"分
类中找到，这里包括5个与实验报告相关的常见功能
（图1-57）。

图1-57　功能区开始栏中与实验报告
相关的功能

　　选择图1-57中的"编辑"按钮，系统将启动实验报
告编辑功能。实验报告编辑器相当于在 Word 软件中编辑
文档，用户可以在实验报告编辑器中输入相应信息，实
验结果可从打开的原始数据文件中选择波形粘贴到实验报告中。报告编辑完成后，单击"功能
区"→"开始"→"实验报告"→"打印"功能按钮，可打印当前编辑好的实验报告。如不需打
印，单击"功能区"→"开始"→"实验报告"→"保存"功能按钮，将存储当前编辑好的实验报
告。如果需要打开已经保存的报告，则单击"功能区"→"开始"→"打开"功能按钮，打开已
存储在本地的实验报告。

　　（8）刺激器的使用　在实验中经常使用刺激器，可通过选择功能区开始栏中的"刺激器"选
择框打开刺激参数调节视图，然后对刺激模式、刺激方式等参数进行选择。单击启动刺激按钮，
可按照刺激器当前设置参数启动 BL-420N 系统硬件向外输出刺激信号。

　　（9）波形显示视图　波形显示视图是采集生物信号的主要显示区域，该区域主要由7个部分
组成，分别包括：波形显示区（①）、顶部信息区（②）、标尺区（③）、测量信息显示区（④）、
时间坐标显示区（⑤）、滚动条（⑥）及双视分隔条（⑦）（图1-58）。

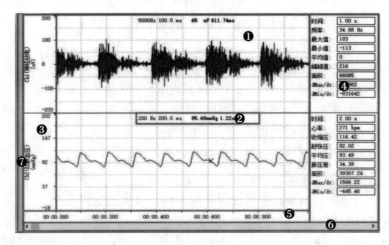

图1-58　BL-420N 系统软件波形显示视图区

　　波形显示区以通道为基础，可同时显示 $1 \sim n$ 个通道的信号波形；顶部信息区可显示通道基
本信息，包括：采样率、扫描速度和测量数据等；标尺区可显示通道幅度标尺（用于对信号的幅
度进行定量标识）；测量信息显示区可显示通道区间测量的结果；时间显示区显示所有通道的时
间位置标尺，以1通道为基准；滚动条可拖动定位反演文件中波形的位置；拖动双视分隔条可以
实现波形的双视显示，用于波形的对比。

　　（10）复制通道波形　实验完成后，经常需要复制波形。复制波形的主要步骤如下：在选择

区域的左上角按下鼠标左键，在按住鼠标左键不放的情况下向右下方移动鼠标以确定选择区域的右下角，而后在选定右下角之后松开鼠标左键完成信号波形的选择。波形选择完成后，被选择波形及该选择波形的时间轴和幅度标尺就以图形的方式被复制到了计算机内存中（图 1-59）。此后，就可在 Word 文档中或编辑实验报告中粘贴选择的波形。

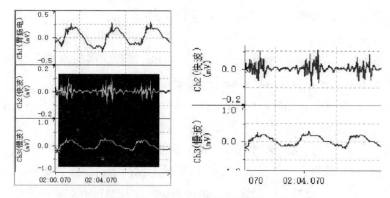

图 1-59　BL-420N 系统复制通道波形的方法

注：复制通道图形（左图）；图形粘贴到 Word 软件中的图样（右图）

（11）波形的放大和缩小　将鼠标移动到通道标尺区中，向上滑动鼠标滚轮放大波形，向下滑动鼠标滚轮缩小波形（图 1-60），在标尺窗口中双击鼠标左键，波形会恢复到默认标尺大小。

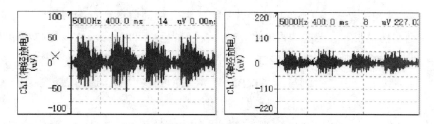

图 1-60　BL-420N 系统单通道波形的放大和缩小

注：放大的波形（左图）；缩小的波形（右图）

（12）波形的压缩和扩展　将鼠标移动到波形显示通道中，向上滑动鼠标滚轮扩展波形，向下滑动鼠标滚轮压缩波形。需要注意的是，如果在波形通道中向上或向下滑动鼠标滚轮，则只影响该通道的压缩或扩展；如果在所有通道底部的时间显示区中向上或向下滑动鼠标滚轮，则影响所有通道的压缩或扩展。

（13）功能区说明　功能区是指 BL-420N 系统主界面顶部的功能按钮选择区域（图 1-61）。BL-420N 系统功能区相当于把传统软件中用户命令选择的菜单栏和工具栏合二为一，既有图标又有标题，功能选择更直观、方便。整个功能区共有 7 个栏目，分别是开始栏、实验模块栏、实验报告栏、网络栏、多媒体栏、工具栏和帮助栏。默认情况下 BL-420N 软件显示开始栏，该栏目提供用户最常用的功能。当需要使用某项功能时，直接点击分类名称即可。

图1-61　BL-420N功能区

① 开始栏：包括6个功能分类，分别是：文件、视图、添加标记、信号选择、控制和实验报告。其中，信号选择对话框用于用户自定义实验参数。该菜单项只有在实验还未启动，且设备连接正确的情况下使用。在信号选择中，可设置采样率、量程、高通滤波、低通滤波、50Hz滤波、扫描速度等参数。此外，系统默认前面4个通道作为采样通道。

② 实验模块栏：实验模块栏包含有10个分类，分别是：肌肉和神经实验、循环系统、呼吸系统、消化系统、感官系统、中枢神经、泌尿系统、药理实验、病生实验、自定义实验。当用户选择实验模块分组下的具体实验模块时，BL-420N软件会显示关于该实验模块的信息介绍页面。

③ 实验报告栏：实验报告栏用于实验报告的配置，包括编辑、报告类型选择、实验基本信息，以及报告网络操作4个分类。需要注意的是：在功能区开始栏下实验报告分类中的编辑是指编辑实验报告；而在实验报告栏下的编辑分类是指对实验报告模板的编辑。

④ 多媒体栏：功能区多媒体栏用于管理系统的多媒体功能。多媒体功能包括视频制作，视频播放及模拟实验操作等。

⑤ 工具栏：包含BL-420N系统中的各种计算工具，包括数据分析和向量图两个子栏目，主要功能是采集数据和分析结果。

⑥ 帮助栏：帮助栏是关于BL-420N软件系统的相关帮助信息，点击"帮助"功能可以查看BL-420N的帮助文档说明书。点击"帮助栏"→"配置"后，可以修改、查看刺激器的默认设置。

（14）视图区说明　视图区是BL-420N软件的特定信息显示区或功能操作区。在BL-420N系统中包含6个视图，分别是：测量结果视图、实验数据列表视图、通道展示视图、通道参数调节视图、设备信息视图，以及刺激器参数调节视图。

① 测量结果视图：在BL-420N软件系统中，在主视图中进行各种测量的结果都会汇聚到测量结果视图中显示。

② 实验数据列表视图：实验数据列表视图用于列出"当前工作目录\Data\"子目录下的全部原始数据文件，便于快速查看或打开这些文件进行反演。双击文件名称打开文件进行反演，当文件被打开后该视图的文件图标上出现一支铅笔，表示该文件被打开。

③ 通道展示视图：该功能主要是为了方便用户查看设备连接状况。

④ 通道参数调节视图：通道参数调节视图用于在采样过程中调节硬件系统参数，一般学生很少使用。

⑤ 设备信息视图：可查看BL-420N系统硬件的所有信息。

⑥ 刺激参数调节视图：刺激参数调节视图分为4个部分（图1-62），包括：刺激功能区、刺激参数功能区、刺激设置区及波形示意区。刺激功能区用于启动刺激、实验模块参数、打开（打开已有的刺激参数配置）、保存（保存当前刺激界面的刺激参数）。刺激参数功能区用于区分刺激类型，如简单刺激、程控刺激、高级程控刺激、自定义刺激。刺激设置区用于选择刺激模

图 1-62 刺激参数调节视图

式、刺激方式、刺激参数及波形示意区。波形示意区用于直观显示用户调节的刺激参数。

（15）数据分析 BL-420N 软件提供的数据分析方法包括微分、积分、频率直方图、频谱分析、序列密度直方图和非序列密度直方图等。数据分析都与通道相关，因此使用通道相关的快捷菜单启动分析功能。当在某个数据通道上单击鼠标右键弹出通道快捷菜单之后，就可以选择与该通道相关的分析命令。

① 启动和关闭数据分析：所有分析功能的启动方式相同，都是在通道相关的快捷菜单中选择相应的命令后即可启动分析。启动通道分析功能后，系统会自动在该通道下面插入一个新的分析通道来显示对原始分析数据的转换结果。除频谱分析和非序列密度直方图之外，其余分析通道的放大、压缩、拉伸等操作与数据通道的操作相同。在波形显示区的数据分析通道上单击鼠标右键，弹出右键菜单，选择"关闭分析"，即可以关闭该选择数据分析通道。

② 数据测量：BL-420N 系统中数据测量主要包括区间测量、心功能参数测量、血流动力学测量、心肌细胞动作电位测量和肺功能测量。主要步骤如下：右键单击"波形显示区"→"测量"→"某某测量"启动测量功能。当鼠标在波形显示区中移动时会有一条垂直的直线跟随着鼠标移动，这条直线贯穿所有通道。将鼠标移动到任意通道中需要进行测量的波形段的起点位置，单击鼠标左键进行确定，此时将出现一条短的垂直直线。按下鼠标左键的地方固定，确定测量的起点。当再次移动鼠标时，另一条垂直直线出现，并且它随着鼠标的左右移动而移动，这条直线可用来确定测量的终点。当这条直线移动时，在直线的右上角将动态地显示两条垂直直线之间的时间差，单击鼠标左键确定终点（图 1-63）。在任何通道中按下鼠标右键都将结束本次测量。只有退出测量后，在测量结果视图中才会更新所有测量结果。

（二）Pclab-UE6 生物医学信号采集处理系统

Pclab-UE6 生物医学信号采集处理系统（简称 Pclab-UE6）的硬件设备与 BL-420N 系统相似，因此不再赘述。Pclab-UE6 系统软件界面包括：快速访问工具栏、各种面板、波形显示区、小工具栏及状态栏，具体如图 1-64。

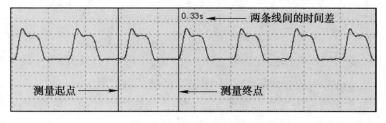

图 1-63 数据测量示意图

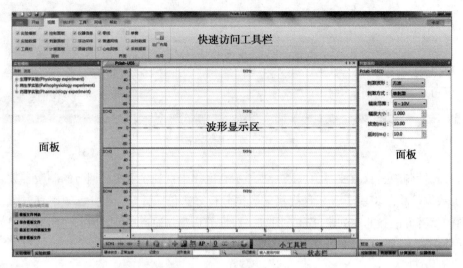

图 1-64　Pclab-UE6 系统软件界面

1. 快速访问工具栏

快速访问工具栏包括 7 个功能分类，具体如下：

（1）文件

① 新建：新建实验文件，清理实验波形，但不改变参数配置。

② 打开：打开一个已保存的实验。该功能可以打开以前保存下来的一个完整的实验或以前经过"记录"功能保存下来的一段波形数据文件。执行此命令后弹出"打开实验"对话框，选择一个实验，即会弹出一个新页面，将该实验的波形显示在该页面上，此时在工具栏上出现"回放"功能块。可以开始或暂停回放，也可以拖动滑动条来调节回放速度（图 1-65）。此文件使用完毕可以点击页面右上角的小"×"进行关闭。

③ 其他功能：保存、另存、打印及最近打开的文件功能与 Word 操作相似。

（2）开始　打开"开始"工具栏，主要功能按钮（图 1-66）如下：

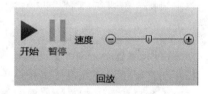

图 1-65　打开与回放功能

图 1-66　开始工具栏主要功能按钮

① 采样设置：点击按钮，弹出对话框（图 1-67），用户可以自己设置实验参数。

② 开始和停止：开始、停止采集数据（键盘空格键可以控制）。

③ 保存：将本次实验的所有波形数据保存到用户指定的文件中，可直接将文件存放在本系统的默认文件夹里，或保存到用户指定的文件中。

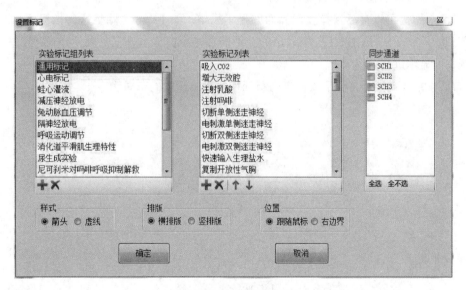

图 1-67 采样设置对话框具体参数

④ 新建：新建实验文件，清理实验波形，但不改变参数配置。

⑤ 刺激和终止：开始、停止刺激。

⑥ 标记：点击右下角 ⊡ 按钮，弹出"设置标记"对话框，用来进行标记的设置（图 1-68）。左侧的列表框显示实验标记组列表，点击 ✚、按钮 ✖ 可以添加或删除一组标记；左键双击"实验标记组名"，可以编辑修改实验标记组名，按回车键或点击编辑框以外的地方可以完成编辑修改。

图 1-68 设置标记对话框

选择一个"实验标记组名"，可以在右面的列表框上显示此实验标记组所包含的实验标记。点击 ✚、✖、⬆、⬇ 按钮可以添加、删除、上移、下移一个标记；左键双击实验标记名，可以编辑修改实验标记名，按回车键或点击编辑框以外的地方可以完成编辑修改。勾选通道号，则会在主界面此通道上"标记"一栏显示此标记组。

⑦ 报告：点击"编辑"（或"在线编辑"）按钮，在弹出的对话框中输入文件名，可将实验报告连同当前屏幕的波形导入 Word 当中做进一步处理。处理完成后，可以进行打印、上传和下

载实验报告。点击右下角 ◪ 按钮，弹出"实验报告设置"对话框，用来设置实验报告内容和实验图片样式。

（3）视图　点击"视图"，可以发现三个板块，分别为面板、界面和布局。

① 面板：面板主要有以下子栏目（图1-69），其主要功能如下：

实验模板：以树形图显示实验模板名称及所属分类名称，默认将常用的实验分为生理学实验、病理学实验和药理学实验三类，每一类实验由系统向用户提供一些预设的实验配置，通常只要选择对应的实验就可以直接进行采样，但如果所做实验不同，也可自行调整。左键双击模板文件名，即可打开此模板文件。

实验数据：以树形图显示参考实验数据文件和用户实验数据文件名列表，便于用户选择需要打开的实验数据文件。但是只有记录仪模式的数据文件可以进行回放。

控制面板：可对每一个采样通道进行参数调节。本面板是以树形图显示的，一级节点是显示通道号，包括软件通道号和对应的硬件通道号。软件通道号按照用户在"采样设置"中选择通道的先后顺序排列。点击通道号后面的"默认参数"按钮，可将控制参数调节成该通道功能下的推荐参数。

刺激面板：主要功能是调整刺激参数。

计算面板：以分组形式显示各通道计算结果，其中组标题包括通道号和通道功能，表示其下面显示的是某个通道实验数据的计算结果。

② 界面：用户可以自己选择波形界面的显示风格（图1-70）。调整这些指标可以对系统界面中的零线、网格单窗（用来使各个通道的波形能在一个窗口里显示，以便作比较）、实时数据及采样频率的显示进行调整。

③ 布局：主要功能是将整个软件界面布局恢复为出厂时的布局。

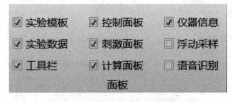

图1-69　面板下子栏目

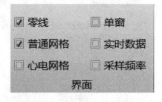

图1-70　界面下子栏目

（4）工具　这部分主要包括系统工具、外部设备和查看三个部分。系统工具包括记事本、计算器、画图板、播放器、软键盘及电子黑板功能。外部设备包括摄像机和肛温测量功能。点击"摄像机"功能，调好各参数后，点击"开始录像"，视频窗口处于录像状态，直到点击"停止录像"即录像完毕。点击"肛温测量"可获取外部设备检测的动物肛温测量值。点击"查看"，可查看计算机配置信息。

2. 小工具栏

小工具栏主要包括以下功能键（图1-71），其主要功能如下：

图 1-71 小工具栏主要功能键

（1）显示当前操作的软件通道号。当单窗显示时，可以通过点击此按钮选择要操作的通道号。

（2）依次为通道波形横向放大、横向缩小、纵向放大、纵向缩小功能。

（3）将通道波形还原为原始大小。

（4）将各个通道的图形显示速度调成一致。处于此锁定状态时，调节一个通道的横向放缩，其他几个通道也随之改变。如果想解除锁定状态，点击此按钮，图标变为开锁状态即可。

（5）可对当前通道进行单点测量，执行后，当前通道会出现一条测量线（图 1-72），用户只要移动鼠标到被测点，即可在测量线上读出该点的时间值和采样值。

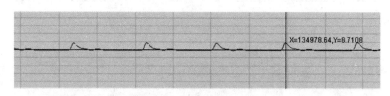

图 1-72 单点测量示意图

（6）在波形上需要打 M 标记的位置点击鼠标左键，会在此位置出现一个蓝色圆点和一条紫色虚线，此时，再点击"单点测量"，则会多出△X、△Y 值，即为测量线上点与打 M 标记点的时间值和采样值的差值。

（7）可以对当前通道数据进行两点（区域）测量。点击后，上下移动鼠标到合适位置后点击要测量区域的起始端，再点击末端，然后上下移动鼠标到合适位置，即可在测量线上读出两点的时间值和采样值的差值。

（8）先确认电极距离，再选择第一个通道的合适位置，点击鼠标左键确定，然后选择第二个通道的合适位置，点击鼠标左键确定后显示出 AP 传导速度和时长。点击后面的倒三角，选择菜单可"设置电极距离"（图 1-73）。选择两个通道遵循从上到下的顺序。

（9）对当前软件通道进行调零。软件会自动把信号拉回到零线位置，此方式只是软件模拟调零，并没有真正控制电位器减小偏离范围，只是为了方便用户的使用。调零操作只针对点击调零按钮以后收集到的数据，不改变之前收到的数据。

（10）用来对当前通道的信号进行反相操作。通常用于电极接反或使用张力传感器的实验。本操作可针对全部实验波形。

（11）多帧叠加，点击后，弹出对话框，选择好叠加方式和帧数后，点击"确定"按钮，即可完成多帧叠加。这个功能仅在"刺激触发"采样模式下使

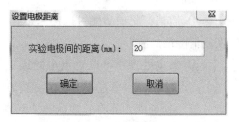

图 1-73 设置电极距离对话框

用，再次点击"刺激"按钮，叠加帧将会消失。

3. 波形（数据）显示区

（1）坐标区　显示纵坐标轴，其刻度单位由控制面板中的通道功能决定，其左上角显示软件通道名。如果想要改变刻度线的距离，可以右击此区域在弹出的菜单中选择"增大刻度间距"或"减小刻度间距"。如按住鼠标左键上下移动，可以对波形的位置进行上下的调整以便于观察。如双击鼠标左键，波形恢复到原始位置。滚动滚轮可以对波形进行纵向缩放。

（2）观察区　用来显示波形曲线、标记、刺激标记、选择区域、测量线等信息。上下移动通道分割条即可调整通道窗口大小。滚动滚轮可以对波形进行横向缩放。左键点击通道，则其对应的控制面板项会自动展开。左键双击通道，则此通道窗口最大化，其他采样通道窗口被隐藏。

① 波形选择及粘贴：在被选波形的开始处按下鼠标左键不放，拖动鼠标会有一个半透明的选择区出现，在终止位置松开鼠标左键即可完成选择，只要再次单击鼠标则可取消选择区域（图1-74）。

选择后的通道波形也会自动复制到粘贴板上，也可以图片的形式在绘图板、Word、Excel等应用程序上粘贴使用。

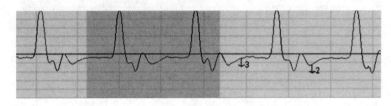

图1-74　波形的选择

② 标记：采样过程中点击鼠标右键，可以在点击位置打标记。停止采样时点击鼠标右键，可以弹出右键菜单。右键菜单包括以下功能：

添加标记：先在"快速访问工具栏"中的"标记"模块选择通道号、标记组和标记（图1-75）。

然后点击此菜单，即可在点击位置添加一个标记。随后标记选项值自动清空，下次添加标记前需要再次选择。如果不选择标记，则会顺序产生数字作为标记值。点击此菜单，在弹出对话框中可以对点击位置附近的所有标记进行编辑或删除操作。

③ 清除：此项功能可清除用户所选的一段波形。清除后这段波形在下一次"清除"操作前，可点击"撤销"恢复。清除的结果是此段波形后的波形向前接到此段波形的前面，从而将用户选择的波形剪掉。

④ 撤销：此项功能可以用来取消上一次的"清除"操作，恢复清除前的波形。

⑤ 数据处理：可以对点击的通道进行平滑滤波、低通滤波、高通滤波、频率直方图、幅度直方图、序列直方图、积分、微分等数据处理，并将处理后的波形在新增的数据处理通道上显示出来。

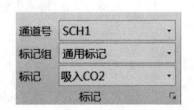

图1-75　标记模块

⑥ 关闭数据处理：此功能只有在数据处理通道上才能显示出来，用来关闭本数据处理通道。

⑦ 导出选择波形到 Word：将选择的波形作为图片导出到 Word 文件。

⑧ 导出选择数据到文本：用来将所选部分波形数据导出成 ASCII 形式的文本文件与其他应用程序交换数据。

⑨ 导出全部数据到文本：用来将全部波形数据导出成 ASCII 形式的文本文件与其他应用程序交换数据。

⑩ 导出选择数据到 Excel：用来将所选部分波形数据导出到 EXCEL 当中供进一步的数值处理或统计分析。

⑪ 导出全部数据到 Excel：用来将全部波形数据导出到 EXCEL 当中供进一步的数值处理或统计分析。

⑫ 导出帧平均值到 Excel：得到所选通道的整帧平均值。此功能需要在"刺激触发"模式下才能使用。

⑬手动测量：先选择一段波形，再点击需要手动计算的项目对应的子菜单。其中"心电心率""呼吸频率""血压心率"三个项目还需要输入所选波形是几个周期才能计算，而"T 波斜率""围合面积"直接就可以计算。

（3）时间轴 用于显示时间信息，用户可以通过它来同时选择几个通道的同一段数据。将鼠标移动到时间轴上，在被选段落的开始处按下鼠标左键不放，拖动鼠标会有一个半透明的选择区出现，在终止位置松开鼠标左键即可完成选择，只要在时间轴上再次单击鼠标则可取消选择区域。

（4）对比框 单击鼠标左键拖拽坐标区和观察区之间的分割线，就能打开对比框，方便进行波形的比较。

4. 状态栏

状态栏主要功能是显示硬件连接状态、采样模式，并可进行波形查询及标记查询（图 1–76）。

图 1–76 状态栏示意图

（1）硬件状态 显示仪器连接状态是否正常。如果显示"硬件状态：无连接"，就需要检查仪器 USB 线是否连接好，仪器是否开启等问题。

显示"硬件状态：正常连接"后，点击此按钮，将会显示各通道传感器连接情况（图 1–77）。如果打开是一个实验模板，再点击此按钮，还会显示插入传感器是否正确的信息，如下图所示：

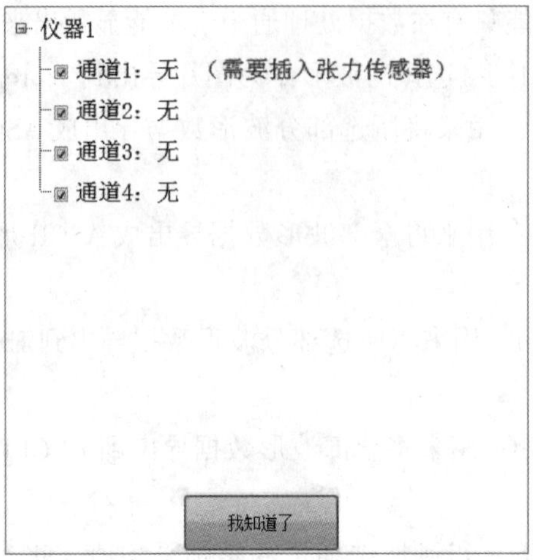

图 1-77　硬件状态显示对话框

（2）采样模式　显示当前的采样模式。

（3）波形查询区　可直接输入需要跳转到的秒数或帧数位置，方便更快捷查看已采样波形。当采样模式为"记录仪"时，在编辑框内输入数字，例如 10，然后按 Enter 键或点击"标记查询"按钮，波形就会跳转到 10 s 处。

当采样模式为"刺激触发"时，在编辑框内输入数字，例如 3，然后按 Enter 键或点击"标记查询"按钮，波形就会跳转到第 3 帧。当采样模式为"刺激触发"时，编辑框内默认显示内容为当前帧数 / 总帧数，如果想要跳转，可以直接用鼠标点击编辑框就可以输入需要跳转的帧数数字。

（4）标记查询区　可直接输入标记名称，然后按 Enter 键或点击"标记查询"按钮，波形就可以跳转到打此标记的地方。

第二章

神经与肌肉生理

▶ 实验 2-1　坐骨神经 – 腓肠肌标本制备

【目的要求】

1. 掌握蛙类手术器械的使用方法。
2. 学习动物生理学实验基本的组织分离技术。
3. 掌握制备蛙类坐骨神经 – 腓肠肌标本的方法。

【实验原理】

两栖类动物的一些基本生命活动和生理功能与哺乳类动物相似，其离体组织所需的生活条件比较简单，易于控制和掌握，因此，在动物生理学实验中常用蟾蜍或蛙的离体组织或器官来研究神经肌肉的一般生理。如用蟾蜍或蛙的坐骨神经 – 腓肠肌标本来观察神经肌肉的兴奋性、刺激与反应的规律及肌肉收缩的特征等。因此，制备坐骨神经 – 腓肠肌标本是动物生理学实验中必须掌握的一项基本技能。

【实验动物】

蟾蜍或蛙。

【器材及药品】

蛙类手术器械一套（普通剪刀、手术剪、眼科剪、圆头镊、眼科镊、金属探针、玻璃分针、蛙钉、蛙板）、胶头滴管、培养皿、细线、铜锌弓、任氏液、纱布等。

【方法及步骤】

1. 破坏脑和脊髓

取蟾蜍（或蛙，以下略）一只，用水冲洗干净。左手握住蟾蜍，用拇指按压背部，食指按压头部前端使头前俯，让头颅后缘稍稍拱起。右手持金属探针由两眼之间沿中线向后方划触，触及两耳后腺之间的凹陷处即是枕骨大孔的位置。将探针由凹陷处垂直刺入，即可进入枕骨大孔（图 2-1）。然后将探针向前刺入颅腔，左右搅动探针，充分捣毁脑组织。如探针确在颅腔内，实

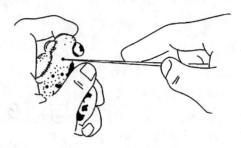

验者可感到探针触及颅骨。此时的动物为单毁髓动物。再将探针退回至枕骨大孔，使针尖转向尾端，捻动探针使其刺入椎管，捣毁脊髓。在此过程中应注意保持脊柱平直。探针进入椎管前行时，感觉有一定的阻力，而且随着进针蟾蜍会出现下肢僵直或尿失禁现象。若脑和脊髓破坏完全，蟾蜍下颌呼吸运动消失，四肢松软，失去一切反射活动。此时获得的是双毁髓蟾蜍。如动物仍表现四肢肌肉紧张或活动自如，则需按上述方法重新毁髓。

图2-1　破坏蟾蜍脑、脊髓

2. 剪除躯干上部及内脏

左手持手术镊轻轻提起两前肢之间背部的皮肤，手术剪横向剪开皮肤，暴露耳后腺后缘水平的脊柱。用普通剪刀横向剪断脊柱。左手握住脊柱断端，右手用剪刀沿脊柱两侧（避开坐骨神经）剪开腹壁。此时躯干上部及内脏即全部下垂（图2-2），将头、前肢及内脏一并剪除。在腹部脊柱两侧可以看到坐骨神经丛。

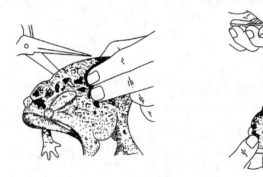

图2-2　剪除躯干上部和所有内脏

3. 剥除皮肤

左手捏住脊柱断端（注意不要压迫神经），右手捏住皮肤边缘，逐步向下用力牵拉，直至剥掉全部后肢皮肤（注意：肛门周围的皮肤要先行剪开）（图2-3）。将标本置于盛有任氏液的培养皿中，洗净双手和用过的所有器械。

4. 分离下肢

用镊子取出标本，左手捏住脊柱断端，避开坐骨神经，右手用剪刀从背侧剪去突出的骶骨。然后，将脊柱腹侧向上，沿正中线将脊柱及耻骨联合中央剪开，使左右两下肢完全分离。注意：操作要十分小心，切勿剪断坐骨神经。将两下肢标本置于盛有任氏液的培养皿内备用。

5. 辨认蟾蜍的坐骨神经

蛙类的坐骨神经是由第7、8、9对脊神经从相对应的椎间孔穿出汇合而成，走行于脊柱的两侧，到尾端（肛门处）绕过

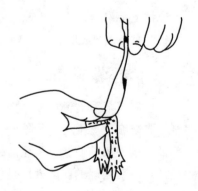

图2-3　剥除皮肤

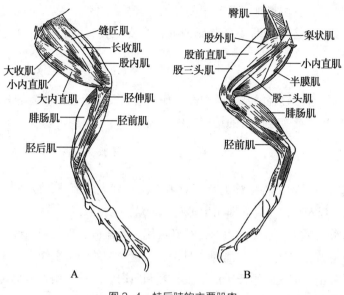

图 2-4　蛙后肢的主要肌肉

A. 蛙后肢腹面观　B. 蛙后肢背面观

耻骨联合，到达后肢背侧，走行于梨状肌下的股二头肌和半膜肌之间的坐骨神经沟内，到达膝关节腘窝处有分支进入腓肠肌（图 2-4）。

6. 制备坐骨神经 – 腓肠肌标本

（1）游离坐骨神经　取一侧下肢标本腹面朝上放置于蛙板上，用玻璃分针沿脊柱旁游离坐骨神经，并于靠近脊柱处穿线、结扎并将线剪断。轻轻提起扎线，用眼科剪剪去周围的结缔组织及神经分支。再将标本背面朝上放置，将梨状肌及周围的结缔组织剪去。在股二头肌与半膜肌之间的缝隙处（图 2-5A），即坐骨神经沟，找出坐骨神经大腿段。用玻璃分针仔细剥离，边剥离边剪断坐骨神经所有分支，将神经一直游离到腘窝。

（2）完成坐骨神经 – 腓肠肌标本的制备　将游离干净的坐骨神经轻轻搭在腓肠肌上，在膝关节周围剪去全部大腿肌肉，并用剪刀将股骨刮干净之后剪去股骨上端的 1/3（保留 2/3）。在跟

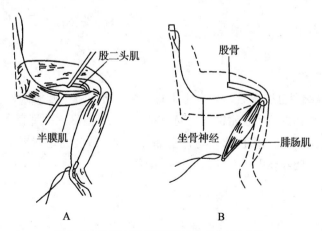

图 2-5　坐骨神经及腓肠肌的分离与标本制备

A. 坐骨神经的分离　B. 坐骨神经 – 腓肠肌标本

腱处穿线结扎，剪断跟腱。游离腓肠肌至膝关节处，轻提结扎线，然后将膝关节下方小腿其余部分剪除。这样一个具有附着在股骨上的腓肠肌并带有支配其收缩的坐骨神经标本就制备完成了（图 2-5B）。

7. 标本检验

用浸有任氏液的铜锌弓轻轻触及坐骨神经，如腓肠肌发生迅速而明显的收缩，则表明标本的兴奋性良好。将标本置于盛有任氏液的培养皿中备用。

【注意事项】

1. 破坏脑和脊髓时，不要将蟾蜍的背部对着自己和别人的面部，以防耳后腺释放毒液溅入眼内。如果毒液不慎溅入眼内，应立即用生理盐水冲洗。
2. 用玻璃分针分离标本，避免用力牵拉神经或用金属器械、手夹捏神经，以免损伤神经。
3. 分离肌肉时应按层次剪切。分离神经时，必须将周围的结缔组织剥离干净。
4. 制备标本过程中，应随时用任氏液浸湿神经和肌肉，防止干燥，以免影响标本的兴奋性。
5. 勿让蟾蜍的皮肤分泌物和血液等污染神经和肌肉，也不能用水冲洗，否则会影响神经和肌肉的功能。

【思考题】

1. 金属器械碰触或损伤神经及腓肠肌，可能引起哪些不良后果？
2. 如何检测坐骨神经 – 腓肠肌标本的兴奋性？为什么？
3. 剥皮后的神经 – 肌肉标本为什么不能用自来水冲洗？

▶ 实验 2-2　生物电现象的观察

【目的要求】

通过实验证明生物电现象的存在。

【实验原理】

神经 – 肌肉标本受到电刺激后，会产生生物电流，进而可引起肌肉的收缩。神经 – 肌肉标本在损伤或兴奋时，损伤部位和正常部位之间或兴奋区与静息区之间都存在电位差。因此，把神经 – 肌肉标本的神经放在组织损伤部位与正常部位之间，或放在正在兴奋的组织上时，都能引起肌肉的收缩，从而证明损伤电位和动作电位的存在。

【实验动物】

蟾蜍或蛙。

【器材及药品】

蛙类手术器械一套、铜锌弓、任氏液、胶头滴管、培养皿、细线、纱布等。

【方法及步骤】

1. 实验准备操作

先制备甲、乙两个坐骨神经－腓肠肌标本（方法同实验 2-1），并用铜锌弓检查标本的兴奋性是否正常。

2. 实验项目

（1）将甲标本的神经放在乙标本的肌肉上，再用铜锌弓刺激乙标本的神经，观察是否引起甲标本的肌肉收缩。

（2）横切乙标本腓肠肌，将甲标本的神经的一点轻置于乙标本肌肉横断处（即损伤部位），用玻璃分针挑起甲标本神经的另一端，观察神经的另一端与乙标本腓肠肌正常部位接触时是否引起甲标本肌肉的收缩。

【注意事项】

1. 神经－肌肉标本要保持高度的兴奋性。
2. 请勿多次用铜锌弓检验标本活性。
3. 标本制作好后应立即进行实验。

【思考题】

1. 将甲标本的神经放在乙标本的肌肉上，再用铜锌弓刺激乙标本的神经时，为什么能引起甲标本肌肉的收缩？
2. 损伤电位产生的原理是什么？

▶ 实验 2-3　神经干动作电位的测定

【目的要求】

1. 熟悉生物信号采集处理系统的使用。
2. 了解蛙类坐骨神经干的单相、双相动作电位的记录方法，观察坐骨神经动作电位的基本波形、潜伏期、幅值及时程。

【实验原理】

神经组织是可兴奋组织，当受到阈强度的刺激时，膜电位将发生一短暂的变化，即动作电位。动作电位一经产生，即可沿神经纤维传导。动作电位是神经兴奋的客观标志。在神经细胞外表面，已兴奋的部位带负电，未兴奋部位带正电。如果将两个引导电极分别置于正常的神经干表面，当神经干一端兴奋时，兴奋向另一端传导并依次通过两个记录电极，可记录两个方向相反的电位偏转波形，此波形称为双相动作电位。若在两个引导电极之间，夹伤神经使其失去传导兴奋的能力，神经兴奋不能通过损伤部位，因此，两个电极中只能记录到一个方向的电位偏转波形，而另一个电极则成为参考电极，此波形称为单相动作电位。

由于坐骨神经干是由许多单纤维组成，其产生的动作电位是许多神经纤维动作电位的代数叠加，称为复合动作电位。因此，在一定范围内，动作电位的幅度可随刺激强度的增加而增大。

【实验动物】

蟾蜍或蛙。

【器材及药品】

蛙类手术器械一套、铜锌弓、棉球、神经标本屏蔽盒、滤纸片、细线、生物信号采集处理系统、任氏液。

【方法及步骤】

1. 制备坐骨神经–腓神经标本。方法参考实验2-1。不同之处是只保留神经，剔除肌肉和股骨，并且神经尽可能分离的长一些。在脊椎附近结扎并剪断神经主干，提起线头，剪去神经干的所有分支和结缔组织，到达腘窝后，可继续分离出腓神经或胫神经，在靠近趾部剪断神经。将制备好的神经标本浸泡在任氏液中数分钟，待其兴奋性稳定后开始实验。

2. 用浸有任氏液的棉球擦拭神经标本屏蔽盒上的电极，标本盒内放置一块湿润的滤纸片，以防标本干燥。用滤纸片吸去标本上过多的任氏液，将其平搭在屏蔽盒的电极上，并且使其近中（枢）端置于刺激电极上，远中端置于引导电极上。盖好屏蔽盒的盖子，以减少电磁干扰。按图2-6所示连接生物信号采集处理系统与神经标本屏蔽盒。引导电极分别连接到1、2通道，刺激电极连接到刺激输出，神经屏蔽盒地线接线柱与地线相连。须避免连接错误或接触不良。

3. 打开计算机，启动生物信号采集处理系统软件，进入系统软件窗口，设置仪器参数：点

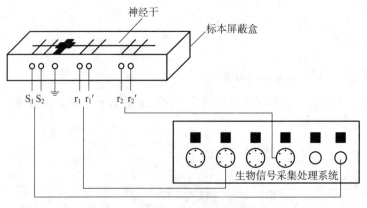

图2-6 观察神经干动作电位装置图

击"实验"菜单，选择"神经干动作电位"项目，系统进入该实验信号记录状态。

仪器参数：①RM6240系统1、2通道，时间常数0.02~0.002 s，滤波频率1 KHz，灵敏度5 mV，采样频率40 KHz，扫描速度0.5 ms/div。单刺激模式，刺激强度0.1~3 V，刺激波宽0.1 ms，延迟5 ms，同步触发。②PcLab和MedLab系统2、4通道，放大倍数200，AC耦合，采样间隔25 ms。单刺激或主周期刺激方式，周期1 s，波宽0.1 ms，刺激强度0.1~3 V。记忆示波方式，刺激器触发。

4. 观测动作电位

（1）神经干兴奋阈值的测定。刺激强度从0.1 V开始，逐渐增加刺激强度，刚刚出现动作电位时的刺激强度，即为神经干的兴奋阈值。

（2）在刺激阈值的基础上逐渐加大刺激强度，可观察到双相动作电位波形。且动作电位的幅值随刺激强度的增大而加大。当刺激增加到一定强度时，动作电位的幅值不再增大，此时的刺激为最大刺激。读出最大刺激时双相动作电位上下相的幅度和整个动作电位持续的时间数值（图2-7）。

（3）将神经干标本放置的方向倒置后，观察双相动作电位的波形有无变化。

（4）将两根引导电极r_1、r'_1的位置调换，观察动作电位波形有何变化。

（5）用镊子将两个引导电极r_1、r'_1之间的神经干标本夹伤，即可使原来的双相动作电位的下相消失，变为单相动作电位（图2-8）。读出最大刺激时单相动作电位的振幅值和整个动作电位持续的时间数值。

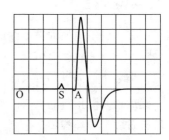

图2-7 神经干双相动作电位

O. 触发扫描开始 S. 刺激伪迹；

OS. 从触发到刺激伪迹间的延迟；

A. 动作电位

图2-8 神经干单相动作电位

【注意事项】

1. 在神经干标本制作过程中，经常滴加任氏液，保持标本湿润；切勿损伤神经干。

2. 屏蔽盒内也要保持一定的湿度，但要用滤纸片吸去神经干上过多的任氏液，不要造成电极间短路。

3. 神经干不能与标本盒壁相接触，也不要把神经干两端折叠放置在电极上，以免影响动作电位的波形。

【思考题】

1. 在引导神经干双相动作电位时，为什么动作电位的第1相的幅值比第2相的幅值大？

2. 在实验中，神经干动作电位的幅值可在一定范围内随刺激强度的增加而增大，这与"全或无"定律矛盾吗？

3. 神经被夹伤后，动作电位的第2相为何消失？

4. 引导电极调换位置后，动作电位波形有无变化？为什么？

▶ 实验 2-4　神经干不应期的测定

【目的要求】

1. 了解蛙类坐骨神经干产生动作电位后其兴奋性的规律性变化。
2. 学习不应期的测定方法。

【实验原理】

可兴奋组织（如神经）在接受一次刺激而兴奋后，其兴奋性都要经历一次周期性的变化，依次经过绝对不应期、相对不应期、超常期和低常期，然后恢复到正常的兴奋性水平。采用双脉冲刺激，首先给神经施加一个刺激，称为"条件性刺激"，用来引起神经纤维的一次兴奋；然后在前一兴奋及其恢复过程的不同时相再施加第二个刺激，称为"检验性刺激"，检查神经对检验性刺激是否反应和所引起的动作电位幅度的变化，来判定神经组织兴奋后的兴奋性变化。以两个刺激间隔测出神经干的不应期。当第二个刺激引起的动作电位幅度开始降低时，说明第二个刺激开始落入第一次兴奋的相对不应期内。当第二个动作电位开始完全消失，表明此时第二个刺激开始落入第一次兴奋后的绝对不应期内（图 2-9）。

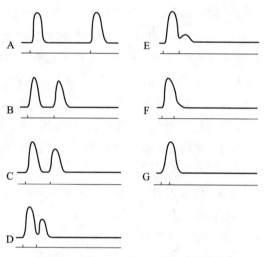

图 2-9　神经干兴奋后兴奋性变化的测定
上线：动作电位　下线：刺激脉冲
A~G 为不同时间间隔所引起的动作电位的波形

【实验动物】

蟾蜍或蛙。

【器材及药品】

蛙类手术器械一套、神经标本屏蔽盒、带电极的接线、生物信号采集处理系统、任氏液。

【方法及步骤】

1. 制备蛙坐骨神经干标本并置于神经标本屏蔽盒内（方法同实验 2-3）。用导线连接生物信号采集处理系统与标本盒，本实验仅用一对记录电极。用镊子夹伤两电极间的神经联系，以单相动作电位为观察指标。

2. 打开计算机，启动生物信号采集处理系统软件，进入系统软件窗口，设置仪器参数。点击"实验"菜单，选择"神经干不应期的测定"项目，系统进入该实验信号记录状态。

3. 观察项目

（1）先用单个刺激找出最大刺激强度，以此强度输出双脉冲刺激神经，调节脉冲之间的间隔时间，引导出先后两个动作电位波形。在间隔时间较大时，先后记录出的两个动作电位的幅值相等（图 2-9A）。

（2）维持最大刺激强度，缩短两个刺激方波之间的时间间隔，使第二个动作电位向第一个动作电位靠近，当检测到刺激所引起的动作电位幅度开始降低时，就是相对不应期的终点（图 2-9B）。

（3）继续缩短两个刺激方波之间的间隔时间，检测到刺激所引起的动作电位幅度继续降低（图 2-9C、D、E），最后动作电位完全消失（图 2-9F）。这是相对不应期的起点，也是绝对不应期的终点。在绝对不应期中加大检测刺激的强度，也不能产生动作电位（图 2-9G）。

（4）逐渐延长两个刺激脉冲的间隔时间，使第二个动作电位再次出现。当间隔时间达到一定数值时，第二个动作电位的幅度又与前一个动作电位的幅度相等，则表明兴奋性已恢复。

【注意事项】

1. 在神经干标本制作过程中，保持标本湿润；切勿损伤神经干。
2. 屏蔽盒内要保持一定的湿度，注意电极间不要短路。
3. 用刚刚能使神经干产生最大动作电位的刺激强度刺激神经。
4. 增加观察次数，以减少读数的误差。

【思考题】

1. 神经纤维受到刺激发生兴奋后，其兴奋性将经历何种周期性变化？
2. 两个刺激脉冲的间隔时间逐渐缩短时，第二个动作电位如何变化？为什么？
3. 神经细胞产生一次兴奋后，兴奋性改变的离子基础是什么？

▶ 实验 2-5　神经干动作电位传导速度的测定

【目的要求】

1. 理解兴奋传导的概念。
2. 掌握神经干动作电位传导速度的测定和计算方法。
3. 了解低温对神经冲动传导速度的影响。

【实验原理】

神经纤维兴奋的标志是产生一种可传播的动作电位。当神经干一端受到刺激而兴奋后，其动作电位沿细胞膜传导至另一端，其传导的速度取决于神经干的粗细、内阻、有无髓鞘等因素。不同类型的神经纤维传导速度不同，神经纤维越粗动作电位传导速度越快。蛙类坐骨神经干以 Aα

类纤维为主，传导速度（v）为 $30 \sim 40 \ m \cdot s^{-1}$。测定神经冲动在神经干上传导的距离（$d$）与通过这段距离所需时间（$t$），根据 $v = d/t$ 可求出神经冲动的传导速度。

在实际测量中，常用两个通道同时记录由两对引导电极记录下的动作电位来计算动作电位传导速度。先测量两个动作电位起点的间隔时间（t），然后再测量标本屏蔽盒中两对引导电极起始电极之间的距离（d）（图 2-6 中对应的 $r_1 \sim r_2$ 的间距），则神经冲动的传导速度 $v = d/t$。

【实验动物】

蟾蜍或蛙。

【器材及药品】

蛙类手术器械一套、神经标本屏蔽盒、带电极的接线、生物信号采集处理系统、任氏液。

【方法及步骤】

1. 制备坐骨神经干标本（方法同实验 2-3）。
2. 参照实验 2-3 神经干动作电位的测定，连接生物信号采集处理系统与神经标本屏蔽盒。
3. 打开计算机，启动生物信号采集处理系统软件，进入"神经干动作电位传导速度的测定"实验菜单。
4. 给予神经干最大刺激强度，可在两个通道中观察到先后形成的两个双相动作电位波形。

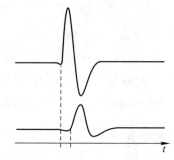

图 2-10　神经干动作电位传导速度的测定
注：两条纵行虚线区间为两通道
动作电位的时间差

（1）测量两个动作电位起点的间隔时间 t（图 2-10）。
（2）测量标本屏蔽盒中两对引导电极相应的电极之间的距离 d（即测定 $r_1 \sim r_2$ 的间距）。
（3）将神经干标本置于 4℃的任氏液中浸泡 5 min 后，再测定神经冲动的传导速度。

【注意事项】

1. 制备坐骨神经干标本时，应越长越好，最好达到 10 cm 以上。
2. 应精确测量两电极间的距离，以免传导速度计算值出现人为的偏差。

【思考题】

1. 本实验所测得的传导速度能否代表该神经干中所有神经纤维的传导速度，为什么？
2. 将神经干标本置于 4℃的任氏液中浸泡后，神经冲动的传导速度有何改变？为什么？

▶ 实验 2-6　刺激强度、频率与骨骼肌收缩的关系

【目的要求】

1. 通过观察刺激强度与肌肉收缩力之间的关系，掌握阈下刺激、阈刺激、阈上刺激及最大刺激的概念。

2. 通过改变刺激的频率，观察肌肉收缩形式，并观察刺激频率与肌肉收缩形式之间的关系。

【实验原理】

肌肉和神经组织都具有较大的兴奋性。神经组织的兴奋表现为动作电位，肌肉组织的兴奋主要表现为收缩活动。刺激时间、刺激强度、强度 – 时间变化率构成了刺激引起组织产生兴奋的三要素。在一定的刺激时间（波宽）下，刚能引起组织产生兴奋的刺激为阈刺激，随着刺激强度的不断增加，肌肉的收缩反应也随之增大，强度超过阈值的刺激为阈上刺激。当阈上刺激强度增大到某一值时，肌肉做最大收缩。再继续增大刺激强度，肌肉收缩反应不再继续增大。将能引起肌肉最大收缩的最小强度的刺激称为最大刺激。不同频率的电脉冲刺激神经时，肌肉会产生不同的收缩反应。若刺激频率较低，每次刺激的时间间隔超过肌肉单次收缩的持续时间，则肌肉的反应表现为一连串的单收缩；若刺激频率逐渐增加，刺激间隔逐渐缩短，肌肉收缩的反应可以融合，开始表现为不完全强直收缩；继续增加刺激频率，使刺激间隔小于一次肌肉收缩的收缩时间，则肌肉产生完全强直收缩。

【实验动物】

蟾蜍或蛙。

【器材及药品】

蛙类手术器械一套、铁架台、双凹夹、培养皿、滴管、细线、生物信号采集处理系统、肌槽、张力换能器、保护电极、任氏液。

【方法及步骤】

1. 坐骨神经 – 腓肠肌标本制备

离体坐骨神经 – 腓肠肌标本制备方法参见实验 2-1。在体坐骨神经 – 腓肠肌标本制备方法如下：①取蟾蜍一只，破坏脑和脊髓；②剥离一侧下肢自大腿根部起的全部皮肤，然后将蟾蜍腹位固定于蛙板上；③于股二头肌与半膜肌的坐骨神经沟内游离坐骨神经，并在神经下穿线备用，然后分离腓肠肌的跟腱并穿线结扎，连同结扎线将跟腱剪下，一直将腓肠肌分离到膝关节；④在膝关节旁钉蛙钉，固定住膝关节。此时，在体标本制备完毕。

2. 仪器及标本的连接

（1）离体标本　将肌槽、张力换能器均用双凹夹固定于铁架台上；标本的股骨残端插入肌槽

的小孔内并固定之；腓肠肌跟腱上的连线连于张力换能器的应变片上（暂不要将线拉紧）。将坐骨神经轻轻平搭在肌槽的刺激电极上（图2-11A）。

（2）在体标本　可将腓肠肌跟腱上的细线连于张力换能器的应变片上（暂不要将线拉紧）；将穿有线的坐骨神经轻轻提起，放在保护电极上，并保证神经与电极接触良好（图2-11B）。

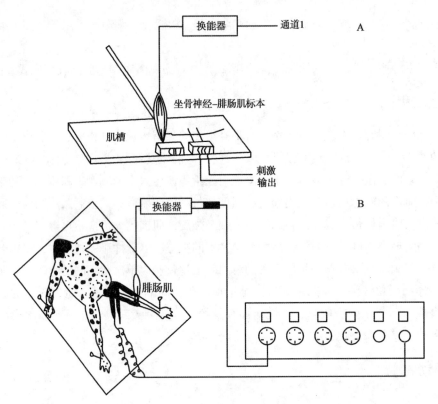

图2-11　刺激强度、频率与骨骼肌收缩的关系实验装置

A. 离体标本实验装置　B. 在体标本实验装置

3. 实验项目观察

调整换能器的高低，使肌肉处于自然拉长的状态（不宜过紧，但也不要太松）。将张力换能器的输出插头插入生物信号采集处理系统的一个信号输入通道插座（如CH1）；电极的插头插入该系统的刺激输出插孔。打开计算机，启动生物信号采集处理系统。

（1）进入"刺激强度对骨骼肌收缩的影响"实验菜单　使用单脉冲刺激方式，波宽调至并固定在1 ms，刺激强度从零开始逐渐增大；首先找到能引起肌肉收缩的最小刺激强度，该强度即是阈强度。将刺激强度逐渐增大，观察肌肉收缩幅度是否随着增加，收缩曲线幅度是否也随之升高。继续增大刺激强度，直至连续3~4个肌肉收缩曲线的幅度不再随刺激增高为止，读出刚刚引起最大收缩的刺激强度，即为最适刺激强度（图2-12）。

（2）进入"刺激频率对骨骼肌收缩的影响"实验菜单　用使肌肉产生最大收缩的刺激强度（最适刺激）刺激坐骨神经，并保持这一强度不变。将刺激方式置于"连续"，用频率为1 Hz、2 Hz、3 Hz、4 Hz……30 Hz的连续刺激作用于坐骨神经，可记录到肌肉的单收缩、不完全强直

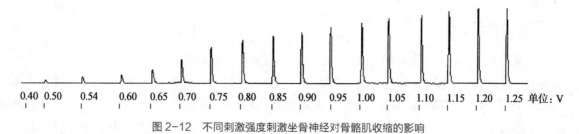

0.40 0.50 0.54 0.60 0.65 0.70 0.75 0.80 0.85 0.90 0.95 1.00 1.05 1.10 1.15 1.20 1.25 单位: V

图2-12 不同刺激强度刺激坐骨神经对骨骼肌收缩的影响

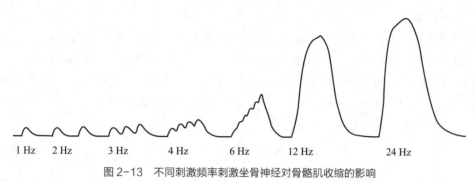

1 Hz 2 Hz 3 Hz 4 Hz 6 Hz 12 Hz 24 Hz

图2-13 不同刺激频率刺激坐骨神经对骨骼肌收缩的影响

收缩和完全强直收缩曲线（图2-13）。

【注意事项】

1. 制备离体神经-肌肉标本及实验操作过程中，要不断滴加任氏液，以防标本干燥而丧失正常生理活性。

2. 操作过程中应避免用力牵拉和手捏神经或夹伤神经、肌肉。

3. 每次刺激之后必须让肌肉有一定的休息时间，特别是在观察刺激频率的影响时。

4. 找准最大刺激强度，以防刺激过强损伤神经。

5. 实验过程中保持换能器与标本连线的张力不变。

【思考题】

1. 何为阈刺激、阈上刺激和最大刺激？

2. 在阈刺激和最适刺激之间为什么肌肉的收缩幅度随刺激强度增加而增加？

3. 刺激强度、刺激频率分别对骨骼肌收缩有什么影响？

▶| 实验2-7 骨骼肌的单收缩和收缩总和

【目的要求】

1. 观察刺激频率对骨骼肌收缩形式的影响。

2. 了解单收缩、强直收缩的产生机制。

【实验原理】

收缩是肌肉兴奋的外在表现。给活的肌肉一个短暂的有效刺激，肌肉会发生一次收缩，此收缩称为单收缩。单收缩的全过程可分为潜伏期、收缩期和舒张期（图2-14）。其具体时间和收缩幅度可因不同动物和肌肉以及肌肉当时的机能状态不同而有所不同。若给肌肉相继两个有效刺激，且使两个刺激的间隔时间小于该肌肉单收缩的总时程，则出现两个收缩反应的重叠，称为收缩的总和（图2-15）。当给肌肉一串有效刺激时，可因刺激频率不同，肌肉呈现不同的收缩形式。如果刺激频率很低，即相继两个刺激的间隔时间大于单收缩的总时程，肌肉出现一连串在收缩波形上彼此分开的单收缩。若逐渐增大刺激频率，使后一个刺激总是落在前一次刺激引起的肌肉收缩的舒张期，肌肉则呈现锯齿状的收缩波形，称之为不完全强直收缩。再增大刺激频率，使后一个刺激总是落在前一次肌肉收缩的收缩期，肌肉将处于完全的持续的收缩状态，看不出舒张的痕迹，称之为完全强直收缩（图2-16）。

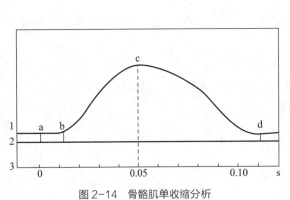

图2-14　骨骼肌单收缩分析

a-b：潜伏期　b-c：收缩期　c-d：舒张期

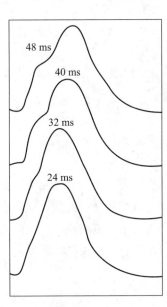

图2-15　相继2个刺激引起的收缩总和

注：曲线上数字为2次刺激间隔时间

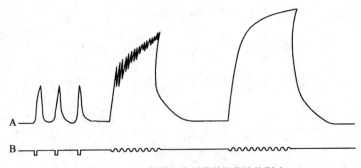

图2-16　不同刺激频率对骨骼肌收缩的影响

A. 肌肉收缩曲线　B. 刺激标记

【实验动物】

蟾蜍或蛙。

【器材及药品】

蛙类手术器械一套、铁架台、双凹夹、培养皿、滴管、细线、生物信号采集处理系统、肌槽、张力换能器、刺激电极、任氏液。

【方法及步骤】

1. 坐骨神经–腓肠肌标本制备（方法同实验 2-1）。

2. 仪器及标本的连接。将肌槽、张力换能器均用双凹夹固定于支架上；标本的股骨残端插入肌槽的小孔内并固定之；腓肠肌跟腱上的连线连于张力换能器的应变片上（暂不要将线拉紧）。将坐骨神经轻轻平搭在肌槽的刺激电极上。调整换能器的高低，使肌肉处于自然拉长的状态（不宜过紧，但也不要太松）。将张力换能器的输出插头插入生物信号采集处理系统的一个信号输入通道（如 CH1）；电极的插头插入该系统的刺激输出插孔。

3. 打开计算机，启动生物信号采集处理系统。进入"刺激频率对骨骼肌收缩的影响"实验菜单。

（1）找出最适刺激强度　使用单脉冲刺激方式，波宽调至并固定在 1 ms，从最小刺激强度开始，对坐骨神经进行刺激。当逐渐增加刺激强度时，肌肉的收缩幅度不断增大，但当达到一定刺激强度时，肌肉收缩幅度便不再随着刺激强度的增大而增高。刚能引起肌肉发生最大收缩幅度的刺激强度即为最适刺激强度。

（2）单收缩　选用最适刺激强度，将刺激频率置于单刺激，描记出独立的单收缩曲线。

（3）不完全强直收缩　逐渐增加刺激频率，描记出锯齿状的不完全强直收缩曲线。

（4）完全强直收缩　继续增加刺激频率，描记出平滑的完全强直收缩曲线。

【注意事项】

1. 在实验过程中，应经常在标本上滴加任氏液以保持湿润，使其保持良好的兴奋性。

2. 每次刺激标本以后，必须让肌肉有一定的休息时间，以防其疲劳。

【思考题】

1. 何为不完全强直收缩、完全强直收缩？它们是如何形成的？

2. 同一块肌肉，其单收缩、不完全强直收缩和强直收缩的幅度是否相同，为什么？

3. 分析讨论肌肉发生收缩总和的条件与机制。

第三章

血液生理

▶ 实验 3-1　血液凝固现象的观察

【目的要求】

了解影响血液凝固的因素，加深对生理性止血过程的理解。

【实验原理】

血液凝固（blood coagulation）指某些条件下（如血液流出血管或血管内皮损伤）血液由流动的溶胶状态变成不能流动的凝胶状态的过程，血浆中有多种凝血因子（coagulation factor）参与此过程。血液凝固过程可分为三个过程，即①凝血酶原激活物（prothrombin activator）的形成；②凝血酶原激活物催化凝血酶原转变为凝血酶（thrombin）；③凝血酶催化纤维蛋白原转变为纤维蛋白（fibrin），最终形成血块。根据凝血过程启动时凝血因子来源不同，可将血液凝固分为内源性凝血途径和外源性凝血途径。内源性凝血途径是指参与血液凝固的所有因子来源于血浆；外源性凝血途径是指受损组织中的组织因子进入血管后，与血管内的凝血因子共同作用而启动的激活过程。血液流出血管后，受到刺激的血小板就会释放出一系列凝血因子，参与凝血过程。而血液凝固过程受到多种因素影响，其中 Ca^{2+} 参与血液凝固的三个步骤，可调节血液凝固过程。

【实验动物】

家兔。

【器材及药品】

兔手术台、常规手术器械、采血针、动脉夹、动脉插管（或细塑料导管）、注射器、试管、小烧杯、试管架、玻片、秒表、滤纸片、带有开叉橡皮刷的玻璃棒、乙醇棉球、棉花、冰块、20% 氨基甲酸乙酯、肝素、5% 草酸钾溶液、3.8% 柠檬酸钠、1% 氯化钙、生理盐水、液体石蜡。

【方法及步骤】

1. 按 5 mL/kg 体重的剂量，耳缘静脉注射 20% 氨基甲酸乙酯溶液麻醉兔〔即氨基甲酸乙酯

（1 g/kg 体重）]，待其麻醉后，仰卧固定于手术台上。

2. 剪去颈部被毛，沿正中切开颈部皮肤 5 ~ 7 cm，用止血钳钝性分离皮下组织和肌肉，暴露气管，分离气管一侧颈总动脉，插入动脉套管（方法见第一章第二节），以备采血。

3. 实验项目

（1）物理因素对血液凝固的影响　取 3 支试管，一支管内加少量棉花，一支管壁涂上少许液体石蜡，一支管对照。向 3 支试管内分别加入新鲜血液 1 mL，每隔 30 s 轻轻地倾斜试管一次，分别记录 3 支试管的凝血时间。

（2）温度对血凝的影响　取 2 支试管，分别加入新鲜血液 1 mL，其中一支管置于 37℃ 水浴中，另一支试管放在冰水浴中，每隔 30 s 轻轻地倾斜试管一次，分别记录两支试管的凝血时间。

（3）钙离子对血凝的影响　取 3 支试管，一支试管内加 3.8% 柠檬酸钠 3 滴，一支试管内加 5% 草酸钾 3 滴，一支试管为对照。然后向 3 个试管内加新鲜血液 1 mL，混匀，观察血凝情况。待对照管血液发生凝固后，将加有柠檬酸钠和草酸钾的试管内分别加入 1% 氯化钙 1 ~ 2 滴，观察血凝情况。

（4）肝素对血凝的影响　取一支试管放入肝素 8 IU，再加入新鲜血液 1 mL，混匀后，观察血凝情况并加以分析。

（5）纤维蛋白在凝血中的作用　由颈总动脉插管放血 20 mL，分别放入两个小烧杯中，一杯静置；另一杯用带橡皮刷的玻璃棒或竹签不断搅动，以除去其中的纤维蛋白，之后静置；观察两个烧杯中血凝情况。

【注意事项】

1. 采血过程尽量要快，以减少计时的误差。对比实验的采血时间相隔要紧凑。
2. 判断凝血的标准要力求一致。一般以倾斜试管达 45℃ 时，试管内血液不见流动为准。
3. 每支试管口径大小及采血量要相对一致，不可相差太大。
4. 实验用的所有试管必须标记清楚，以免混淆。

【思考题】

1. 简述血液凝固的基本过程及影响血凝的外界因素。
2. 请分析本实验中每一项结果产生的原因。
3. 血凝过程中，纤维蛋白原和血小板分别有何作用？
4. 比较内源性凝血和外源性凝血的主要区别。

▶ ## 实验 3-2 出血时间和凝血时间的测定

【目的要求】

1. 学习出血时间、凝血时间的测定方法，熟悉测定出血时间和凝血时间的意义。
2. 了解影响出血时间、凝血时间的因素。

【实验原理】

小血管受损后引起的出血在几分钟内就会自行停止，这种现象称为生理性止血。生理性止血的过程主要包括血管收缩、血小板止血栓的形成和血液凝固三个过程，这三个过程彼此相互促进，使生理性止血能及时而快速地进行。生理性止血功能降低时，可发生出血倾向。而在病理因素作用下，止血功能过度激活时，则可导致血管内血栓的形成。

出血时间（bleeding time，BT）是指小血管破损后，血液从创口内流出到自动停止流动所需的时间。出血时间的长短可以反映生理性止血功能是否完好，观察出血时间是检测毛细血管功能和血小板数量及功能状态是否正常的简便而有效的方法。当血小板减少或功能降低时，出血时间延长。

血液流出血管后很快凝固。凝血过程是一种由多种凝血因子（coagulation factor）参与的连锁化学反应，其结果是使血液由流动的溶胶状态转变为不能流动的凝胶状态。凝血时间（clotting time，CT）是指血液离开血管，在体外发生凝固的时间。凝血时间用于测定血液凝固能力，主要是检测内源性凝血途径中各种凝血因子是否缺乏，功能是否正常，或者是否有抗凝物质增多。

【实验动物】

鸡、兔等动物均可。

【器材及药品】

采血针（或注射器针头）、滤纸、载玻片、乙醇棉球、剪毛剪。

【方法及步骤】

1. 出血时间的测定

（1）耳尖（或唇部）剪毛消毒，干燥。

（2）用采血针（或注射器针头）穿刺皮肤，深度约 4 mm，不加任何压力，待血液自行流出后立即开始计时。

（3）每隔 30 s 用滤纸吸血滴（吸时切勿触及皮肤），直至滤纸不再染上血迹为止，记录出血时间。

正常值：马为 2～3 min，其他动物为 1～5 min。

2. 凝血时间的测定

（1）耳尖采血。

（2）取 1 滴血置于载玻片一端（载玻片必须清洁，无油脂），立即将载玻片稍倾斜（滴有血液的一端向上），放在室温下，记录时间。血滴由载玻片上端向下流动，出现血痕。

（3）每隔 30 s 用针尖挑划血痕一次，直至挑起纤维蛋白丝为止，从开始出血到挑出纤维蛋白丝的时间即为凝血时间。

【注意事项】

1. 采血时应让血液自然流出，不要挤压。

2. 针尖挑血应向一个方向直挑，不可多个方向挑动或挑动次数过多，以免破坏纤维蛋白网状结构，造成血液不凝的假象。

3. 刺入深度要适宜，避免引起组织损伤。

4. 注意实验中计时的时间节点，减少人为误差。

【思考题】

1. 影响出血时间的因素有哪些?

2. 简述测定出血时间和凝血时间的临床意义。

3. 试判断出血时间长的患者的凝血时间是否一定延长，并说明原因。

▶ 实验 3-3　血液成分的测定及血清的制备

【目的要求】

1. 了解血液成分的测定方法。

2. 熟悉血浆和血清的组成及二者的区别。

3. 掌握血浆和血清的制备方法。

【实验原理】

血液是由液体的血浆和悬浮其中的血细胞组成。其中血浆包括水、血浆蛋白、凝血因子、酶、代谢产物等；血细胞包括红细胞、白细胞和血小板。若使用加有肝素、柠檬酸钠等抗凝剂的容器采集血液，可获取抗凝血，将其离心后，分层，上层为无色或淡黄色血浆，下层为血细胞。若直接采集新鲜血液，当血液从血管中流出一定时间后，即可见固体状纤维蛋白的出现，发生凝血反应。随着反应的进行，出现血块，并可见血块表面析出浅黄色的液体，即为血清。血清与血浆的区别在于，血清中不含纤维蛋白原、凝血因子，钙离子较少，5- 羟色胺含量较多。

【实验动物】

鸡或家兔。

【器材及药品】

注射器、试管、离心机、3.8% 柠檬酸钠溶液、脱脂棉、手术刀、剪刀、75% 乙醇、胶头吸管（移液器）。

【方法及步骤】

1. 采血前准备

取两个试管，编号，其中一个试管中添加 1 mL 抗凝剂（3.8% 柠檬酸钠溶液），另一个试管干燥备用。

2. 采血

75% 乙醇棉消毒后，用干燥、消毒后的注射器采集鸡翅下静脉或家兔心脏血液，抽取 4 mL 血液，分别置于准备好的两个试管中。其中加有抗凝剂的试管要充分混匀，但要避免剧烈振荡，以免溶血；两管 37℃ 静置 30 min 后离心。

3. 离心

配平后，3 000 r/min 离心 15 min，或 2 000 r/min 离心 20 min，两试管中的上层液体分别为血浆和血清。

4. 血浆和血清的获取

抗凝管中的上层液体即为血浆，另一管凝血块上析出的液体即为血清，可用移液器或干净的胶头吸管吸出分装，即可获取血浆和血清。

【注意事项】

1. 试管和采血用具必须清洁、干燥。

2. 采集血液及抗凝血混匀时，动作要稳，不可剧烈振荡，避免出现溶血现象（若溶血，血清和血浆均呈现红色）。

【思考题】

1. 哪些因素影响血清和血浆的制备？

2. 如何防止溶血现象发生？

3. 血清和血浆有何区别？

▶ 实验 3-4　红细胞比容的测定

【目的要求】

学习和掌握测定红细胞比容的方法，了解其临床意义。

【实验原理】

将定量的抗凝血灌注于特制的毛细玻璃管中，定时、定速离心后，血细胞和血浆分离。上层呈淡黄色的液体是血浆；中间很薄一层为灰白色，即白细胞和血小板；下层为暗红色的红细胞，彼此压紧而不改变细胞的正常形态。根据红细胞柱及全血高度，计算出红细胞在全血中的容积比值，即为红细胞比容（压积）。

【实验动物】

鸡、兔等动物均可。

【器材及药品】

毛细玻璃管（内径 1.8 mm，长 75 mm）或温氏分血管、酒精灯、水平式高速毛细管离心机（或普通离心机）、天平、注射器、长针头、干棉球、刻度尺（精确到 mm）、草酸盐抗凝剂（0.8 g 草酸钾·H_2O + 1.2 g 草酸胺·H_2O + 甲醛 1 mL + 蒸馏水至 100 mL）或 10 g·L^{-1} 肝素、橡皮泥或半融化状态石蜡、75% 乙醇。

【方法及步骤】

1. 微量毛细管比容法
（1）以抗凝剂湿润毛细管内壁后吹出，让内壁自然风干或于 60～80℃ 干燥箱内干燥后待用。
（2）取血　常规消毒，穿刺指（或尾）尖，让血自动流出，用棉球擦去第 1 滴血，待第 2 滴血流出后，将毛细管的一端水平接触血滴，利用虹吸现象使血液进入毛细管的 2/3（约 50 mm）处。
（3）离心　用酒精灯熔封或橡皮泥、石蜡封堵毛细管未吸血端，然后封端向外放入专用的水平式毛细管离心机，以 12000 r/min 的速度离心 5 min。用刻度尺分别量出红细胞柱和全血柱高度（单位 mm）。计算其比值，即得出红细胞比容。

2. 温氏分血管比容法
（1）取大试管和温氏分血管各 1 支，用抗凝剂处理后烘干备用。
（2）取血　常规消毒后可采取静脉取血或心脏取血，将血液沿大试管壁缓慢放入管内，用涂有凡士林的大拇指堵住试管口，缓慢颠倒试管 2～3 次，让血液与抗凝剂充分混匀，避免剧烈振荡，制成抗凝血。
（3）用带有长针头的注射器取抗凝血 2 mL，将其插入分血管的底部，缓慢放入，精确到

10 cm 刻度处。

（4）离心　将分血管以 3000 r/min 离心 30 min，取出分血管，读取红细胞柱的高度，再以同样的转速离心 5 min，再读取红细胞柱的高度，如果记录相同，该读数的 1/10 即为红细胞比容。

【注意事项】

1. 选择抗凝剂必须考虑到不能使红细胞变形、溶解。草酸钾使红细胞皱缩，而草酸铵使红细胞膨胀，二者配合使用可互相缓解。鱼类多用肝素抗凝。

2. 血液与抗凝剂混合，注血时应避免动作剧烈引起红细胞破裂。

3. 用抗凝剂湿润毛细玻璃管（或温氏分血管）内壁后要充分干燥。血液进入毛细管内的刻度读数要精确，血柱中不得有气泡。

【思考题】

1. 在哪些因素的影响下，红细胞的比容会显著增加？

2. 测定红细胞比容时，一种常出现的误差来源是什么？误差倾向于增加还是减少？

3. 红细胞比容测定有何实际意义？

▶ 实验 3-5　血细胞计数

【目的要求】

学习并掌握稀释法计数单位容积血液内的红细胞和白细胞的数量。

【实验原理】

由于血液中红细胞和白细胞很多，无法直接计数，需用适当的溶液稀释血液，然后将稀释血滴入血细胞计数板上，在显微镜下计数一定容积的红细胞和白细胞，再将所得的结果换算为每立方毫米血液中红细胞和白细胞个数。

【实验动物】

鸡、兔等动物均可。

【器材及药品】

显微镜、血细胞计数板、计数器、注射器（1 mL 或 5 mL）、吸血管、凹瓷盘、消毒棉球、纱布、擦镜纸、小试管及试管架、移液管（1 mL 及 2 mL）、75% 乙醇、95% 乙醇、乙醚、1% 氨水、抗凝剂（1% 肝素钠溶液或 10% 草酸钾溶液）、红细胞稀释液或生理盐水、白细胞稀释液或 2% 醋酸。

【方法及步骤】

1. 熟悉血细胞计数板的构造

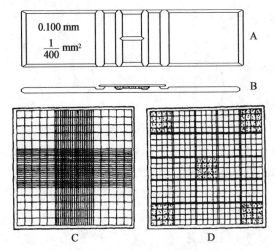

图 3-1 血细胞计数板的构造（25×16）
A. 顶面观 B. 侧面观 C. 放大后的网格
D. 放大后的计数室

血细胞计数板为一长方形厚玻璃板。可根据计数板中计数室方格的大小划分规格。计数板中央横沟的两边各有一计数室，两计数室的划分完全相同（图 3-1）。在低倍显微镜下观察，可见每个计数室用双线划分成 9 个大方格。大方格边长 1.0 mm，四角的大方格每个又分为 16 个中方格，这是用以计数白细胞的。中央的一个大方格用双线分成 25 个中方格，每个中方格又等分成 16 个小方格（用单线），中方格边长为 0.2 mm，计数红细胞时，数中央大方格的 5 个中方格（即 4 角和中央的中方格）内的红细胞数目。计数室较两边的盖玻片支柱低 0.1 mm，因此，放上盖玻片后，计数板与盖玻片之间的距离为 0.1 mm，此为计数室的高度。

2. 采血及稀释

提前准备 2 mL 红细胞稀释液或生理盐水、0.38 mL 白细胞稀释液，备用。

将抽出的血液放入经抗凝剂处理的凹瓷盘内，用微量（血红蛋白）吸血管吸取 10 μL 血液至红细胞稀释液试管内，另吸取 20 μL 血液至白细胞稀释液试管内，轻轻挤出并反复吸洗 2 ~ 3 次。然后将血液与稀释液混合均匀，但不可用力振荡，以免细胞破碎。

3. 充液

将盖玻片先盖在计数板上，用洁净的吸血管吸取摇匀的稀释血液，然后将吸管口轻轻斜置盖玻片的边缘，滴出少量稀释血液，借毛细管现象而流入计数室内。但必须注意，如滴入过多时，流出室外凹沟中，易造成盖玻片浮起，体积不准；滴入过少时，经多次充液，易造成气泡。一旦发生以上现象都应洗去重新充液。

4. 计数

稀释血液滴入计数室后，须静置 2 ~ 3 min，然后低倍镜下计数（显微镜焦距准确，缩小光圈并降低聚光器，使视野较暗）。红细胞计数时数中央大方格四角的 4 个中方格和中央的 1 个中方格（共 5 个中方格）内的红细胞总数；白细胞计数时数四周 4 个大方格内的白细胞总数。计数时应遵循一定的路径，以免遗漏或重复。对于分布在画线上的血细胞，依照"数上不数下，数左不数右"的原则进行计数（图 3-2）。

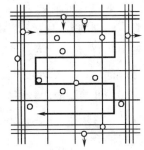

图 3-2 计数血细胞的路线

5. 计算

（1）红细胞数计算 每立方毫米血液中红细胞总数 = $N \times 10^4$

N 为 5 个中方格内的红细胞总数，一般测红细胞时，血液的稀释倍数为 200 倍。

（2）白细胞数计算　每立方毫米血液中白细胞总数 $= M \times 50$

M 为 4 个大方格内的白细胞总数，一般测白细胞时，血液的稀释倍数为 20 倍。

注：红、白细胞的稀释液配制方法见附录四。白细胞核被染成蓝色，红细胞核呈非常淡的浅灰色或基本不染色（如鸡的红细胞），红细胞形态基本不变，在显微镜下易于区分。

【注意事项】

1. 实验用具要事先清洗。清洗吸血管时按照蒸馏水（2 次）→95% 乙醇（2 次）→乙醚（2 次）的方法清洗。计数室用蒸馏水洗后，再用软纱布或擦镜纸吸干。

2. 采血要求迅速、准确，不能凝血，也不能有气泡，否则弃去重采。

3. 吸血管用完后必须立即清洗干净，以防血液凝固堵塞管口。

4. 计数时，如发现每个中方格内红细胞数相差 15 个以上或每个大方格内白细胞数相差 10 个以上，表示血细胞分布不均匀，应将计数板洗净，重新摇匀稀释血液，再充液计数。

【思考题】

1. 实验测得的数据与正常的红细胞数和白细胞数相对照有何差异？为什么？

2. 正常生理状态下，为什么机体血细胞数可维持在相对稳定的数量水平？

3. 白细胞数量的变化有何临床意义？

4. 血细胞计数室中央的大方格中每个中方格的容积是多少？

▶ 实验 3-6　红细胞渗透脆性实验

【目的要求】

学习测定红细胞渗透脆性的方法，理解渗透压对维持细胞正常形态与功能的重要性。

【实验原理】

哺乳动物正常的成熟红细胞是双凹圆盘形。红细胞形态受细胞状态与血浆渗透压影响。正常红细胞因悬浮于等渗的血浆中，故可保持正常的大小和形态。若将红细胞置于高渗溶液中，则会因失水而皱缩；反之，置于低渗溶液中，则水进入红细胞，使红细胞膨胀。如环境渗透压继续下降，红细胞会因继续膨胀而破裂，释放血红蛋白，称之为溶血。红细胞在低渗溶液中发生膨胀、破裂和溶血的特性，称为渗透脆性（osmotic fragility）。渗透脆性反映了红细胞对低渗溶液的抵抗力，抵抗力越大，红细胞在低渗溶液中越不容易发生溶血，即红细胞渗透脆性越小。将血液滴入不同的低渗溶液中，可检查红细胞膜对于低渗溶液抵抗力的大小。开始出现溶血现象的低渗溶液浓度，为该血液红细胞的最小抵抗力；出现完全溶血时的低渗溶液浓度，则为该血液红细胞的最大抵抗力。

生理学上将与血浆渗透压相等的溶液称为等渗溶液；而将能维持红细胞正常形态、大小和悬浮于其中的溶液称为等张溶液。等渗溶液不一定是等张溶液（如1.99%的尿素溶液），但等张溶液一定是等渗溶液。

【实验动物】

鸡、兔等动物均可。

【器材及药品】

10 mL小试管、试管架、滴管、2 mL移液管、1%肝素、1%氯化钠溶液、蒸馏水。

【方法及步骤】

1. 不同浓度低渗溶液的配制

取10个小试管编号备用，按表3-1的比例，配制出10种不同浓度的氯化钠低渗溶液。

表3-1 各种浓度的低渗盐溶液的配制表

试剂	试管号									
	1	2	3	4	5	6	7	8	9	10
1% NaCl/mL	1.40	1.30	1.20	1.10	1.00	0.90	0.80	0.70	0.60	0.50
蒸馏水/mL	0.60	0.70	0.80	0.90	1.00	1.10	1.20	1.30	1.40	1.50
NaCl浓度/%	0.70	0.65	0.60	0.55	0.50	0.45	0.40	0.35	0.30	0.25

2. 制备抗凝血

不同动物采血方法各有所异，但多采用末梢血。将血滴在加有1%肝素的试管中，混匀（1%肝素0.1 mL可抗10 mL血）。

3. 加抗凝血

吸取抗凝血，在各试管中各加1滴，轻轻摇匀，静置1～2 h。

4. 观察结果

根据各管中液体颜色和浑浊度的不同，判断红细胞脆性。

（1）未发生溶血的试管 液体下层为大量红细胞沉淀，上层为无色透明，表明无红细胞破裂。

（2）部分红细胞溶血的试管 液体下层为红细胞沉淀，上层出现透明淡红（淡红棕）色，表明部分红细胞已经破裂，称为不完全溶血。最早出现部分溶血现象的低渗浓度为红细胞的最小抵抗力，即红细胞最大脆性。

（3）红细胞全部溶血的试管 液体完全变成透明红色，管底无红细胞沉淀，表明红细胞完全破裂，称为完全溶血。该溶液浓度代表红细胞的最大抵抗力，即红细胞最小脆性。

【注意事项】

1. 试管要必须清洁，加抗凝血的量要一致，只加1滴。

2. 混匀时，轻轻倾倒 1~2 次，避免剧烈振荡，避免人为溶血。

3. 抗凝剂最好为肝素，其他抗凝剂可改变溶液的渗透性。

4. 配制不同浓度的氯化钠溶液时应力求准确、无误。

5. 氯化钠溶液的浓度梯度可根据动物的实际情况适当进行调整。

【思考题】

1. 红细胞的形态与生理特征有何关系？

2. 根据结果分析血浆晶体渗透压保持相对稳定的生理学意义。

▶ 实验 3-7 血红蛋白含量的测定

【目的要求】

掌握测定血红蛋白含量的直接测定法。

【实验原理】

血红蛋白的颜色常与氧的结合量多少有关。当用一定的氧化剂将其氧化时，使其转变为稳定、棕色的高铁血红蛋白，而且颜色与血红蛋白（或高铁血红蛋白）的浓度成正比。可与标准色进行对比，求出血红蛋白的浓度，即每升血液中含血红蛋白质量（$g \cdot L^{-1}$）。

血红蛋白被高铁氰化钾氧化为高铁血红蛋白，后者再与氰离子结合形成稳定的氰化高铁血红蛋白（hemiglobin cyanide，HiCN）。HiCN 在波长 540 nm 和液层厚度 1 cm 的条件下具有一定的毫摩尔消光系数，可用经校准的高精度分光光度计进行直接定量测定。

【实验动物】

鸡、兔等动物均可。

【器材及药品】

血红蛋白计（或分光光度计）、小试管、刺血针或注射器、微量采血管、干棉球、HiCN 转化液（文齐氏液）或 1% HCl、HiCN 标准液（200 g·L^{-1}）、蒸馏水、95% 乙醇、乙醚、75% 乙醇。

HiCN 转化液（文齐氏液），有标准商品出售。也可实验室配制：高铁氰化钾［$K_3Fe(CN)_6$］200 mg，氰化钾（KCN）50 mg，无水磷酸二氢钾（KH_2PO_4）140 mg，Triton X-100 1.0 mL，蒸馏水加至 1000 mL；过滤后为淡黄色透明液体，pH 7.0~7.4，置于有色瓶中加盖、冷暗处保存；如发现试剂变绿、变浑浊则不能使用。

【方法及步骤】

1. XK-2 血红蛋白仪板面结构　如图 3-3 所示。

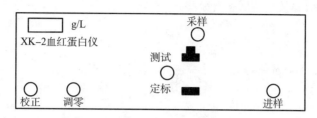

图 3-3　XK-2 血红蛋白仪

2. 仪器的标定

（1）打开仪器底部的支撑架。

（2）打开电源，选择键处于测试挡。

（3）按下进样键，吸入蒸馏水，预热 30 min。

（4）预热后吸入 HiCN 转化液（文齐氏液），调试"调零"按钮使显示屏上显示的数字为零。

（5）吸入标准液后，缓缓旋转"校正"按钮，使显示屏上数字显示为已知的标准液的数值，定标结束。以后调零和校正旋钮均不能动。

3. 在小试管中事先加入 HiCN 转化液（文齐氏液）5 mL。

4. 取血

可吸取从动物的指（尾）端流出的第 2 滴血，也可取静脉血和心脏血。用拇指和食指轻轻捏扁采血管的乳胶头，将采血管的一端水平接触血滴（若是抗凝血，须注意摇匀后再吸取），轻轻缓慢地松开拇指，利用虹吸现象使血液进入微量采血管至 20 μL（第 2 个刻度）。用棉球擦去微量采血管尖端外周的血液。

5. 血红蛋白转化为氰化高铁血红蛋白

将微量采血管插入小试管 HiCN 转化液中，置血液于管底，再吸上清液 2~3 次，洗尽采血管内残存的血液。用玻棒轻轻搅动管内血液，使之与 HiCN 转化液混匀。试管需静置 5 min。

6. 将混合后的血液吸入血红蛋白仪，显示屏上的数字即为测定值，须稳定后方可读数（g·L^{-1}）。

【注意事项】

1. 取血前要做好充分的消毒。

2. 血液要准确吸取 20 μL，若有气泡或血液被吸入采血管的乳胶头中，都应将吸管洗涤干净，重新吸血。洗涤方法是：先用清水将血迹洗去，然后再依次吸取蒸馏水、95% 乙醇、乙醚洗涤采血管 1~2 次，使采血管内干净、干燥。

3. 使用血红蛋白仪测定时，吸血管应插入试管底部，避免吸入气泡，否则会影响测试结果。仪器连续使用时，每隔 4 h 要调整一次零点，即吸入文齐试剂，用"调零旋钮"使仪器恢复到零点。仪器用完后，关机前要用清洗液清洗，否则会影响零点的调整。

【思考题】

1. 血红蛋白的含量与年龄有何关系?
2. 影响血红蛋白含量的主要因素有哪些?

▶ 实验 3-8　红细胞沉降率的测定

【目的要求】

掌握红细胞沉降率的测定方法。

【实验原理】

正常情况下，红细胞能较稳定悬浮于血浆中不易下沉，红细胞的这种特性称为悬浮稳定性（suspension stability）。将抗凝血置于血沉管内，置于血沉架上，红细胞因重力作用而逐渐下沉，上层留下一层黄色透明的血浆，经一定时间（通常为 1 h），沉降的红细胞上面的血浆柱的高度，称为红细胞的沉降率（简称血沉，erthrocyte sedimentation rate，ESR）。有的疾病可以引起家畜红细胞沉降率显著升高，故测定红细胞沉降率具有临床诊断价值。

【实验动物】

健康动物。

【器材及药品】

血沉管、血沉架、注射器、抗凝剂（3.8% 柠檬酸钠或肝素）、75% 乙醇、碘酊。

【方法及步骤】

1. 采血

保定实验动物。如给牛、马、羊采血，先剪去颈静脉附近的毛，用碘酊消毒，然后用消毒的采血针刺破颈静脉。当血液流出时，用预先加有抗凝剂的试管接住（抗凝剂与血液的容积比例为 1 : 4）。如兔采血，可直接采其心脏血；鱼类采血，可采尾静脉血。

2. 血沉的测定

用清洁、干燥的血沉管，小心地吸取抗凝血至最高刻度"0"处，在此之前须将血液充分摇匀（但不可剧烈振荡，以免红细胞破坏）。吸取血液时，要绝对避免产生气泡，否则须重做。将吸有血液的血沉管垂直置于血沉架上，在室温 18～25℃环境中静置 2 h，且分别在 15 min、30 min、45 min、1 h、2 h 时检查血沉管上部血浆柱的高度，以 mm 为单位来表示，并将所得结果记录于表 3-2。

表 3-2　血沉结果记录表

被检动物	时间				
	15 min	30 min	45 min	1 h	2 h

【注意事项】

1. 抗凝剂与血液比例为 1：4，并充分混匀。
2. 血沉管放置要垂直，平稳且不受阳光直射，不得有气泡和漏血。
3. 最好在 18~25℃，并在采血后 2 h 内完成。
4. 采血器具及血沉管必须干燥，洁净，否则会导致溶血或影响血沉值。

【思考题】

1. 影响红细胞沉降率的因素有哪些？
2. 在哪些因素影响下，红细胞沉降率会有所升高？
3. 红细胞悬浮稳定性与红细胞沉降率有何关系？

▶ 实验 3-9　血型鉴定和交叉配血试验

【目的要求】

学习血型鉴定及交叉配血的方法；了解人的血型，掌握 ABO 血型鉴定的原理，认识血型鉴定在输血中的重要性。

【实验原理】

血型（blood type）是指红细胞膜上特异抗原的类型。现已发现 ABO、Rh、MNS 等四十多个血型系统，其中人类 ABO 血型系统是临床应用最频繁和最重要的血型系统。两个血型不相容的血液混在一起，会出现红细胞凝集成簇的现象，称为红细胞凝集。在凝集反应中的抗原成分称为凝集原，即血型抗原；能与红细胞膜上的凝集原起反应的特异性抗体为凝集素，即血型抗体。ABO 血型是根据红细胞膜上有无凝集原 A 与凝集原 B 而将血液分为 4 型（A、B、AB、O 型）。ABO 血型鉴定的原理是根据抗原－抗体反应来进行的，即将受试者红细胞分别加入标准抗 A、抗 B 血清中，观察有无凝集现象，从而测知受试者红细胞膜上有无 A 或 B 凝集原，就可以确定是何种血型。ABO 血型系统还有亚型，如 A_1、A_2、A_1B、A_2B 型等在临床上较为多见，因此在输血时应注意 A 亚型的存在。

交叉配血是将受血者的红细胞和血清分别同供血者的血清和红细胞混合，观察有无凝集现象。为确保输血的安全，在鉴定血型后必须进行交叉配血试验。如无凝集现象，方可进行输血。

【实验对象】

人。

【器材及药品】

显微镜、离心机、消毒采血针、双凹玻片、滴管、1 mL 吸管、小试管、试管架、一次性注射器、碘酒、棉球、消毒棉签、牙签、标准抗 A 和抗 B 血清、生理盐水、75% 乙醇。

【方法及步骤】

1. ABO 血型的鉴定

（1）取双凹玻片一块，在两端分别标上 A 和 B，中央标记受试者的号码。

（2）在 A 端和 B 端的凹面中分别滴上相应标准血清少许。

（3）75% 乙醇棉球消毒无名指端，用采血针刺破指端，用消毒后的尖头滴管吸取少量血（也可用红细胞悬浮液，见下述），分别与 A 端和 B 端凹面中的标准血清混合，放置 1~2 min 后，肉眼观察有无凝集现象，肉眼不易分辨的用显微镜观察。

（4）根据双侧标准血清圆圈内是否有凝集反应的发生，可鉴别受试者的血型（表 3-3）。

表 3-3　ABO 血型鉴定结果判定

受检者血型	标准血清 + 受检者红细胞	
	B 型血清（抗 A 抗体）	A 型血清（抗 B 抗体）
A 型	+	−
B 型	−	+
AB 型	+	+
O 型	−	−

注："+"表示凝集反应阳性，"−"表示凝集反应阴性。

2. 交叉配血试验

（1）分别对供血者和受血者消毒，静脉取血，制备血清和红细胞悬浮液。红细胞悬浮液是将受检者的血液 1 滴，加入装有生理盐水约 1 mL 的小试管中，即为 2% 的红细胞悬浮液。血清制备是将余血放入干燥洁净的小试管静置，待其凝固后可析出。

（2）取双凹玻片一块，在两端分别标上供血者和受血者的姓名或代号，分别滴上它们的血清少许。

（3）吸取少量供血者红细胞悬浮液，滴到受血者的血清中（称为主侧配血，表 3-4）。吸取少量受血者红细胞悬浮液滴入供血者的血清中（称为次侧配血），混合。放置 10~30 min 后，肉眼观察有无凝集现象，肉眼不易分辨的用显微镜观察。如果交叉配血试验的两侧均无凝集反应，说明配血相合，能够输血。如果主侧发生凝集反应，说明配血不合，不论次侧配血如何都不能输血。如果仅次侧配血发生凝集反应，只有在紧急情况下才有可能考虑是否输血。

表 3-4　ABO 交叉配血试验

主侧	次侧
供血者红细胞	受血者红细胞
受血者血清	供血者血清

【注意事项】

1. 指端、采血针和尖头滴管务必做好消毒准备。使用过的物品应放入污物桶，不得再到采血部位采血。

2. 消毒部位自然风干后再采血，血液容易聚集成滴，便于取血。取血不宜过少，以免影响观察。

3. 采血后要迅速与标准血清混匀，以防血液凝固。

4. 在向 A、B 型血清圆圈内加受试者血液时不能将同一端玻璃棒在两侧标准血清中搅拌。

5. 在进行交叉配血实验时，一定要防止将主侧配血和次侧配血搞混。

6. 在做出最后血型判断之前，勿使血清液滴干燥。必要时可滴加 1 滴生理盐水。

7. 在判断受试者血型时，至少要待 30 min 再作最后判断。

【思考题】

1. ABO 血型分类标准是什么？

2. 除了 ABO 血型外还有什么血型系统？分类标准是什么？

3. 在交叉配血试验中，如果主侧发生凝集反应，为什么不论次侧配血如何都不能输血？

第四章

循环生理

▶ 实验 4-1　蛙类心脏起搏点分析

【目的要求】

1. 掌握暴露蛙心的手术方法，熟悉蛙心的解剖结构，观察心脏各部分活动的顺序。
2. 利用结扎的方法观察蛙心的正常起搏点以及心脏的不同部位传导系统自动节律性的高低。

【实验原理】

心脏的特殊传导系统具有自动节律性，但各部分的自动节律性高低不同。哺乳动物窦房结的自律性最高，能自动产生节律性兴奋，并依次传到心房、优势传导通路、房室交界区、心室，引起整个心脏兴奋，表现出统一的收缩和舒张。窦房结是主导整个心脏兴奋和搏动的正常部位，被称为正常起搏点；其他部位的自律组织因受窦房结的控制，在正常情况下不表现自律性，仅起着兴奋传导作用，故称之为潜在起搏点（异位起搏点）。当窦房结的兴奋不能下传时，潜在起搏点的自律性才表现出来。两栖类动物心脏的正常起搏点是静脉窦，心脏活动的顺序为静脉窦－心房－心室。

【实验动物】

蛙或蟾蜍。

【器材及药品】

解剖器械（手术剪、手术镊、手术刀、金冠剪、眼科剪、眼科镊）、探针、蛙板、蛙心夹、玻璃分针、胶头滴管、结扎线、任氏液等。

【方法及步骤】

1. 暴露蛙心

取一只蛙（或蟾蜍），破坏脑和脊髓后，用蛙钉将蛙仰卧固定于蛙板上，在胸骨剑突软骨下方向左右两侧肩关节方向将皮肤剪一个"V"形切口，用镊子轻轻提起胸骨的剑状软骨，沿皮肤切口剪开肌肉，剪断左右乌喙骨锁骨，即可看到心包内跳动着的心脏。然后用眼科镊夹起心包，用眼科剪小心剪开心包膜，暴露心脏。

2. 实验项目

（1）观察心脏结构 分清心脏的各部分，从心脏的腹面可看到一个心室，左右两个心房，以及动脉球（动脉圆锥）和左右主动脉分支，房室之间有一个房室沟；用玻璃分针将心室翻向头侧，就可看到心房下端相连的静脉窦，心房和静脉窦之间有一个半月形白色条纹，称为窦房沟（图 4-1）。

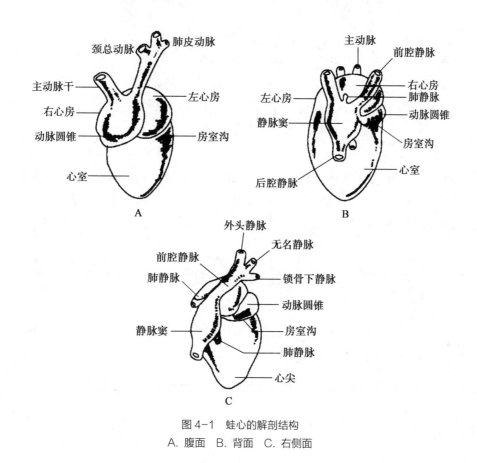

图 4-1 蛙心的解剖结构
A. 腹面 B. 背面 C. 右侧面

（2）观察心脏的活动 观察静脉窦、心房、心室舒缩的顺序，并记录其每分钟搏动的次数。在整个观察过程中，随时要用任氏液湿润蛙心，以防干燥。

（3）斯氏第一结扎 分离主动脉两分支的基部，用眼科镊在主动脉干下引一根细线。将蛙的心尖翻向头端，于静脉窦及心房交界处的白色条纹上进行结扎，以阻断静脉窦与心房之间的传导（图 4-2）。开始时慢慢拉，当线正确地落在条纹上时，再迅速拉紧线结。观察蛙心各部分节律有何变化，并记录各自的跳动频率。

此时如用大头针刺激心房和心室，则刺激一次收缩一次。等候一定时间（30~40 min）后，心房、心室又能恢复跳动，再分别记录心房、心室的复跳时间和蛙心各部分的搏动频率，比较结扎前后有何变化。

（4）斯氏第二结扎 第一结扎完成后，再在心房、心室之间即房室沟处用线做第二结扎（见

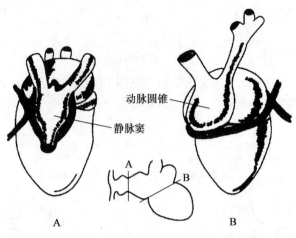

图 4-2　蛙心斯氏结扎位置
A. 斯氏第一结扎　B. 斯氏第二结扎

图 4-2）。结扎后，心室停止跳动，而静脉窦和心房继续跳动，记录其各自的跳动频率。经过较长时间的间歇后，心室又开始跳动，记录心室复跳时间和蛙心各部分跳动频率。

（5）把上述结果填入表 4-1。

表 4-1　蛙类心脏起搏点分析结果

项目	静脉窦频率 /（次·min^{-1}）	心房频率 /（次·min^{-1}）	心室频率 /（次·min^{-1}）	心房、心室复跳时间 / min
正常				
斯氏第一结扎				
斯氏第二结扎				

【注意事项】

1. 剪开胸骨时暴露范围不宜太大，尽量减少动物出血。
2. 剪开心包时要避免剪破心房和静脉窦。
3. 在结扎静脉窦时要尽量靠近心房端，确保心房端无静脉窦组织残留。
4. 结扎时注意力度和准确度。
5. 结扎前要认真识别心脏各个部分的结构特征。
6. 斯氏第一结扎后，若心脏长时间不恢复跳动，实施斯氏第二结扎则可使心脏恢复跳动。

【思考题】

1. 哺乳动物和两栖类动物心脏的自律性组织分别是什么？
2. 如何证明两栖类动物心脏的正常起搏点是静脉窦？
3. 斯氏第一结扎和第二结扎后，静脉窦、心房、心室的跳动频率分别有何变化？为什么？

▶ 实验 4-2　蛙类心搏曲线观察及期前收缩与代偿间歇

【目的要求】

1. 掌握蛙类心脏活动的描记方法。
2. 在心脏活动的不同时期给予刺激，观察心动周期中心脏兴奋性变化的规律及心肌收缩的特点。

【实验原理】

心肌兴奋性变化的特点是有效不应期特别长，相当于心肌整个收缩期和舒张早期，在此期内给予心脏任何刺激都不能引起心肌兴奋和收缩。因此心脏不会像骨骼肌那样产生强直收缩，这对于心脏实现其泵血功能具有重要意义。但是在有效不应期之后，给予心脏单个的有效刺激，则心肌可产生一次比正常节律提前的兴奋及收缩，称为期前收缩。而由于期前收缩也有自己的有效不应期，当窦房结（两栖类动物的静脉窦）下传的正常节律兴奋传到心室肌时，正好落在期前收缩的有效不应期内，不能引起心脏兴奋及收缩，会出现一个较长的舒张期，称为代偿间歇（图 4-3）。

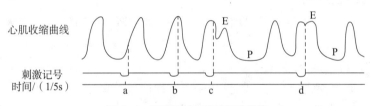

图 4-3　期前收缩与代偿间歇曲线

E. 期前收缩　P. 代偿间歇

a-b: 刺激落在有效不应期无反应

c-d: 刺激落在相对不应期产生期前收缩与代偿间歇

【实验动物】

蛙或蟾蜍。

【器材及药品】

生物信号采集处理系统、张力换能器、刺激输出线、双极刺激电极、解剖器械（手术剪、手术镊、手术刀、金冠剪、眼科剪、眼科镊）、探针、蛙板、蛙心夹、铁支架、双凹夹、玻璃分针、胶头滴管、结扎线、任氏液等。

【方法及步骤】

1. 暴露蛙心

取一只蛙（或蟾蜍），破坏脑和脊髓，仰卧固定于蛙板上，参照实验 4-1 暴露蛙心脏。

2. 连接实验装置

在心室舒张期用蛙心夹夹住心尖部，将系于蛙心夹上的线与张力换能器相连，调整蛙心夹连线，使其与地面及张力换能器均垂直。将张力换能器输出端与生物信号采集处理系统的输入通道连接。

将生物信号采集处理系统的刺激输出线与双极刺激电极相连，固定刺激电极，使心室处于两电极之间，且保证心室无论收缩或舒张时，均能与两电极良好接触，不影响心脏活动（图 4-4）。

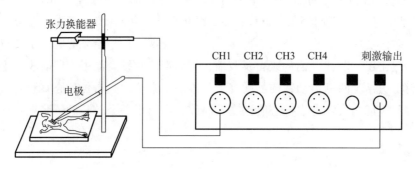

图 4-4　生物信号采集处理系统记录蛙心收缩装置

3. 实验项目

（1）描记正常心搏曲线　打开计算机，启动生物信号采集处理系统，设置实验条件，点击"记录"键，此时可在屏幕上观察到正常的心搏曲线。一般情况下，曲线上升表示心室收缩，下降表示舒张。调节横向缩放与纵向缩放，使波形适中。

（2）观察期前收缩和代偿间歇　用中等强度的单个阈上刺激分别在心室收缩期和舒张早、中、晚期刺激心脏，观察心脏反应，是否出现期前收缩和代偿间歇。

（3）观察强直收缩　给心脏以连续刺激，观察心脏是否会出现强直收缩。

【注意事项】

1. 用蛙心夹夹心尖部时应适度，做到既不能夹破心脏，又不易滑脱。
2. 实验期间，经常以任氏液湿润心脏，防止其干燥。
3. 张力换能器与蛙心夹之间的细线应松紧适当，张力过大或过小均会影响收缩曲线。

【思考题】

1. 分析期前收缩与代偿间歇现象产生的原理。
2. 分别在心室收缩期和舒张早、中、晚期给心脏单个阈上刺激，能否出现期前收缩，为什么？

3. 期前收缩后是否一定会出现代偿间歇，为什么？

4. 心肌有效不应期较长有何生理意义？

▶ 实验 4-3 离体蛙心灌流

【目的要求】

1. 掌握蛙类离体心脏灌流方法。

2. 观察 Na^+、K^+、Ca^{2+}、H^+、肾上腺素、乙酰胆碱等因素对心脏活动的影响。

【实验原理】

心脏有自动节律性收缩的特性，蛙心离体后，若用接近于血浆的任氏液灌流，保持心脏活动的适宜环境，在一定时间内，仍能产生自动的有节律的舒缩活动。但当改变灌流液的理化性质时，心脏的活动也会随之改变，说明内环境理化因素的相对稳定是维持心脏正常节律性活动的必要条件。因此，可通过改变心脏灌流液的理化成分，如 Na^+、K^+、Ca^{2+}、酸、碱以及肾上腺素和乙酰胆碱等的浓度，观察其对心脏活动的影响。

【实验动物】

蛙或蟾蜍。

【器材及药品】

生物信号采集处理系统、张力换能器、解剖器械（手术剪、手术镊、手术刀、金冠剪、眼科剪、眼科镊）、探针、蛙板、蛙心插管、蛙心插管夹、蛙心夹、双凹夹、万能支架、玻璃分针、胶头滴管、恒温水浴箱、温度计、结扎线、任氏液、0.4% 肝素 – 任氏液、2% NaCl、2% $CaCl_2$、1% KCl、2.5% $NaHCO_3$、3% 乳酸、0.01% 肾上腺素、0.01% 乙酰胆碱（或 0.01% 毛果芸香碱）等。

【方法及步骤】

1. 离体蛙心标本制备（斯氏蛙心插管法）

（1）取一只蛙（或蟾蜍），破坏其脑和脊髓，仰卧固定于蛙板上，参照实验 4-1 暴露蛙心脏。

（2）在右主动脉下方穿一条线并结扎，用玻璃分针将心尖向上翻转，在心脏背侧找到静脉窦，分离后腔静脉，用备用线在静脉窦以外的地方做 1 个结扎（切勿扎住静脉窦），以阻止血液继续回流心脏。

（3）在左主动脉下方穿两条线，一条在左主动脉远心端结扎（同时作插管时牵引用），另一条在动脉球上方打一个活结备用（用以结扎和固定套管）。左手提起左主动脉上方的结扎线，右手持眼科剪在左主动脉根部（动脉球前端）沿向心方向剪一个斜口，将盛有少许0.4%肝素 – 任氏液的蛙心插管由此开口处轻轻插入动脉球。当插管尖端到达动脉球基部时，应将插管稍向后退（因主动脉内有螺旋瓣会阻碍插管前进），并使插管尖端向动脉球的背部后方及心尖方向推进，在心室收缩时经主动脉瓣进入心室。注意插管不可插得过深，以免插管下口被心室壁堵住。若插管中任氏液面随心室的收缩而上下波动，则表明套管进入心室，可将动脉球上已准备好的松结扎紧，并固定于插管侧面的钩上，以免蛙心插管滑出心室。

（4）剪断结扎线上方的血管，轻轻提起插管和心脏，在左右肺静脉和前后腔静脉下引一条细线并结扎，于结扎线外侧剪去所有相连的组织则得到离体蛙心。此步操作中应注意静脉窦不受损伤，并与心脏连接良好。最后，用任氏液反复清洗插管，直到插管中无残留血液为止，保持液面高度为1~2 cm。至此离体蛙心标本制备完成（图4-5）。

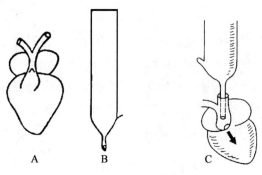

图 4-5　蛙心插管的插入示意图
A. 心脏主动脉上剪口　B. 蛙心插管　C. 插管插入心脏

2. 连接实验装置

将蛙心插管固定于支架上，将连有细线的蛙心夹在心脏舒张时夹住心尖部，并将细线以适宜的紧张度通过滑轮与张力换能器相连（图4-6）。将张力换能器输出端与生物信号采集处理系统的输入通道连接。

3. 实验项目

（1）记录正常心搏曲线　打开计算机，启动生物信号采集处理系统，设置实验条件，注意观察心搏频率及心室收缩和舒张幅度。在记录状态下，用鼠标左键在其波形上选择两点，确定测量区域，系统将自动在数据板中给出相应参数值。

（2）Na$^+$ 的作用　将4~5滴2% NaCl溶液加入灌流液中，观察记录心搏曲线变化。

（3）Ca^{2+} 的作用　将1~2滴2% CaCl$_2$溶液加入灌流液中，观察记录心搏曲线变化。

（4）K$^+$ 的作用　将1~2滴1% KCl溶液加入灌流液中，观察记录心搏曲线变化。

（5）肾上腺素的作用　将1~2滴0.01%肾上腺素加入灌

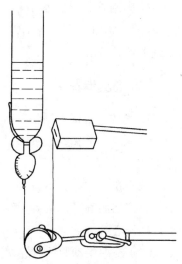

图 4-6　离体蛙心灌流实验装置

流液中，观察记录心搏曲线变化。

（6）乙酰胆碱的作用 将 1～2 滴 0.01% 乙酰胆碱（或 0.01% 毛果芸香碱）加入灌流液中，观察记录心搏曲线变化。

（7）酸的作用 将 1～2 滴 3% 乳酸加入灌流液中，观察记录心搏曲线变化。

（8）碱的影响 将 1～2 滴 2.5% $NaHCO_3$ 加入灌流液中，观察记录心搏曲线变化。

（9）温度的作用 将插管内的灌流液吸出，加入 4℃任氏液，观察记录心搏曲线变化。

每项有变化出现时应立即以等量任氏液换洗数次，至心跳曲线恢复正常。

【注意事项】

1. 制备离体心脏标本时，切勿伤及静脉窦。插管时要特别小心，应逐渐试探插入，以免损伤心肌。

2. 实验期间，经常以任氏液湿润心脏，防止其干燥。

3. 在实验过程中，套管内灌流液面高度应保持恒定；仪器的各种参数一经调好，应不再变动。

4. 给药后若效果不明显，可再适当增加药量。当出现明显效应后，应立即吸出全部灌流液。

5. 每一个观察项目都应先描记一段正常曲线，然后再加药观察记录结果。加药时应及时在心搏曲线上予以标记，以便观察分析。

6. 各种滴管应分开使用，不可混用。

7. 标本制备好后，若心脏功能状态不好（不搏动），可向插管内滴加 1～2 滴 2% $CaCl_2$ 或 0.01% 肾上腺素，以促进心脏搏动。在实验程序安排上也可考虑促进和抑制心脏搏动的药物交替使用。

【思考题】

1. 为什么常用两栖类动物做离体心脏灌流，而不用哺乳类动物离体心脏？

2. 根据心肌生理特性分析 Na^+、K^+、Ca^{2+}、酸、碱以及肾上腺素和乙酰胆碱对心肌活动的影响及其机制。

3. 机体酸中毒时，心肌功能有什么变化？

4. 临床上静脉注射钙剂、钾盐时为什么必须缓慢滴注？

▶| 实验 4-4 蛙类心脏的神经支配

【目的要求】

1. 了解蛙类心脏的神经支配。

2. 观察迷走交感神经干对心脏活动的影响。

【实验原理】

蛙类的心脏受迷走神经和交感神经的双重支配。迷走神经和颈交感神经混合成迷走交感神经干。在正常情况下，迷走神经兴奋时，心脏搏动减弱；交感神经兴奋时，心脏搏动增强。由于迷走神经的兴奋性较高，因而低频低强度电刺激迷走交感神经干时，多产生迷走效应；高频高强度刺激时，易产生交感效应；中等频率和强度的刺激，往往表现为先迷走后交感的双重效应。若在心脏处滴加阿托品，可封闭迷走神经对心脏的影响，而表现为单纯的交感效应。

【实验动物】

蛙或蟾蜍。

【器材及药品】

生物信号采集处理系统、张力换能器、刺激输出线、保护电极、解剖器械（手术剪、手术镊、手术刀、金冠剪、眼科剪、眼科镊）、探针、蛙板、蛙心夹、铁支架、双凹夹、玻璃分针、胶头滴管、结扎线、任氏液、1%阿托品等。

【方法及步骤】

1. 分离迷走交感神经干

取一只蛙（或蟾蜍），破坏其脑和脊髓，仰卧固定于蛙板上。在一侧下颌角与前肢之间剪开皮肤，分离深部的结缔组织后，可以看到一条长形的提肩肌，切断此肌即能看到一血管神经束，其中含有皮动脉、颈静脉和迷走交感神经干，该神经干中包含出入延髓的迷走神经和从第四交感神经节发出的交感神经。分开血管神经束，在迷走交感神经干下穿线备用。

2. 暴露蛙心

参照实验4-1暴露蛙心脏。

3. 连接实验装置

在心室舒张期用蛙心夹夹住心尖部，将系于蛙心夹上的线与张力换能器相连，调整蛙心夹连线，使其与地面及张力换能器均垂直。将张力换能器输出端与生物信号采集处理系统的输入通道连接（参照实验4-2）。

4. 实验项目

（1）描记正常心搏曲线　打开计算机，启动生物信号采集处理系统，设置实验条件，观察正常的心搏曲线（参照实验4-2）。

（2）用低频低强度电刺激迷走交感神经干，观察和记录心搏活动的变化；再用中等频率和强度的电刺激，观察和记录心搏活动的变化；最后用高频高强度电刺激，观察和记录心搏活动的变化。

（3）在静脉窦和心房部位滴加1%阿托品溶液2~3滴，5 min后，重复上一项［4.（2）］的实验内容，观察并记录心搏活动的变化。

【注意事项】

1. 神经周围的组织液需用棉球吸干，以防短路或电流扩散。
2. 每次刺激的时间不能过长，两次刺激之间必须间隔 3 ~ 5 min，以防损伤神经。
3. 实验过程中需常用任氏液湿润神经和心脏，以防组织干燥而失去生理机能。

【思考题】

1. 低频低强度电刺激迷走交感神经干时，为什么只显示出迷走效应？在心脏滴加阿托品后再刺激，心搏为什么发生改变？
2. 怎样检验单纯的迷走效应和单纯的交感效应？

▶ 实验 4-5　蛙肠系膜血流观察

【目的要求】

利用显微镜或图像分析系统观察蛙肠系膜微循环内动脉、静脉及毛细血管中血液流动状况，了解微循环各组成部分的结构和血流特点。

【实验原理】

微循环是指微动脉和微静脉之间的血液循环。包括微动脉、后微动脉、毛细血管前括约肌、真毛细血管网、微静脉以及通血毛细血管和动 – 静脉吻合支。

蛙类的肠系膜很薄，易于透光，在显微镜下或利用图像分析系统可以观察微循环血流状态、微血管的舒缩活动以及不同因素对微循环的影响。

显微镜下观察可见，小动脉、微动脉管壁厚，管腔内径小，血流速度快，血流方向是由主干流向分支，并随心脏的舒缩出现波动，红细胞呈现轴流现象；小静脉、微静脉管壁薄，管腔内径大，血流速度慢，无轴流现象，血流方向是由分支汇合成主干；而毛细血管管径最细，近乎无色，仅允许单个血细胞通过。

【实验动物】

蛙或蟾蜍。

【器材及药品】

显微镜或计算机微循环血流（图像）分析系统、解剖器械（手术剪、手术镊、手术刀、金冠剪、眼科剪、眼科镊）、有孔蛙板、大头针、胶头滴管、20% 氨基甲酸乙酯溶液、0.01% 肾上腺素溶液、0.01% 组织胺、任氏液。

【方法及步骤】

1. 实验准备

取蛙（或蟾蜍）1只，称重，按10 mL/kg体重的剂量，以20%氨基甲酸乙酯溶液进行皮下淋巴囊注射麻醉，10～15 min蛙（或蟾蜍）进入麻醉状态。

将蛙（或蟾蜍）固定于蛙板上（背位或腹位），在腹部旁侧做1个纵向切口，拉出一段小肠，将一片肠系膜展开，小心覆于蛙板孔上，用大头针将肠襻固定。然后在肠系膜上滴1滴任氏液，以免干燥。

将蛙板放于显微镜的载物台上，使置有肠系膜的蛙板孔对准物镜，然后进行观察（图4-7）。

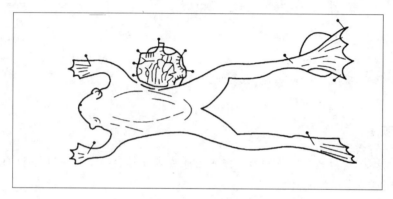

图4-7　蛙肠系膜固定方法

2. 实验项目

（1）在低倍镜下，分辨动脉、微动脉、静脉、微静脉和毛细血管（图4-8），观察血管壁厚薄、口径粗细、血流方向和血流速度特征。图像经摄像头进入计算机微循环血流（图像）分析系统，对微循环血流做进一步分析。

（2）用小镊子给肠系膜血管以轻微的机械刺激，观察血管口径及血流变化。

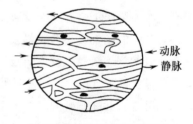

图4-8　蛙肠系膜微循环观察

（3）用一小片滤纸小心地将肠系膜上的任氏液吸干，再于其上滴1滴0.01%肾上腺素，观察血管有何变化？出现变化后立即用任氏液冲洗。

（4）血流恢复正常后，滴加两滴0.01%组织胺于肠系膜上，观察血管口径及血流的变化。

【注意事项】

1. 肠系膜要展平，不能扭转，也不能拉得太紧；实验过程中要避免出血，以免影响血液流动。

2. 为防止肠系膜干燥，实验过程中需不断滴加任氏液。

【思考题】

1. 显微镜下如何区分小动脉、小静脉和毛细血管? 各种血管内血流有何特点?
2. 机械性刺激、肾上腺素和组织胺对微循环有何影响? 为什么?

▶ 实验 4-6 交感神经对兔耳血管的影响

【目的要求】

了解交感神经对兔耳小动脉管壁平滑肌的作用。

【实验原理】

交感神经中枢经常处于紧张性活动中,其紧张性冲动可通过交感神经传到血管平滑肌,引起血管收缩。如果切断交感神经,则其所支配的血管显著扩张 (图 4-9)。

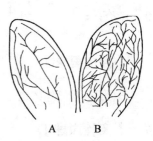

图 4-9 兔耳血管的反应
A. 刺激交感神经时的兔耳血管
B. 切断交感神经后的兔耳血管

【实验动物】

家兔。

【器材及药品】

生物信号采集处理系统、刺激输出线、保护电极、解剖器械 (手术剪、手术镊、手术刀、眼科剪、眼科镊)、兔手术台、结扎线、0.01% 肾上腺素。

【方法及步骤】

1. 实验准备

将兔仰卧固定于手术台上,剪去颈部及耳部被毛。在非麻醉状态下,自颈部正中线纵行切开皮肤,钝性分离颈部肌肉,暴露气管。分离气管一侧交感神经,在其下方穿线备用。手术完毕后将兔松开,经 15 ~ 20 min 后进行实验观察。

2. 连接实验装置

将保护电极与生物信号采集处理系统的刺激输出线连接。

3. 实验项目

(1) 在光亮处比较两耳血管的粗细,并用手触摸其温度有无差异。

(2) 结扎一侧交感神经,并在近中端将其剪断,比较两耳血管粗细有何变化? 用手触摸,感受其温度是否有差异,并解释原因。

(3) 用中等强度的电流刺激已剪断的交感神经外周端,观察同侧兔耳小动脉有何变化?

(4) 静脉注射 0.01% 肾上腺素 0.2 ~ 0.3 mL,观察两侧兔耳血管有何变化?

【注意事项】

1. 进行每项实验时，应注意控制实验室温度。
2. 进行每一实验项目前，应有对照。

【思考题】

1. 切断一侧交感神经后，两耳血管、耳温有何变化？为什么？
2. 电刺激交感神经外周端，同侧兔耳小动脉有何变化？为什么？
3. 注射肾上腺素后，两侧兔耳血管有何变化？为什么？

▶ 实验 4-7　蛙心容积导体与心电描记

【目的要求】

了解容积导体的概念，观察心脏位置对心电波形的影响，掌握心电记录的方法。

【实验原理】

凡是具有一定体积的整块导电体，均称为"容积导体"，这个导体的导电方式在电学上叫作"容积导电"。心脏活动所产生的变化之所以能从机体表面记录出来，是因为心脏周围组织和体液含有大量电解质，具有一定的导电性能。因此，可以说人体和动物体也是一个容积导体。这个导体可将心电传导到体表面，所以把引导电极置于体表的不同部位，可通过心电图机记录到心脏活动所产生的周期性变化。本实验就是要验证心电的容积导电原理。各种动物心肌细胞的基本电活动大同小异。动物的心电图与人的心电图相似，基本包括 P 波、QRS 波群和 T 波。但由于某些动物（如鳝鱼、乌龟等）心电活动的电压偏低，在 I 导联上常常描记不出明显的波形。另外，在一些动物心电图的 QRS 波群中，Q 波较小或缺失。在变温动物中，心率受温度或其他方面的影响较大。

【实验动物】

蛙或蟾蜍。

【器材及药品】

生物信号采集处理系统、心电测量线、手术器械、探针、培养皿、烧杯、大头针、蛙板、任氏液。

【方法与步骤】

1. 取蛙（或蟾蜍）一只，破坏其脑和脊髓后，用大头针将其仰卧固定于蛙板上，暴露心脏。

2. 开启计算机，进入生物信号采集处理系统，将心电测量线的插头接入生物信号采集处理系统面板的输入通道 3 或 1。设定参数：

显示模式：连续记录；输入方式：AC；放大倍数：1000～2000 倍；采样间隔：1 ms，滤波：低通滤波（选上限 40 Hz）；通道采样内容设为"心电"。

3. 模拟标准导联 II，将心电测量线上的鳄鱼夹夹到固定蛙四肢的大头针上（将大头针作为引导心电的肢体电极），右后肢接地（黑线），右前肢接负输入极导线（红线），左后肢接正输入极导线（绿线），如图 4-10 所示。

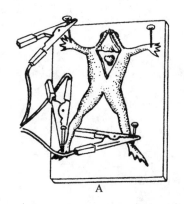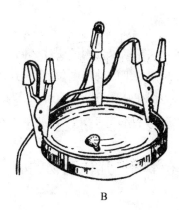

图 4-10　蛙心电及离体蛙心容积导体心电描记（黄敏，2002）
A. 蛙心电引导法　B. 心电容积导体引导法

4. 调整放大倍数及 X、Y 轴压缩、扩展比，待曲线合适后，进入"记录"状态，观察正常心电波形。需要打标记时点击"标记"按钮逐一添加即可。注意其主波的方向及每一个心动周期出现的心电次数以及每次心电波形是否有变化？

5. 将蛙心连同静脉窦一同快速剪下，放入盛有任氏液的培养皿中，观察体表心电图是否仍然存在。

6. 从培养皿中取出蛙心立即放回蛙心原来位置，观察是否又出现心电图。再将蛙心倒放，即心尖朝向头端，心电方波方向是否改变？

7. 将心脏位置复原后，改变肢体电极输入导联方式（如模拟标准导联 I：左前肢接正输入极导线，右前肢接负输入极导线，右后肢接地），观察是否出现心电图，并注意其波形和波幅是否有改变。

8. 取下鳄鱼夹，按顺序夹住盛有任氏液的培养皿边缘，并使鳄鱼夹接触到培养皿中任氏液。将蛙心放入培养皿中部，观察此时是否有心电波形出现。改变蛙心位置，观察心电波形发生什么变化（图 4-10）。

9. 采样结束按"停止"键，将文件换名保存，并对结果进行观察测量、编辑，打印输出结果。

【注意事项】

1. 剪取心脏时，勿伤及静脉窦，且动作迅速，以免心脏损伤过大。

2. 用鳄鱼夹夹住培养皿边缘时，可垫一点脱脂棉，既避免滑脱，又利于良好接触任氏液。

3. 换导联方式时，应重新调节显速、增益等。

4. 培养皿内任氏液最好保持在30℃左右，不宜太多，以防止心脏随心搏漂移。

5. 蛙板、仪器应良好接地，导线不要互相缠绕，以避免干扰。

6. 如果按上述方法连接出现干扰，则可将左前肢也与心电图机左前肢导线连接起来，以避免干扰。

7. 与心电测量线上的鳄鱼夹相连的蛙钉不能刺入肌肉内，以防肌电干扰。

【思考题】

1. 各项实验结果分别说明什么问题？

2. 比较心肌细胞动作电位各期与心电图各波及间期的对应关系。

3. 心电图在临床诊断中有什么作用？

▶ 实验 4-8　几种动物的心电图描记

【目的要求】

学习描记几种动物心电图的方法。熟悉各类动物正常心电图的波形，并了解其生理意义。

【实验原理】

心肌在兴奋时首先出现电位变化，并且已兴奋部位和未兴奋部位的细胞膜表面存在着电位差，当兴奋在心脏传导时，这种电位变化可通过心肌周围的组织和体液等容积导体传至体表。将测量电极放在体表规定的两点即可记录到由心脏电活动所致的综合性电位变化。该电位变化的曲线称为心电图。

体表两记录点间的连线称导联轴，心电图是心电向量在相应的导联轴上的投影。心电图波形的大小与导联轴的方向有关，与心脏的舒缩活动无直接关系。导联的选择有3种：①标准的肢体导联，是身体两点间的电位差，简称标Ⅰ（左、右前肢间，左正右负）、Ⅱ（右前肢，左后肢，左正右负）、Ⅲ（左前后肢，前负后正）导联（图4-11）；②单极加压导联，左、右前肢及左后肢3个肢体导联上各串联一个5 kΩ的电阻，共接于中心站，此中心站的电位为0，以此作为参考电极。另一个电极分别置于左、右前肢和左后肢，分别称为aVR（右前肢）、aVL（左前肢）、aVF（左后肢）；③单极胸导联，仍以上述的中心电站为参考电极，探测电极置于胸前。常规的有V1～V6共6个部位。

当心脏的兴奋自窦房结（或静脉窦）产生后，沿心房

图4-11　羊标Ⅰ、Ⅱ、Ⅲ心电导联图

扩布时，在心电图上表现为"P"波；兴奋继续沿房室束浦肯野纤维向整个心室扩布，则在心电图上出现"QRS"波群，此后整个心室处于去极化状态，没有电位差，然后当心脏开始复极化时，产生"T"波，见图4-12。

心电图是心脏电变化的客观反映，在心搏起点的分析、传导功能的判断、房室肥大以及心肌损伤等诊断上具有重要意义。

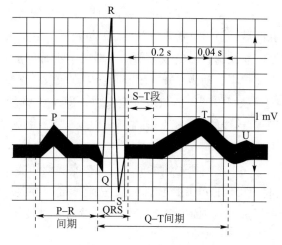

图4-12 正常体表心电图

【实验动物】

鳝鱼、蟾蜍（或蛙）、乌龟、家鸽、家兔、羊等。

【器材及药品】

生物信号采集处理系统、动物手术台或保定架、剪毛剪、心电测量线、大头针、蛙板、粗砂纸、记录针形电极（或注射针头）、棉花、纱布、分规、橡皮垫、药棉、乙醚、10%氯化钠等。

【方法及步骤】

1. 动物的保定与电极的安放

（1）鳝鱼　用纱布擦去体表的黏液，将其置于用粗砂纸铺垫的实验台上。动物由于失去了体表的黏液，又被置于粗糙的表面上而丧失运动能力。

将4个针形电极刺入鳝鱼两侧中线皮下，其部位约在心脏的上下5 cm的两侧侧线上。距离愈远，电压愈低。如欲描记胸导联心电图，可把电极插入心尖部皮下。

（2）蟾蜍（或蛙）　将蟾蜍背位固定于蛙板上。开始时出现挣扎，故在固定后须安静20 min左右方可进行描记。

将针形电极刺入蟾蜍四肢皮下。描记胸导联时，可将电极刺入心尖部皮下。

（3）乌龟　将乌龟背位放置于实验台的棉垫上，即可描记清醒状态下的心电图。但由于乌龟在安静情况下，头部和四肢易于自发运动而出现肌电干扰，故在每次描记之前，需轻度刺激腹甲，以保证在安静情况下进行心电图描记。

将针形电极自前肢肩部皮肤和后肢腋前部皮肤刺入皮下。

（4）家鸽　将家鸽背位放置于解剖台上，用单夹型鸟头固定器固定其头部，用缚带将两肢固定于解剖台的侧柱上，对两翼和后肢进行剪毛、消毒。

取两个针形电极分别插入左右两翼相当于肩部的皮下，两后肢的电极则需插入股部外侧皮下，切勿插入跖部。胸导联电极安放顺序如下：以胸前龙骨突正中线最顶端的上缘向下1.5 cm处为起点，由起点向左侧外侧1.5 cm处为V_1；V_1再向外侧1.5 cm为V_3。根据鸟类的心脏胸骨面几乎全部为右心室外壁的解剖特点，V_5应在左翼的腋后线外下部1.5 cm处。将针形电极分别插入以上各点的皮下，可得到V_1、V_3、V_5的心电图。

（5）家兔　将清醒家兔背位固定于解剖台上，底下垫上橡皮毯以排除干扰，常规固定其头部和四肢，但需拉紧缚带。对四肢进行剪毛、消毒。

前肢两针形电极分别插入肘关节上部的前臂皮下，后肢两针形电极分别插入膝关节上部的大腿皮下。动物在开始固定时会出现较大的挣扎，通常需安静 20 min 左右方可进行心电图描记。胸导联可参照人的相应部位安放，即 V_1：胸骨右缘第 4 肋间；V_2：胸骨左缘第 4 肋间；V_3：V_2 与 V_4 连线的中点；V_4：左锁骨中线与第 5 肋间之中点；V_5：左腋前线与 V_4 同一水平；V_6：左腋中线与 V_4 同一水平。

（6）羊　预先训练羊，使其在实验期间能保持安静站立。4 个电极分别装于四肢的掌部和蹠部（图 4-11）。在装电极前，先将该部分的毛剃去，用乙醚棉球擦拭后，涂上导电糊（或覆盖一浸透 10% NaCl 溶液的棉片），然后将电极扎紧并连导线。待动物安静 20 min 后，即可测定心电图。

2. 仪器连接

（1）心电图机描记

① 安装导联电极：用 5 种不同颜色的导联线插头分别与动物体的相应部位的针形电极连接。前肢：左黄、右红（鸡两翼的两电极相当于上肢部位，亦为左黄、右红）；后肢：左绿、右黑；胸前为白。

② 确定走纸速度：一般为 $25~mm \cdot s^{-1}$，但某些动物心率过快时（如兔、鼠、鸡等），可将走纸变速开关调至 $50~mm \cdot s^{-1}$。

③ 定标：重复按动 1 mV 定标电压按钮，使描记笔向下移动 10 mm，记录标准电压曲线。

④ 记录心电图：旋动导联选择开关，依次记录 Ⅰ、Ⅱ、Ⅲ、aVR、aVL 和 aVF 6 个导联的心电图。

⑤ 测量Ⅱ导联 P 波、QRS 波群、T 波和 P-Q 间期、Q-T 间期，心脏活动每一个心动周期的记录正好是心电图的 3 个波、2 个间期。

（2）使用生物信号采集处理系统进行描记，具体操作步骤如下：

① 安装导联电极：方法同上。

② 心电图波形观察与描记：打开计算机，点击开始 / 程序 / 打开生物信号采集处理系统，点击菜单栏 / 实验 / 常用生理实验 / 动物心电容积导体，开动导联转换器，以基本导联 Ⅰ、Ⅱ、Ⅲ、V 依次观察并记录心电图。

③ 实验参数配置：参考附录九。

【注意事项】

1. 在清醒动物上进行心电图描记。应在固定动物后稳定一定时间再进行，尽量使动物处于安静状态，避免动物挣扎造成肌电干扰。

2. 针形电极与导线应紧密连接，防止因出现松动产生 50 Hz 干扰波。

3. 在每次变换导联时必须先切断输入开关，然后再开启。每换一次导联，均须观察基线是否平稳及有无干扰，如有干扰，须调整或排除后再作记录。

4. 描记心电图时，应尽量使动物保持安静，电极要紧贴皮肤，防止记录过程中电极脱落。

5. 仪器使用完毕后，应擦净并将各操作钮恢复原位，最后切断电源。

【思考题】

1. 正常心电图有哪三个波和哪两个间期？它们各表示什么生理意义？
2. 为什么不同导联引导出来的心电图波形有所不同？
3. 为什么正常心电图中 T 波方向和 QRS 波群主波方向一致？
4. 试述心室肌细胞动作电位与心电图的 QRST 波的时间关系。

【附】几种动物的心电图（图 4-13）

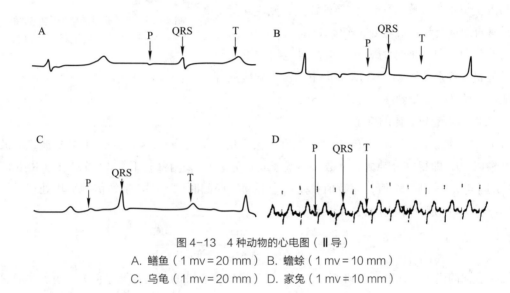

图 4-13　4 种动物的心电图（Ⅱ导）
A. 鳝鱼（1 mv = 20 mm）　B. 蟾蜍（1 mv = 10 mm）
C. 乌龟（1 mv = 20 mm）　D. 家兔（1 mv = 10 mm）

【附】心电图的基本测量法

1. 心电图纸　目前国内通用的心电图纸有黑色和红色两种，其上涂有遇热熔化的白色化学浆，在热笔尖接触的地方即描记出黑色或红色的图形。心电图纸上有水平线和垂直线画成的大、小方格，细线小方格每边为 1 mm，粗线大方格每边为 5 mm，用以计算心电图波形的时间和波幅电压的大小。垂直线之间的距离代表时间，水平线之间的距离代表电压（图 4-14）。

（1）时间标准　心电图机的走纸速度有两种，25 mm·s^{-1} 与 50 mm·s^{-1}。其常规速度为 25 mm·s^{-1}，故每小格为 0.04 s，每大格为 0.2 s。

（2）电压标准　一般情况下，在记录心电图之

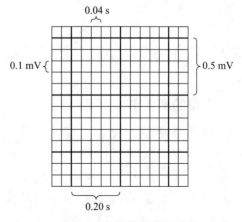

图 4-14　心电图纸纵横线的含义图解

前需外加一个定标电压，把这个定标电压调节为 1 mV = 10 mm（10 小格），即 1 mm = 0.1 mV。有时因为心电图电压太低，所以有目的把定标电压调节为 1 mV = 20 mm。反之，心电图电压过高，可调节为 1 mV = 5 mm。在测量心电图时，应注意心电图上定标电压的标准，并按此折算。

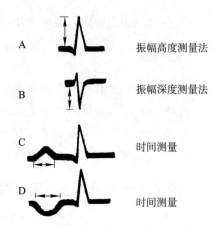

图 4-15　各波振幅高度，深度与时间测量
A、B、C、D 图含义详解见正文

2. 振幅与时间的测量

（1）振幅　测量某波的高度，即电压的大小，如为向上的波，其高度应从等电线（基线）的上缘垂直量到波的顶点（图 4-15A）；而向下波形的深度，则应从等电线下缘垂直地量到波的最低处（图 4-15B）。

（2）时间　向上波形的时间，应从等电线的下缘开始上升处量到终点（图 4-15C），而向下的波，则应从等电线上缘开始下降处量到终点（图 4-15D）。

3. 心率的测量与心律的确定

（1）心率的测量　有两种方法：①数 30 个大方格（每大格 0.2 s，共 6 s）中 R 波或 P 波的数目，乘以 10，即得每分钟的心率数（心室率或心房率）；②测量若干个（5 个以上）R-R 间期（或 P-P 间期），求其平均值，此数值就是一个心动周期的时间（s）（生物信号采集处理系统利用区间测量）。每分钟的心率可按下式计算：

$$心率 = \frac{60}{平均 R-R（或 P-P）间期（s）}$$

（2）心律的确定　在分析一份心电图时，首先要确定心脏的兴奋起源于何处，也就是心脏的起搏点在什么部位。如果起源于窦房结，称为窦性心律，如果起源于房室结，则称为结性心律，其确定标准如下：

窦性心律：$P_{I、II}$ 正向，P_{aVR} 负向；P-R 间期 > 0.12 s。

结性心律：$P_{I、II}$ 负向，P_{aVR} 正向；P-R 间期 < 0.12 s。

▶ 实验 4-9　动脉血压的直接测定及其影响因素

【目的要求】

学习哺乳动物动脉血压的直接测定方法，并观察神经-体液因素对心血管活动的调节。

【实验原理】

动脉血压是心脏和血管功能的综合指标，通常是相对稳定的，这种相对稳定性是靠神经、体液的调节实现的。参与支配心脏活动的神经主要是心交感神经和心迷走神经。交感神经兴奋，末梢释放去甲肾上腺素，作用于心肌细胞膜上的 $β_1$ 受体，使心率加快，传导加速，收缩力增强，从而心输出量增加，动脉血压升高；迷走神经兴奋，末梢释放乙酰胆碱，作用于心肌细胞膜上 M 受体，引起心率减慢，兴奋传导减慢，收缩力减弱，从而心输出量减少，动脉血压降低。

支配血管的自主神经主要是交感缩血管神经，兴奋时末梢释放去甲肾上腺素，去甲肾上腺素作用于血管平滑肌细胞膜上的 α 受体，使平滑肌收缩，血管口径变小，外周阻力增大，血压升高；若释放的去甲肾上腺素作用于血管平滑肌的 $β_2$ 受体，则使平滑肌舒张，血管口径变大，外周阻力减小，血压降低。去甲肾上腺素与 α 受体结合能力较强，而与 β 受体结合能力较弱，故交感缩血管神经兴奋时的主要效应是血管收缩，血压升高。

体液调节也是影响心血管活动的重要因素，以肾上腺髓质释放的肾上腺素和去甲肾上腺素为主。肾上腺素作用于 α、β 受体，使心跳加速，兴奋传导加速，心肌收缩力加强，心输出量增加，血压升高。对血管作用则取决于哪种受体占优势。一般在整体情况下，小剂量肾上腺素主要引起体内血液重新分配，对总外周阻力影响不大；但超生理剂量可使外周阻力明显升高。体液中的去甲肾上腺素主要作用于 α 受体，引起外周血管广泛收缩，增大外周阻力，使动脉血压升高。对心脏作用较小，强心作用不如肾上腺素。外源性给予时常由于明显的血压升高而反射性地引起心率减慢。

【实验动物】

家兔。

【器材及药品】

生物信号采集处理系统、压力换能器（血压传感器）、保护电极、动脉导管、三通管、注射器、动脉夹、试管夹、铁支架、小动物手术台、手术器械、玻璃分针、有色丝线、脱脂棉、20% 氨基甲酸乙酯溶液、3.8% 柠檬酸钠溶液（或 0.5% 肝素生理盐水）、生理盐水、0.01% 肾上腺素溶液、0.001% 乙酰胆碱溶液（或 0.01% 毛果芸香碱）。

【方法及步骤】

1. 仪器装置

（1）将压力换能器插头连到相应通道的输入插座（1、2、3 或 4 通道均可），压力腔内充满抗凝液体，排除气泡，经三通管（或直接）与动脉导管相连。

（2）开机启动生物信号采集处理系统操作界面。设定参数：

显示模式：连续记录；输入方式：DC；触发方式：刺激器触发；刺激模式：单刺激或串刺激（中等强度）；放大倍数：200～500 倍；采样间隔：1 ms。

2. 手术操作

（1）麻醉 称重后，按 5 mL/kg 体重的剂量，耳缘静脉注射 20% 氨基甲酸乙酯溶液麻醉家兔。麻醉后，背位固定于手术台上。注射过程中注意观察动物肌张力、呼吸频率及角膜反射变化，防止麻醉过深，并遵循"先快后慢"的注射原则。

（2）分离颈部神经和血管 剪去颈部被毛，沿正中线作 5～7 cm 切口，再沿气管钝性分离皮下组织和肌肉，将胸锁乳突肌向外侧分开，即可见到位于气管两侧的血管神经束，轻轻分离右侧减压神经、交感神经及双侧的迷走神经、颈动脉（图1-28），分别下穿不同颜色丝线备用。

（3）动脉插管　分离左侧颈动脉2～3 cm（尽量向头端分离），动脉夹夹闭其近心端，穿线结扎其头端，血管下穿线备用。在头端结扎线的近端剪一斜口，将充满抗凝液的动脉导管由切口处向心脏方向插入动脉内，用线扎紧动脉套管，打开三通管和动脉夹，待血压稳定后，开始实验。调节放大倍数及X、Y轴压缩、扩展比，直至图形合适为止。

3. 观察项目（需要时请按"标记"按钮逐一做标记）

（1）记录正常血压曲线　识别心搏波、呼吸波和梅耶氏波。动脉血压随心室的收缩和舒张而变化。心室收缩时血压上升，心室舒张时血压下降，这种血压随心动周期的波动称为"一级波"（心搏波），其频率与心率一致；此外动脉血压也随呼吸而变化，吸气时血压先是下降，继而上升，呼气时血压先是上升，继而下降，这种波动叫"二级波"（呼吸波），其频率与呼吸频率一致；有时可见到一种低频率（几次到几十次呼吸为一周期）的缓慢波动称为"三级波"（梅耶氏波），可能与心血管运动中枢紧张性的周期性变化有关（图4-16）。

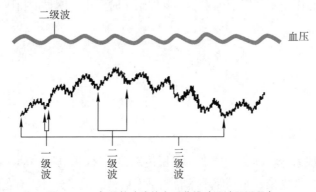

图4-16　兔颈总动脉的血压曲线（示波器记录）

（2）地心引力的影响　松开后肢固定绳，并迅速抬起后肢，使之高于心脏位置（保持心脏水平位），观察此时血压变化。

（3）夹闭颈动脉　夹闭对侧颈动脉，阻断血流15 s，观察血压变化。

（4）观察CO_2引起的血压变化　用薄橡皮手套将动物的鼻子和嘴套起，使其中有少量空气，一段时间后手套内CO_2浓度逐渐升高，观察此时血压变化。

（5）刺激减压神经　用中等强度电刺激减压神经，观察血压变化。血压恢复后，用两根丝线分别结扎减压神经，并在两结间剪断，观察血压变化。分别用电刺激减压神经的向中端和离中端，观察血压变化。

（6）刺激迷走神经　用中等强度电刺激迷走神经，观察血压变化。结扎，并于结的向中端剪断一侧迷走神经，观察血压变化。刺激迷走神经离中端，观察血压变化。剪断另一侧迷走神经，观察血压变化。再刺激减压神经向中端，观察血压变化。

（7）肾上腺素引起的血压变化　耳缘静脉注射0.01%肾上腺素0.2～0.3 mL，观察血压变化。

（8）乙酰胆碱引起的血压变化　耳缘静脉注射0.001%乙酰胆碱（或0.01%毛里芸香碱）0.1～0.2 mL，观察血压变化。

（9）血容量改变对血压的影响　自对侧颈动脉放血 10 mL，观察血压变化。然后自耳缘静脉注入 20 mL 38℃生理盐水，观察血压变化。

（10）结果保存　点击"停止"按钮，图像采集结束，命名保存，并编辑、打印输出实验结果。

【注意事项】

1. 每项实验后须待血压基本恢复正常后再进行下一项。
2. 动脉套管与颈动脉保持平行位置，防止刺破动脉或堵塞管口。压力传导系统应严格密封。
3. 注意动物保暖及麻醉深度，若实验时间较长，麻醉变浅可酌量补加。

【思考题】

1. 为什么换能器应与动物心脏保持同一水平位置？
2. 支配心血管的神经有哪些？参与血压调节的主要反射有哪些？如何进行调节？
3. 肾上腺素和去甲肾上腺素的作用有何不同？为什么？
4. 动脉血压是如何保持相对稳定的？
5. 解释失血或输血后的血压及心搏变化。

【附】动脉血压的间接测定

间接测定动脉血压的部位，在人的上臂肱动脉，在马、牛、驴、骡等大家畜的尾根部尾动脉，在猪、羊等小家畜的股部股动脉。测定收缩压与舒张压时一般用听诊法，即根据从外表压住动脉所必需的压力来测定该动脉的血压。通常血液在血管内流动时并没有声音，如果血流经过狭窄处形成涡流，则可发出声音。当用橡皮气球将空气打入缠缚于测定血压部位的袖带内，使其压力超过收缩压时，完全阻断了动脉内的血流，此时以听诊器胸器按于被压的动脉远端听不到任何声音，也触不到远离动脉的脉搏。如果徐徐放气减低袖带内压，当其压力低于动脉的收缩压高于舒张压时，血液断续地流过受压的血管形成涡流而发出声音，此时即可在被压的动脉远端听到声音，亦可触到脉搏。如果继续放气以致外加压力等于舒张压时，则血管内血流便由断续变为连续，声音突然由强变弱或消失。因此，动脉内血流刚能发出声音时的最大外加压力相当于收缩压，而动脉内血流声音突变时的外加压力则相当于舒张压。

测定步骤如下。

1. 熟悉血压计的结构

常用的是汞柱式血压计，由检压计（或压力表）、袖带和橡皮气球三部分组成。汞柱式血压计的检压计是一个标有 $0\sim40$ kPa（$0\sim300$ mmHg）（1 mmHg = 0.133 kPa，1 kPa = 7.5 mmHg）刻度的玻璃管，上端与大气相通，下端与汞槽相通。袖带是一个外包布套的长方形橡皮囊，借橡皮管分别和检压计的汞槽及橡皮气球相通。橡皮气球是一个带有螺丝帽的球状橡皮囊，供充气和放气之用。近年来又有一种新型的电子血压计在临床上应用。

2. 测量动脉血压的方法（图 4-17）

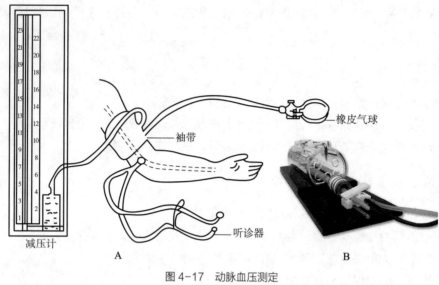

图 4-17　动脉血压测定
A. 人体血压测定　B. 动物尾部血压测定

（1）人或保定动物处于安静状态。

（2）松开血压计的橡皮气球螺丝帽，驱出袖带内的残留气体后将螺丝帽旋紧。

（3）将袖带平整、松紧适宜地缠绕，并开启汞槽开关。

（4）将听诊器的两个耳器塞入外耳道，务必使耳器弯曲方向与外耳道一致。

（5）在袖带内侧先用手触及脉搏搏动所在部位，再将听诊器胸器不留缝隙地轻轻贴在上面。

（6）测量收缩压　挤压橡皮气球将空气打入袖带内，使血压表上汞柱逐渐上升到听诊器听不到脉搏音为止，再继续打气使汞柱再升（20~30 mmHg）。随即慢慢松开气球螺丝帽，徐徐放气，在观察汞柱缓缓下降的同时仔细听诊，在听到"崩"的第一声清晰而短促脉搏音时，血压表上所示汞柱高度即代表收缩压。　.

（7）测量舒张压　使袖带继续徐徐放气，这时声音先依次增强，后又逐渐减弱，最后完全消失。在声音突然由强变弱（或声音变调）的这一瞬间，血压表上所示汞柱高度代表舒张压。

（8）血压记录常以收缩压/舒张压（kPa 或 mmHg）表示，如收缩压、舒张压分别为 14.70 kPa（110 mmHg）和 9.33 kPa（70 mmHg），记为 14.70/9.33 kPa（110/70 mmHg）。

▶ 实验 4-10　家兔减压神经放电

【目的要求】

用电生理方法，观察家兔减压神经传入冲动的放电现象，以加深对减压反射的理解。

【实验原理】

当主动脉弓管壁压力升高时，其压力感受器所发放的神经冲动增多，并通过主动脉神经进入延髓心血管中枢。一方面提高迷走中枢活动，另一方面抑制交感中枢活动。因此，促使心脏活动减弱，外周阻力不致过高，从而维持血压在一定水平。所以，当心缩期血压上升时，发放冲动增多；反之，发放冲动减少，故其冲动的放电节律与心率和血压相一致。

【实验动物】

家兔。

【器材及药品】

生物信号采集处理系统、手术器械、兔手术台、玻璃分针、神经干动作电位引导电极及支架、监听器、医用石蜡油（加温至 38 ~ 40℃）、生理盐水、丝线、气管插管、注射器（20 mL、5 mL 各一支，1 mL 两支）、针头、玻璃分针、20% 氨基甲酸乙酯溶液、0.01% 肾上腺素溶液、0.01% 毛果芸香碱、纱布。

【方法及步骤】

1. 仪器安装

将减压神经放电引导电极接生物信号采集处理系统放大器通道 1，并将引导电极在支架上固定好，监听器接系统监听插孔。

2. 手术

（1）按 5 mL/kg 体重的剂量，耳缘静脉注射 20% 氨基甲酸乙酯溶液麻醉兔，麻醉后，仰卧固定于手术台上，颈部剪毛，沿颈部正中切开皮肤，分离软组织露出气管，于气管一侧找出减压神经。

（2）用玻璃分针仔细分离神经，并去净神经上附着的结缔组织，于其下穿线备用。分离另一侧颈总动脉，插入动脉套管，描记血压。用细针由胸壁肋间处插入心室壁，观察心搏。在实验过程中应随时以温热生理盐水润湿神经。

（3）用玻璃分针轻轻提起神经放在引导电极上，电极的接地线（黑色）夹动物颈部切口皮下，若使用金属支架应该接地。在电极与组织之间衬一小片用石蜡油浸过的硫酸纸以绝缘。在神经上面盖一小片浸过石蜡油的棉花，以防止神经干燥和温度降低（或用止血钳将神经周围皮肤提起，做成皮兜，向皮兜内滴入石蜡油，浸泡神经。如观察时间短，环境不是十分干燥，该步骤可免）。

3. 实验项目

（1）记录正常减压神经放电。打开计算机，进入生物信号采集处理系统操作界面，选择实验项目"兔减压神经放电"的测量界面，点击"开始记录"，进入示波状态，调节系统监听器音量，达到刚能听见类似火车开动的声音，在屏幕上观察减压神经群集放电的节律、波形和幅度（幅度的大小可调节放大器灵敏度），注意减压神经群集放电和监听器音响之间的关系。显示波形正常即可开始记录。

（2）从耳缘静脉注射 0.01% 毛果芸香碱 0.5 mL 并做好标记，开始注药的同时，观察减压神经放电的变化。

（3）从耳缘静脉注射 0.01% 肾上腺素 0.5 mL 并做好标记，开始注药的同时，观察减压神经放电的变化。

（4）双重结扎减压神经，在结扎线间剪断减压神经，分别记录中枢端及外周端神经放电。

4. 记录结束，打印实验结果（图 4-18，图 4-19）。

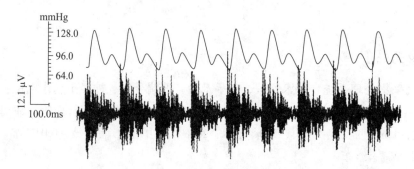

图 4-18　减压神经放电与血压同步记录（生物信号采集处理系统采集）（解景田，2002）

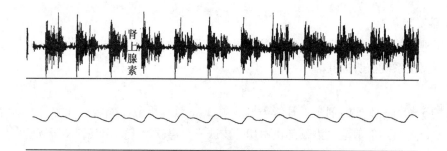

图 4-19　注射肾上腺素对血压和减压神经放电的影响（胡还忠，2002）

【注意事项】

1. 在体记录神经干动作电位时，外来干扰较离体记录时大得多，仪器与动物应接地良好。若在屏蔽条件下进行，效果更好。若听到类似火车开动的放电声，但看不到图形，可用少量生理盐水冲洗神经，然后吸干肌体上的生理盐水即可，也可将电极在近心端附近移动一下位置。

2. 神经不能分离的太长，若分离的太长易被其周围的组织覆盖；挂神经时最好直接用玻璃分针把神经轻轻提起放至引导电极上，不要用线。

3. 注意神经的保温和防止干燥，如放电电压降低，可将引导电极向外周端移动。

【思考题】

1. 减压神经有什么作用?
2. 减压神经的放电活动与动脉血压之间有何关系?

第五章

呼吸生理

▶ 实验 5-1　呼吸运动的调节

【目的要求】

1. 学习呼吸运动测定的实验方法。
2. 观察血液中化学因素的改变对家兔呼吸运动（呼吸频率、节律、幅度）的影响，并分析其机制。
3. 观察迷走神经在家兔呼吸运动调节中的作用，并分析其机理。

【实验原理】

呼吸运动是高等动物重要的生理活动，动物通过呼吸运动实现与外界环境间的气体交换过程。呼吸运动是呼吸中枢节律性活动的反映。呼吸中枢的活动受内、外环境各种因素变化的影响，这些因素或直接刺激呼吸中枢或通过外周感受器间接引起呼吸中枢的变化，调节呼吸运动，实现机体对各种环境的适应。肺牵张反射是保证呼吸运动节律的机制之一。肺的扩张可通过迷走神经传到呼吸中枢，反射性引起吸气运动的抑制并向呼气运动转变。切断迷走神经导致吸气幅度加大，时间延长。血液中 P_{O_2} 降低主要通过刺激外周化学感受器造成呼吸加深加快，低氧对呼吸中枢起到直接抑制的作用，因而重度缺氧会造成呼吸停止。血液中 P_{CO_2} 的改变，通过对中枢性与外周性化学感受器的刺激反射性调节，是保证血液中气体分压稳定的重要机制。H^+ 对外周化学感受器的刺激主要通过窦神经和迷走神经传入延髓呼吸中枢，反射性引起呼吸加深、加快、肺通气增加。

【实验动物】

家兔。

【器材及药品】

兔手术台、常用手术器械一套、铁支架、双凹夹、生物信号采集处理系统、呼吸换能器（或张力换能器）、刺激电极、保护电极、气管插管、注射器（20 mL 和 1 mL）、玻璃分针、橡皮管（长 50 cm，内径 0.7 cm）、CO_2 球胆（或选用含 $CaCO_3$ 的广口瓶、浓 HCl）、空气球胆、钠石灰瓶、纱布、药棉、棉线、20% 氨基甲酸乙酯溶液、3% 乳酸溶液、生理盐水等。

【方法及步骤】

1. 麻醉及固定

取家兔 1 只，称重，按 5 mL/kg 体重的剂量，耳缘静脉注射 20% 氨基甲酸乙酯溶液麻醉家兔，待其麻醉后，仰卧固定在手术台上，先后固定四肢及兔头。

2. 颈部手术及气管插管

剪去颈部与剑突腹面的被毛，沿颈部正中纵行做 3~4 cm 长的切口，分离气管并插入气管插管（参见图 1-29）。再分离出一侧颈总动脉与双侧迷走神经，穿线备用。

3. 呼吸运动的描记

急性实验时，记录呼吸运动的方法有两种，一种为通过与气管插管相连的呼吸换能器记录呼吸运动（图 5-1）；另一种是通过张力换能器记录膈肌的运动（图 5-2）。

（1）通过与气管插管相连的呼吸换能器记录呼吸运动

将呼吸换能器与气管插管相连接，然后接入生物信号采集处理系统，以描记呼吸运动曲线。

（2）通过张力换能器记录膈肌运动

方法 1：切开胸骨下端剑突部位的皮肤，沿腹白线剪开约 2 cm 的切口，打开腹腔。细心分

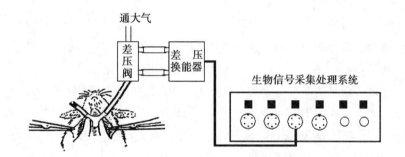

图 5-1　呼吸流量法记录呼吸运动示意图（沈岳良，2002）

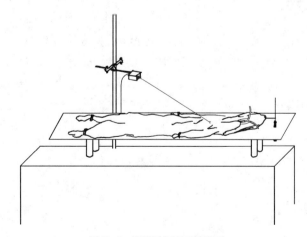

图 5-2　膈肌法记录呼吸运动

离剑突表面的组织，并暴露剑突软骨与骨柄。暴露出剑突内侧面附着的两块膈小肌，仔细分离剑突与膈小肌之间的组织，并剪断剑突软骨柄（注意止血），使剑突完全游离（图5-3）。注意：不能剪得过深，以免伤及其下附着的膈肌，此时剑突软骨与胸骨完全分离。提起剑突，可观察到剑突软骨完全跟随膈肌收缩而上下自由运动。用1个缚有长线的金属弯钩勾于剑突中间部位，线的另一端与张力换能器相连，换能器接入生物信号采集处理系统。调节换能器和线的紧张度，由换能器将信息输入生物信号采集处理系统，以描记呼吸运动曲线。

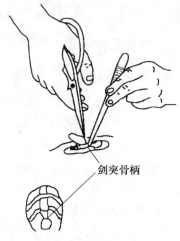

剑突骨柄

图5-3　游离剑突软骨的方法

方法2：用带线的夹子夹住（或用线拴住）胸廓运动最高点的皮肤或毛，将线的另一端连接到张力换能器上，换能器接入生物信号采集处理系统。调节换能器和线的紧张度，将呼吸运动变化的信息输入生物信号采集处理系统，以描记呼吸运动曲线。

方法3：将呼吸（张力）换能器的感应器部位放在随呼吸运动起伏最大的部位，固定换能器，并接入生物信号采集处理系统。由换能器将信息输入生物信号采集处理系统，以描记呼吸运动曲线。

4. 观察项目

（1）观察正常呼吸运动与曲线的关系　启动"记录"按钮，描记一段正常呼吸曲线，观察正常呼吸运动与曲线的关系，并区分心搏波、呼吸波和梅耶氏波（图5-4）。

（2）窒息　将气管插管的两个侧管同时夹闭10~20 s，观察并记录呼吸运动的变化。

（3）增加吸入气中CO_2浓度　夹闭气管套管一端的侧管，待呼吸平稳后，将充满CO_2的球胆出口对准气管套管的另一端侧管口，松开球胆夹子，缓慢增加吸入气中CO_2浓度，观察呼吸曲线的变化，待呼吸变化明显时夹闭球胆。

（4）缺O_2　夹闭一侧气管套管，待呼吸平稳后，将另一侧气管套管通过1只钠石灰瓶与盛有空气的球胆相连，使动物呼吸球胆中的空气。经过一段时间后，球胆中的O_2明显减少，但CO_2并不增多（钠石灰将吸收呼出气中的CO_2），观察此时呼吸运动的变化。

（5）增加无效腔　夹闭一侧气管套管，待呼吸平稳后，将长约50 cm、内径0.7 cm的橡皮管连接于气管插管的另一个侧管上，使无效腔增加，观察并记录呼吸运动的改变。

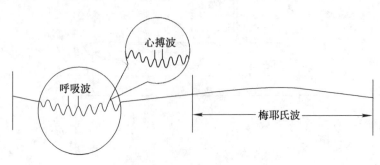

图5-4　呼吸曲线

（6）增加血液中 H⁺浓度　从耳缘静脉注入 3% 的乳酸 2 mL，观察呼吸曲线的变化。

（7）肺牵张反射　将装有约 20 mL 空气的注射器（或洗耳球）经细乳胶管与气管套管的一侧相连，记录一段对照呼吸运动曲线之后，在吸气相之末堵塞另一个侧管，同时立即准确地将注射器内约 20 mL 的空气迅速注入肺内，可见呼吸运动暂时停止于呼气状态。当呼吸运动出现后，开放堵塞口；待呼吸运动平稳之后，再于呼气相之末，堵塞另一个侧管，同时用注射器立即由肺内抽取气体，可见呼吸运动暂停于吸气状态。分析上述变化产生的机制。

（8）剪断一侧迷走神经　提起一侧迷走神经的备用线，剪断迷走神经，观察呼吸曲线的变化。

（9）剪断两侧迷走神经　再用备用线双结扎另一侧迷走神经，并于结扎线中间剪断，观察呼吸曲线的变化。

（10）重复（7）实验（向肺内注入空气及由肺内抽取气体），观察并记录呼吸运动的变化，并比较与迷走神经完整时的差别。

注意：分析哪些是肺牵张反射的效应，哪些属于机械因素引起的后果。如膈肌呼吸运动曲线的变化，除了由于膈肌收缩和舒张所造成的外，尚有向肺内推注空气与抽取气体所引起的膈肌被动位移变化。

（11）分别刺激迷走神经中枢端与外周端，观察并记录呼吸运动的变化，并阐述其机制。

（12）自腹中线剖开腹腔，推开腹腔的脏器，露出膈肌，观察并分析膈肌收缩及其位置变化与呼吸运动的关系。

（13）打开胸腔，找到膈神经（在心基部）。当电刺激膈神经时，观察膈肌收缩及吸气动作。

【注意事项】

1. 麻醉剂注射速度要慢，密切注意动物的呼吸情况及对刺激的反应。
2. 气管插管时，用力不要过猛，以免损伤气管黏膜而出血。
3. 气管插管前，应注意对气管剪口处进行止血，并将气管内清理干净，再行插管。
4. 分离剑突下膈肌角时，不能向上分离过多，避免造成气胸；剪断胸骨柄时，切勿伤及膈肌角。
5. 气流不应过急，以免直接影响呼吸运动，干扰实验结果。
6. 每项实验前后均应有正常呼吸运动曲线作为比较。
7. 当增大无效腔出现明显变化后，应立即打开橡皮管的夹子，以恢复正常通气。
8. 注射乳酸时，切忌乳酸从静脉中漏出，以免家兔因疼痛而挣扎，影响实验结果。

【思考题】

1. 血液中 CO_2 增多或缺少 O_2 时，呼吸运动有何改变？通过哪些途径进行调节？
2. 增加吸入气中的 CO_2 浓度、缺 O_2 和血液 pH 下降均使呼吸运动加强，机制有何不同？
3. 用长橡皮管增大无效腔时，呼吸运动有何变化？为什么？
4. 如果将双侧颈动脉体麻醉，分别增加吸入气中的 CO_2 浓度和给予缺 O_2 刺激，结果有何不同？

5. 根据实验结果分析肺牵张反射，包括迷走神经吸气抑制反射与迷走神经吸气兴奋反射的反射途径，以及对维持正常呼吸节律的意义。

6. 切断双侧迷走神经后，呼吸运动如何变化？为什么？

7. 迷走神经在节律性呼吸运动中有何作用？

▶ 实验 5-2　胸膜腔内负压的观察

【目的要求】

1. 学习胸膜腔内负压的直接测定方法。

2. 观察胸膜腔内压在呼吸过程中的周期性变化及其影响因素。

3. 观察气胸对胸膜腔内压及呼吸运动的影响。

【实验原理】

在呼吸过程中肺能随胸廓扩张，是因为在肺和胸廓之间有一个密闭的胸膜腔。胸膜腔是由胸膜脏层与壁层所构成的密闭的潜在腔隙。胸膜腔内的压力通常低于大气压，称为胸膜腔内负压或胸内负压。胸内负压是由肺的弹性回缩力所产生，其大小随呼吸深度和呼吸周期的变化而改变。吸气时，肺扩张，回缩力增强，胸内负压加大；呼气时，肺缩小，回缩力减小，胸内负压降低。如果破坏胸膜腔的密闭性，使胸膜腔与外界相通，造成开放性气胸，则胸内负压消失，结果造成肺不张，引起呼吸困难。

【实验动物】

家兔。

【器材及药品】

兔手术台、常用手术器械、止血钳、气管插管、胸内套管（或带橡皮管的粗穿刺针头或尖端磨钝带输液管的粗针头）、水检压计、50 cm 长橡皮管、20% 氨基甲酸乙酯溶液。

【方法及步骤】

1. 麻醉与固定

取家兔 1 只，称重，按 5 mL/kg 体重的剂量，耳缘静脉注射 20% 氨基甲酸乙酯溶液麻醉家兔，待其麻醉后，仰卧固定在手术台上，先后固定四肢及头部。

2. 颈部手术及气管插管

剪去颈部与右前胸部的被毛，沿颈部正中纵行做 3～4 cm 长的切口，分离气管并插入气管插管。

3. 插胸内套管

将胸内套管（或带橡皮管的粗穿刺针头或尖端磨钝带输液管的粗针头）与高灵敏度的压力感受器相连（套管内不充水），若仅做定性观察可直接与水检压计连接。

在右侧胸部腋前线第 4、5 肋骨之间（图 5-5），沿肋骨上缘做一个长约 2 cm 的皮肤切口，用止血钳稍稍分离表层肌肉，将胸内套管的箭头形尖端从肋间插入胸膜腔（如果另一端与高灵敏度的压力感受器相连，则此时可记录到零位线下移，并随呼吸运动上下移动，说明已插入胸膜腔内；如果另一端与水检压计相连接，则可见水检压计与胸膜腔相通的一侧液面上升，而与空气相通的一侧液面下降，且水检压计内的水柱随呼吸运动而上下移动，说明针头已进入胸膜腔内）。旋转胸内套管的螺旋，将套管固定于胸壁（图 5-6）。

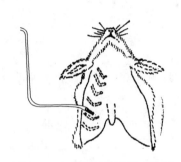

图 5-5　胸内套管插管部位示意图

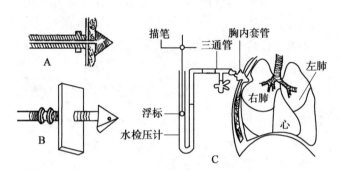

图 5-6　胸膜腔内负压的测定
A. 胸内套管剖面（已固定于胸壁上）　B. 胸内套管外形
C. 用水检压计测量胸膜腔内压

用粗穿刺针代替胸内套管穿刺时，针头斜面朝向头侧，先用较大力量穿透皮肤，再用手指抵住胸壁控制进针力量和进针深度，然后沿肋骨上缘顺肋骨方向将其斜插入胸膜腔。当看到变化时，说明针头已进入胸膜腔内，应停止进针，用胶布将针的尾部固定在胸部皮肤上，以防滑脱。此法容易产生凝血块或组织堵塞，应加以注意。

4. 观察项目

（1）胸内负压的观察。

（2）胸内负压随呼吸运动的变化　观察吸气与呼气时胸内负压的变化，记下平静呼吸时胸内负压的数值。此时吸气与呼气均为负值。

（3）增大无效腔对胸内负压的影响　将气管套管的一个侧管上接长约 50 cm、内径为 0.7 cm 的橡皮管，并夹闭另一个侧管，使无效腔增大，造成呼吸运动加强，观察呼气和吸气时胸内负压的变化，记下其胸内负压值。

（4）气胸对胸内负压的影响　剪开前胸皮肤，切断肋骨，打开右侧胸腔，造成人工开放性气胸，或者用 1 支粗的套管针穿透胸腔，使胸膜腔与大气直接相通，形成气胸，观察胸内负压和呼吸运动的变化。

（5）迅速关闭创口，用注射针头刺入胸膜腔内抽出气体，观察可见胸内负压又重新出现，呼吸运动也逐渐恢复正常。

【注意事项】

1. 做气管插管时，插管前应注意对气管剪口处进行止血，并将气管内清理干净，再行插管。
2. 如用粗针头代替胸内套管，则在插入胸膜腔之前，需将针头尖部磨钝，并检查针孔是否通畅，连接处是否漏气。
3. 形成气胸后，可迅速封闭漏气的创口，并用注射器抽出胸膜腔内空气，此时胸内压可重新呈现负压。

【思考题】

1. 胸内负压是怎样形成的？为什么在呼气和吸气时胸内负压的数值会发生变化？
2. 平静呼吸时胸内压为什么始终低于大气压？
3. 在什么情况下，胸内压高于大气压？
4. 胸内负压的生理意义是什么？
5. 人工气胸后，将胸壁切口严密缝合，再将胸膜腔内的空气抽出，胸内负压能否恢复？为什么？

▶ 实验5-3　膈神经放电

【目的要求】

1. 学习家兔在体膈神经放电的电生理学实验方法。
2. 观察膈神经自发放电与呼吸运动的关系，以加深对呼吸节律源于中枢的理解。
3. 理解某些因素对膈神经放电的影响机制。

【实验原理】

神经元活动出现脉冲性的电位变化称为放电。平静呼吸运动是由包括膈肌和肋间外肌在内的呼吸肌的收缩和舒张活动所引起的胸廓的扩大和缩小的运动，为自动节律性活动。当延髓吸气中枢兴奋时，传出冲动到达脊髓，引起支配吸气的运动神经元兴奋，经膈神经和肋间神经传到膈肌和肋间外肌，引起膈肌和肋间外肌收缩，胸廓扩大产生吸气。延髓吸气中枢活动暂停，膈神经和肋间神经放电停止，膈肌和肋间外肌舒张，胸廓缩小产生呼气。这种起源于延髓呼吸中枢的节律性呼吸运动受到来自中枢和外周的化学感受器和机械感受器反射性调节。当动脉血中 P_{O_2}、P_{CO_2} 或〔H^+〕发生变化时，通过延髓腹外侧浅表的中枢化学感受器和外周化学感受器来调节呼吸运动。当肺过度扩张或过度萎陷时，通过肺的牵张反射活动反射性抑制或兴奋吸气。膈神经放电活动和膈肌收缩代表吸气运动的开始，而膈神经放电活动停止和膈肌舒张与呼气运动同步。膈神经放电活动状态的变化，也反映了呼吸中枢机能活动的变化。

【实验动物】

家兔。

【器材及药品】

兔手术台、常用手术器械一套、气管插管、生物信号采集处理系统、引导电极、刺激电极、保护电极、注射器（10 mL 及 20 mL）及针头、玻璃分针、橡皮管（长 50 cm，内径 0.7 cm）、CO_2 球胆、空气球胆、钠石灰瓶、纱布、药棉、棉线、20% 氨基甲酸乙酯溶液、3% 乳酸溶液、生理盐水、石蜡等。

【方法及步骤】

1. 麻醉固定

取家兔 1 只，称重，按 5 mL/kg 体重的剂量，耳缘静脉注射 20% 氨基甲酸乙酯溶液麻醉家兔，待其麻醉后，仰卧固定在手术台上，先后固定四肢及头部。

2. 颈部手术

（1）气管插管　剪去颈部与右前胸部的被毛，沿颈部正中纵行做 3～4 cm 长的切口，分离气管并插入气管插管。

（2）分离两侧迷走神经　在两侧颈总动脉鞘内分离出迷走神经，在其下方穿线备用。

（3）分离颈部膈神经　用止血钳在颈外静脉（在外侧皮下）和胸锁乳突肌之间向深处分离，直到气管旁边，透过脊柱表面的浅筋膜，可看到较粗的臂丛神经向后向外行走。家兔的膈神经位于颈主动脉神经束的后外侧，主要是由 C4、C5、C6 脊神经腹支的分支汇合而成，较细，于臂丛神经的内侧横过臂丛神经并与其交叉，贴在前斜角肌肌腹缘表面，由颈部前上方斜向胸部后下方（在喉头下方约 1 cm 的部位，可见向下、向内侧走行的膈神经）入胸腔，用玻璃分针在尽可能靠近锁骨的部位，小心、仔细地分离出一小段神经，并除去神经上附着的结缔组织，于其下穿线备用（图 5-7）。最后用温热生理盐水纱布覆盖手术野。

3. 膈神经放电的引导

将膈神经勾在悬空的引导电极上，为避免触及周围组织，最好在放电极之前，将神经周围的液体吸干，神经下垫 1 个绝缘薄膜，电极内加 1 滴石蜡油。同时将接地电极夹在颈部皮肤上，以减少干扰。将引导电极的输入端与生物信号采集处理系统通道 1 的输入接口连接后启动。依据记录的神经放电

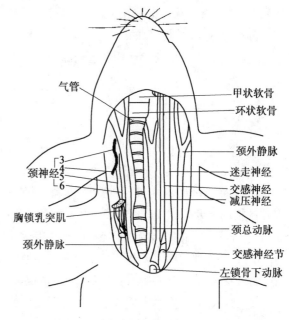

图 5-7　家兔头部主要血管、神经示意图

波形的大小、形状，适当调节实验参数，如扫描速度、增益大小。以便获得最佳的实验效果。打开监听器开关，将音量调整到合适大小，即可听到膈神经放电的声音。

4. 观察项目

（1）描记一段正常的膈神经电活动变化曲线。

（2）增加无效腔 将气管插管一侧的橡胶套管夹闭，描记一段膈神经放电曲线。然后在气管插管的另一侧管上连接 1 个长 50 cm 的橡皮管，使无效腔增大，观察记录膈神经电活动的变化。

（3）增加吸入气中 CO_2 浓度 将气管插管的一侧管夹闭，然后将装有 CO_2 的球胆管口靠近气管插管的另一侧管开口，逐渐打开 CO_2 球胆管上的螺旋，让动物吸入含 CO_2 的气体，观察记录膈神经电活动的变化。

（4）窒息 同时将气管插管的两侧管夹闭 10~20 s，观察记录膈神经电活动的变化。

（5）缺 O_2 夹闭一侧气管套管，待呼吸平稳后，将另一侧气管套管通过 1 只钠石灰瓶与盛有空气的球胆相连，使动物呼吸球胆中的空气。经过一段时间后，球胆中的 O_2 明显减少，但 CO_2 并不增多（钠石灰将吸收呼出气中的 CO_2），观察记录膈神经电活动的变化。

（6）血液酸碱度的改变 由耳缘静脉注入 3% 的乳酸溶液 2 mL，观察记录膈神经电活动的变化。

（7）肺牵张反射对膈神经放电的影响

① 肺扩张反射 将 20 mL 注射器连于气管插管一侧的橡皮管上，抽气 20 mL 备用，在动物吸气之末（膈神经放电之末）用手指堵住气管插管另一侧的同时，向肺内注入 20 mL 空气，并维持肺扩张状态 10 余秒，观察并记录膈神经电活动的变化。

② 肺缩小反射 在呼气之末（膈神经放电开始之前）用手指堵住气管插管另一侧的同时，抽出肺内空气，并维持肺缩小状态几秒钟，观察并记录膈神经电活动的变化。

（8）迷走神经在呼吸运动中的作用 描记一段正常膈神经放电后（记录每分钟膈神经放电的次数），先切断一侧迷走神经，观察每分钟膈神经放电次数的改变；再切断另一侧迷走神经，观察每分钟膈神经放电次数的改变。

（9）重复肺牵张反射对呼吸运动影响的处理［观察项目（7）］，观察并记录膈神经电活动的变化。

【注意事项】

1. 分离膈神经的操作很关键，直接关系到本实验的成败，所以动作要轻柔，分离要干净、不要让凝血块或组织块黏着在神经上。

2. 引导电极尽量放在膈神经向中端，以便神经有损伤时可将电极移到离中端。注意动物和仪器的接地要可靠，以避免电磁干扰对实验结果的影响。

3. 每项实验做完，待膈神经放电和呼吸运动恢复后，方可继续下一项实验，以便前后对照。

4. 自肺内抽气时，切勿使抽气过多或使抽气时间过长，引起家兔死亡。

5. 膈神经放电的观察系指群集放电的频率、振幅。呼吸运动的观察是指它的频率和深度。

6. 其他注意事项参考实验 5-1 呼吸运动的调节。

【思考题】

1. 本实验结果说明膈神经放电与呼吸运动有何关系？
2. 膈神经与迷走神经在肺牵张反射中各起什么作用？为什么？

第六章

消化生理

▶ 实验 6-1　胃肠运动的直接观察

【目的要求】

1. 观察动物在麻醉状态下胃肠的运动情况。
2. 观察神经和某些药物对胃肠运动的影响。

【实验原理】

消化道平滑肌群属于平滑肌，具有节律性收缩、对理化刺激敏感等生理特性。由于胃肠道平滑肌各部分结构不同，所表现的运动形式也不同。胃运动呈蠕动及紧张性收缩；小肠运动的主要形式有紧张性收缩、蠕动、分节运动等。消化道平滑肌运动受到体内神经因素、体液因素及理化因素刺激的影响。

【实验动物】

家兔。

【器材及药品】

台秤、恒温箱或恒温水浴锅、电子刺激器、保护电极、手术台、手术器械、玻璃分针、丝线、注射器、注射针头、滴管、20% 氨基甲酸乙酯溶液、0.01% 肾上腺素、1 mg/mL 新斯的明、生理盐水、0.01% 乙酰胆碱、1% 阿托品、纱布等。

【方法及步骤】

1. 麻醉固定

家兔称重后，按 5 mL/kg 体重的剂量，耳缘静脉注射 20% 氨基甲酸乙酯溶液麻醉家兔，注意观察肌张力、呼吸频率及角膜反射的变化，待其麻醉后，仰卧固定在手术台上，先后固定四肢及头部。

2. 颈部手术

用剪毛剪剪去颈前部兔毛，颈前正中切开皮肤 6 ~ 8 cm，用玻璃分针钝性分离软组织及颈部肌肉，暴露气管及与气管平行的左、右血管及神经。细心分离两侧颈总动脉和迷走神经，在迷走神经下穿线标记备用。

3. 腹部手术

剪去腹部被毛，用手术刀自剑突沿腹中线（即腹白线）切开腹壁，打开腹腔（勿刺破胃肠）。亦可用手术剪沿腹中线先将腹腔剪开一小段，然后将左手食指和中指（手指背面朝下）伸入切口内压住肠管，右手用手术剪沿腹中线剪开腹壁，打开腹腔。用浸有温热盐水的纱布覆盖腹腔脏器，并将脏器轻轻推向右侧。在左侧肾上腺附近分离内脏神经，其下穿线标记备用。

4. 观察项目

（1）观察正常情况下胃肠的运动形式。

（2）提起穿过迷走神经的备用线，用保护电极钩住迷走神经，以中等强度的电流连续刺激迷走神经，观察胃肠运动变化。

（3）刺激内脏神经，观察胃肠运动变化。

（4）在一段肠管上滴加 0.01% 乙酰胆碱 2~3 滴，观察该段肠管的运动变化。

（5）在一段肠管上滴加 0.01% 肾上腺素 2~3 滴，观察该段肠管的运动变化。

（6）由耳缘静脉注射新斯的明 0.2~0.3 mg，观察胃肠运动变化。

（7）在新斯的明作用的基础上，由耳缘静脉注射 1% 阿托品 0.5 mL，观察小肠运动变化。

（8）切断内脏神经，观察胃肠运动变化。

（9）机械性因素的影响（肠肌反射）：以镊子轻夹肠的任何一处，观察有何现象发生？

【注意事项】

1. 在整个实验过程中，为防止腹腔内温度下降和胃肠表面干燥而影响其活动，应随时用温热的生理盐水湿润胃肠表面。

2. 实验动物须在实验前 1 h 喂饱。

3. 注射麻醉程度不宜过深。

【思考题】

1. 胃肠有哪些运动形式，有何特点和生理作用？

2. 在一段肠段上分别滴加乙酰胆碱、肾上腺素，该段小肠运动有何变化？为什么？

▶ 实验6-2 小肠吸收和渗透压的关系

【目的要求】

验证并掌握小肠吸收与肠内容物渗透压间的关系。

【实验原理】

肠内容物的渗透压是制约肠吸收的重要因素。同种溶液在一定浓度范围内，浓度愈大，吸收愈慢；浓度过高（高渗溶液）时，出现反渗透现象，水分由血液进入肠腔，使内容物的渗透压降低至等渗时，才被吸收。饱和硫酸镁溶液对肠壁具有反渗透作用，并且较难吸收，肠腔水分大量增加，具有导泻作用。

【实验动物】

家兔。

【器材及药品】

兔手术台、手术器械、注射器、20% 氨基甲酸乙酯溶液、0.7% 氯化钠溶液、饱和硫酸镁溶液等。

【方法及步骤】

1. 家兔称重后，耳缘静脉注射 20% 氨基甲酸乙酯溶液（5 mL/kg 体重）麻醉家兔，待其麻醉后，仰卧固定在手术台上，先后固定四肢及头部。

2. 剖开腹腔，拉出约 16 cm 长的一段空肠，中间环线结扎，另在距中点上下各 8 cm 处分别结扎，分为两段等长的肠腔（设为 A 段、B 段）。

3. 在 A 段中注入 5 mL 饱和硫酸镁溶液，B 段中注入 30 mL 0.7% 氯化钠溶液，并将空肠放回腹腔，30 min 后检查和记录两段空肠内容物体积的变化。

【注意事项】

1. 结扎肠段时应防止把血管结扎，以免影响实验效果。
2. 注意实验动物的保温。
3. 肠管的结扎以不使肠管内液体相互流通为准。
4. 肠管结扎前，将所观察肠段的肠内容物挤向后段，使之空虚。

【思考题】

服用大量难以吸收的盐类（如硫酸钠、硫酸镁等）可以起导泻作用，分析其机制。

▶ | 实验 6-3　胰液和胆汁的分泌

【目的要求】

观察胰液和胆汁的分泌，了解神经因素，体液因素对胰液和胆汁分泌的影响。

【实验原理】

动物的胰液和胆汁分泌都受神经、体液两种因素的调节，分泌纤维主要存在于迷走神经内，内脏神经也含有少量这类纤维。与神经调节相比较，体液调节更为重要。在稀盐酸、蛋白质分解产物及脂肪的刺激作用下，小肠黏膜可产生促胰液素和缩胆囊素。促胰液素主要作用于胰腺导管的上皮细胞，引导水和碳酸盐的分泌，对肝胆汁的分泌也有一定的刺激作用；而缩胆囊素主要引起胆汁的排出和促进胰酶的分泌。此外，胆盐（或胆酸）亦可促进肝脏分泌胆汁，称为利胆剂。

【实验动物】

犬（或家兔）。

【器材及药品】

手术台、手术器械一套、注射器及针头、生物信号采集处理系统、计滴器、保护电极、各种粗细的塑料管（或玻璃套管）、纱布、丝线、计时器、3% 戊巴比妥钠溶液、粗制促胰液素（制备方法见附录五）、0.5% 盐酸溶液、胆囊胆汁、0.05% 阿托品等。

【方法及步骤】

1. 麻醉与固定

绑缚犬的嘴部和四肢，在前肢的头静脉或后肢的隐静脉注射 3% 戊巴比妥钠（30~50 mg/kg 体重），将犬麻醉后仰卧固定在手术台上。

2. 手术操作

（1）气管插管及颈部神经的分离　剪去其颈部被毛，沿颈部正中线切开皮肤，切口长为 5~7 cm，然后按常规分离肌肉组织，找出并切开气管，装上气管插管；分离两侧迷走交感神经干（犬迷走神经和交感神经合在一起），穿线标记备用。颈部手术完毕后，以温湿纱布覆盖。

（2）股静脉插管　在犬的后肢大腿侧面，切开皮肤，找出股静脉，插入动静脉插管，并连接输液装置。

（3）胰管插管　于犬的剑突下沿腹部中线切开皮肤和腹壁，切口长约 10 cm，翻开网膜，找出十二指肠，其旁即为胰腺。从十二指肠末端找出胰尾，沿胰尾向上将附着于十二指肠的胰腺组织用生理盐水纱布轻轻剥离（注意此处血管较多，易出血），在胰尾部之上 2~3 cm 处可看到一条白色小管从胰腺穿入十二指肠，此为胰主导管（图 6-1）。分离胰主导管，并于其下穿线后，

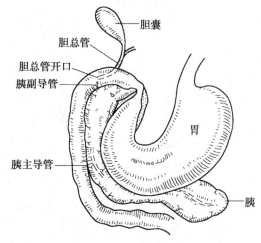

图 6-1　犬胰主导管、胆总管解剖位置示意图

尽量在靠近十二指肠处切开，插入充满生理盐水的胰管插管，结扎固定，将胰管插管游离端引置于腹外，流出的胰液由计滴器记录。

（4）胆管插管　拉出胃，双结扎肝胃韧带后从中间剪断。将肝上翻找到胆囊及胆囊管，将胆囊管结扎（图6-1）。用注射器抽取胆囊胆汁数毫升备用。通过胆囊及胆囊管的位置找到胆总管，将胆管套管插入胆总管，并同时将胆总管十二指肠端结扎，将胆管套管游离端引置于腹外，流出的胆汁由计滴器记录。

做完腹部手术后，应以止血钳夹闭创口皮肤。覆盖温湿纱布，以避免实验动物大量散热，引起不良后果。

如用兔作为实验动物，可用氨基甲酸乙酯静脉注射麻醉。剖开腹腔找出十二指肠后，在距幽门 30~40 cm 处提起小肠对着光线可以找到胰导管。在胰导管入十二指肠处细心分离胰导管 0.6~0.8 cm，于其下穿线备用；在靠近十二指肠端剪 1 个小孔，插入充满生理盐水的插管，丝线结扎固定。然后在十二指肠起始部找出胆总管，以同样的方式插入插管。

3. 连接记录装置

打开计算机，启动生物信号采集处理系统，将记录胰液和胆汁的计滴器分别连接到系统的两个通道上，并选择相应的实验模块，即可开始实验。

4. 实验项目

（1）胰液和胆汁的基础分泌　记录胰液和胆汁在不给予刺激的情况下每分钟分泌滴数，连续 5~10 min，并计算其每分钟平均滴数。

（2）酸化十二指肠对胰液和胆汁分泌的影响　向十二指肠内注入 25~40 mL（兔为 20 mL）0.5% 盐酸（37℃），开始记录每分钟胰液和胆汁滴数，观察反应全过程（潜伏期、增加期和恢复期），直至恢复正常为止。

（3）促胰液素对胰液和胆汁分泌的影响　股静脉注射粗制促胰液素溶液 5~10 mL，观察胰液和胆汁分泌的变化，并记录每分钟胰液和胆汁的滴数，直至恢复正常为止。

（4）胆汁对胰液和胆汁分泌的影响　经股静脉缓慢注射胆囊胆汁 1 mL（稀释为 10% 的胆囊胆汁溶液），观察胰液和胆汁分泌的变化，并记录每分钟胰液和胆汁的滴数。

（5）迷走神经对胰液和胆汁分泌的影响　首先注射小剂量的阿托品（0.1 mg/kg 体重）以麻痹迷走神经至心脏的神经末梢，然后用中等强度刺激迷走神经离中端，观察胰液和胆汁分泌的变化。

【注意事项】

1. 术前应充分熟悉手术部位的解剖结构。
2. 手术操作应细心，尽量防止出血，若遇大量出血，需完全止血后再继续实验。
3. 电刺激强度要适中，不宜过强。
4. 胆囊管要结扎紧，使胆汁的分泌量不受胆囊舒缩的影响。
5. 剥离胰导管时要小心谨慎，操作时应轻巧仔细。
6. 防止插管误入导管的夹层中。
7. 实验前 2~3 h 给动物少量喂食，用以提高胰液和胆汁的基础分泌量。

8. 每项实验后要有一定间隔时间，待前一项反应基本消失后（即恢复正常时），再进行下一项实验。

【思考题】

1. 向十二指肠腔内注入 37℃的 0.5% 盐酸溶液，胰液和胆汁的分泌有何变化？为什么？
2. 股静脉注射粗制促胰液素后，胰液和胆汁的分泌有何变化？为什么？
3. 股静脉注射胆囊胆汁，胰液和胆汁的分泌有何变化？为什么？

▶ 实验 6-4 大鼠胃液分泌的调节

【目的要求】

1. 学习测定胃液分泌量的实验方法。
2. 观察胃的泌酸机能及迷走神经和体液因素对胃液分泌的调节作用。

【实验原理】

胃黏膜有许多腺体，其分泌物的混合物即为胃液，主要成分有胃蛋白酶、盐酸、黏液和内因子等，其中作为主要成分之一的盐酸，即胃酸，是由胃底腺区的壁细胞分泌的，通常以单位时间内分泌的盐酸量［毫摩尔数（mmol）或微摩尔数（μmol）］表示胃酸分泌的量，即胃酸排出量。胃液的分泌主要受神经与体液调节。迷走神经、胃肠激素（促胃液素）、组织胺及拟胆碱药物促进胃液的分泌，阿托品和甲氰咪胍分别能阻断迷走神经和组织胺的促胃液分泌的作用而抑制胃液的分泌。

【实验动物】

大鼠。

【器材及药品】

常用手术器械 1 套、刺激器、保护电极、直径 2～3 mm、长约 15 cm 细塑料管、纱布垫、碱式滴定管和支架、2 mL 及 5 mL 注射器、100 mL 锥形瓶、棉线、0.01 mol·L⁻¹ NaOH、1% 酚酞、3% 戊巴比妥钠溶液、0.05% 阿托品、0.01% 磷酸组织胺、0.1% 毛果芸香碱、甲氰咪胍（组织胺拮抗剂）、五肽促胃液素、生理盐水等。

【方法及步骤】

1. 麻醉与固定

取体重 350 g 以上大鼠 2 只（雌雄均可），实验前禁食 18～24 h，任其自由饮水。实验时，腹腔注射 3% 戊巴比妥钠溶液（40～50 mg/kg 体重）麻醉动物。保定于手术台上。

2. 气管插管

将颈部被毛剪去，做长约 1.5 cm 的皮肤切口，分离肌肉，找出气管，插入气管插管。

3. 食管插管

将上腹部被毛剪去，在剑突下腹部正中剪一个长约 3 cm 的切口，沿腹白线切开腹壁，在左上腹内找到食管、胃和十二指肠。将胃移至腹腔外浸有生理盐水的纱布垫上，于贲门处分离食管表面的迷走神经，穿线标记备用。用另一根线穿绕贲门一周，在颈部食管剪一小口，向胃端插入一根游离端连有 8 号针头的塑料插管，插管插入胃内约 2 cm，用手指在胃表面触到胃内的细塑料管后，结扎贲门处的线，以免插管滑脱。此插管用来向胃内注入生理盐水。

4. 幽门管插管

在胃和十二指肠交界处穿两根线，两线相距约 1 cm。先把十二指肠远端的线结扎，然后在十二指肠近幽门端的肠壁上剪一小口，把细塑料管向幽门方向插入胃内，深约 1 cm，用准备好的线结扎，以固定此塑料管。此插管用来收集胃液。

用注射器将大量温热的生理盐水从食管插管注入，用手指轻压胃体，观察幽门插管出口是否通畅，流出液有无食物残渣和血液，如出口通畅说明手术成功。为使胃灌流液流出通畅，可将大鼠体位改为侧卧位。

用温热的生理盐水冲洗胃腔，使残留食物由胃插管流出体外，直至流出的液体澄清时即表示胃已洗净。然后将胃送回腹腔，用浸有温热生理盐水的纱布垫覆盖，避免体温下降，可用灯泡照射，以维持动物体温。

5. 胃液样品的收集和胃酸的测定

术后 30 min 后开始测定胃酸分泌的情况。

（1）胃酸的基础分泌　用 5 mL 生理盐水冲洗胃，用锥形瓶收集由幽门端流出的液体 2 min，连续冲洗 3 次，共收集 3 个胃液样品，以此作为正常对照。每个样品中加入 1～2 滴酚酞为指示剂，用 0.01 mol·L^{-1} NaOH 溶液滴定每次所收集的胃液样品，用中和胃酸所用去的 NaOH 量（L）乘以 NaOH 的浓度（mol·L^{-1}），即为 2 min 胃酸排出量，换算成 μmol·(L·2 min)$^{-1}$ 来表示。

（2）迷走神经对胃液分泌的影响　刺激迷走神经，每次持续 5 s，间隔 20 s，重复刺激多次。30 min 后按上述方法收集样品和测定胃酸排出量。切断迷走神经，30 min 后以同样的方法收集样品和测定胃酸排出量。

（3）阿托品对胃液分泌的影响　另取 1 只大鼠，手术同前。按实验项目（2）的方法刺激两侧迷走神经，收集 2 次胃液样品并测定胃酸含量，并以此胃酸含量作为对照。然后给大鼠皮下注射阿托品（1 mg/kg 体重），5 min 后再重复实验项目（2）的方法刺激两侧迷走神经，30 min 后收集 2 次胃液，测定胃酸含量。比较结果有何不同？

（4）组织胺对胃液分泌的影响　收集对照样品后，立即从皮下注射磷酸组织胺（1 mg/kg 体重），再连续收集 3 个样品，应用滴定法测定每个样品中的胃酸含量。

（5）组织胺拮抗剂对胃液分泌的影响　肌内注射甲氰咪胍（250 mg/kg 体重），收集 3 个样品后，再皮下注射磷酸组织胺（1 mg/kg 体重），连续收集 3 个样品，应用滴定法测定每个样品中的胃酸含量。

（6）五肽促胃液素的泌酸作用　收集对照样品后，立即皮下注射五肽促胃液素（100 μg/kg

体重），收集胃洗出液，连续收集 3 个样品，用滴定法测定每个样品中的胃酸含量。

（7）毛果芸香碱的泌酸作用 收集对照样品后，立即皮下注射毛果芸香碱溶液 0.5 mL，收集胃洗出液，连续收集 3 个样品，用滴定法测定每个样品中的胃酸含量。

皮下注射阿托品（1 mg）收集对照样品后，再皮下注射毛果芸香碱溶液 0.5 mL，收集胃洗出液，连续收集 3 个样品，用滴定法测定每个样品中的胃酸含量。

【注意事项】

1. 为保证胃液分泌，大鼠不宜麻醉太深。
2. 因大鼠的迷走神经很细，容易拉断，分离时须非常细心。
3. 用手指轻轻触摸胃，检查胃内是否有食物残渣，若胃内有固体物则要在胃大弯侧切开胃体，取出胃内食物团，并用蘸有温热生理盐水的棉签将胃内的食物残渣清除干净，然后缝合胃的切口，再进行后续实验。
4. 注意给动物保温。

【思考题】

1. 影响胃酸分泌的因素有哪些？
2. 组织胺、阿托品和毛果芸香碱对胃酸分泌有何影响？试说明其作用机制。

▶ 实验 6-5 离体小肠平滑肌的生理特性

【目的要求】

1. 学习观察离体肠段平滑肌特性的实验方法。
2. 通过观察多种理化因素对小肠平滑肌的影响，加深对消化道平滑肌生理特性的认识。

【实验原理】

消化道平滑肌除具有肌肉组织的一般生理特性外，还具有自动节律性、紧张性、收缩缓慢、较大的伸展性及对化学、温度和牵拉刺激敏感等生理特性。离体小肠平滑肌在适宜的条件下仍能保持平滑肌的生理特性，可用来观察理化因素对平滑肌生理特性的影响。

【实验动物】

家兔。

【器材及药品】

常规手术器械、恒温平滑肌浴槽、生物信号采集处理系统、张力换能器、5 mL 注射器、丝线、铁架台、长滴管、台氏液、0.01% 肾上腺素、0.01% 乙酰胆碱、1% $CaCl_2$ 溶液、1 mol·L^{-1}

HCl 溶液、$1 \ mol \cdot L^{-1} \ NaOH$。

【方法及步骤】

1. 实验准备

（1）恒温平滑肌浴槽装置

向中央标本槽内加入台氏液至浴槽高度的 2/3 处。外部容器为水浴锅，加入蒸馏水。开启电源，恒温工作点定在 38℃（图 6-2）。

（2）标本制备

向兔耳缘静脉注射空气（或用木棒猛击兔的后脑部）使其致死，仰卧保定于手术台上，腹部剪毛后，沿正中线切开皮肤和腹壁，找到胃，以胃幽门与十二指肠交界处为起点，快速沿肠缘剥离肠系膜，然后再剪取 20 ~ 30 cm 长的十二指肠，置于 4℃左右的台氏液中轻轻漂洗，可用注射器向肠腔内注入台氏液冲洗肠腔内壁，并置于 4 ~ 6℃台氏液中备用。实验时将肠管剪成 2 ~ 3 cm 的肠段，用丝线结扎肠段两端，将一端结扎线连于标本槽内的标本固定钩上，另一端连于张力换能器，适当调节换能器的高度，使其与标本之间松紧度合适。肠段必需垂直，并且不能与标本槽壁接触，避免摩擦。调节通气管，使气泡均匀溢出。

（3）仪器连接与调试

将张力换能器输入端与生物信号采集处理系统的通道相连，进入生物信号采集处理系统，选择离体小肠平滑肌的生理特性实验项目。

2. 实验项目

（1）观察、记录 38℃台氏液中的肠段收缩曲线。

（2）观察、记录 25℃台氏液中的肠段收缩曲线。

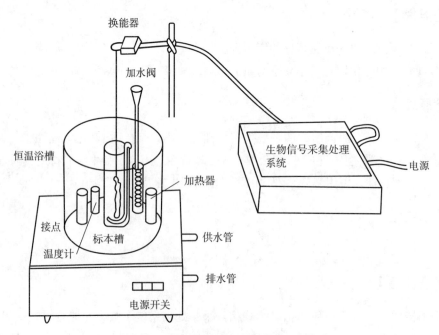

图 6-2   离体小肠平滑肌灌流装置示意图

（3）待中央标本槽内的台氏液的温度稳定在38℃后，加0.01%肾上腺素1~2滴于中央标本槽中，观察肠段收缩曲线的改变。在观察到明显的作用后，用预先准备好的38℃台氏液冲洗3次。

（4）待肠段活动恢复正常后，加0.01%乙酰胆碱1~2滴于中央标本槽中，观察肠段收缩曲线的改变，观察到明显的作用后，同上法冲洗肠段。

（5）向中央标本槽内加入1 mol·L^{-1} HCl溶液1~2滴，观察肠段收缩曲线的改变，观察到明显的作用后，向标本槽内加入1 mol·L^{-1} NaOH溶液1~2滴，观察现象。待作用出现后同上法冲洗肠段。

（6）向中央标本槽内加入1% CaCl$_2$溶液2~3滴，观察肠段收缩曲线的改变。

【注意事项】

1. 实验动物先禁食24 h，于实验前1 h喂食，然后处死，取出标本，肠运动效果更好。

2. 标本安装好后，应在38℃台氏液中稳定5~10 min，有收缩活动时即可开始实验。

3. 注意控制温度。加药前，要先准备好更换用的38℃台氏液，每个实验效果明显后，应立即用38℃台氏液冲洗，待肠段活动恢复正常后，再进行下一个实验项目。

4. 实验项目中所列举的药物剂量为参考剂量，若效果不明显，可以增补剂量，但要防止一次性加药过量。

【思考题】

1. 比较维持哺乳动物离体小肠平滑肌活动和维持离体蛙心活动所需的条件有何不同？为什么？

2. 加入阿托品，再加入乙酰胆碱，肠段收缩活动有何变化？与直接加入乙酰胆碱有何不同？为什么？

第七章

体温与能量代谢生理

▶ 实验 7-1　小鼠耗氧量的测定及能量代谢率的测算

【目的要求】

了解能量代谢的间接测定原理及计算方法。

【实验原理】

通过测定动物在一定时间内的耗氧量，可以计算其代谢率。动物的生长、体温的维持、运动和做功等所需的能量都是由体内储存的糖、脂肪、蛋白质氧化分解而产生的。该过程需要吸收 O_2，产生 CO_2、H_2O 和能量（热量）。物质在体内氧化分解和在体外氧化分解（燃烧）的规律是一致的，即物质在分解氧化时消耗 1 L 氧所释放的热量是一致的，称为该物质的氧热价。根据氧热价，如果知道单位时间内用于氧化分解某种物质所消耗的氧量，就可以计算出某物质释放的能量，并了解该动物当时体内营养物质分解代谢的情况。

【实验动物】

小鼠（或大鼠）。

【器材及药品】

鼠笼、鼠饮水器、500 mL 广口瓶、胶塞、温度计、水检压计、10 mL 注射器、铁丝篮、秒表、橡皮管、钠石灰、液体石蜡、甲基蓝溶液。

【方法及步骤】

1. 按图 7-1 安装测定小动物耗氧量的简单装置，然后在注射器内涂抹少许液体石蜡，往返抽送数次，使液体石蜡在注射器内壁形成均匀薄层，以防止气体逸出。水检压计的水柱应放至"0"刻度，水中可加少量甲基蓝溶液，方便读数。

2. 检查装置是否漏气方法：用注射器推进一定量（5 mL）的气体，使水检压计一侧水柱液面上升到一定高度，然后夹闭进气管。静置数分钟后，如水柱液面稳定，表示装置密封良好，可以进行实验。

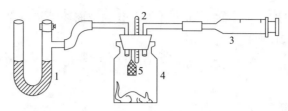

图 7-1　测定小动物耗氧量的简单装置
1. 水检压计　2. 温度计　3. 注射器　4. 广口瓶　5. 铁丝篮（钠石灰）

3. 把小鼠放入广口瓶内，塞紧胶塞，等待 3~5 min，让动物适应测定环境并使瓶内的温度稳定，记录瓶内的温度。

4. 再次在注射器内装入 10 mL 空气，然后将注射器向前推进 2~3 mL，可见水检压计与大气相通的水柱液面升高，同时记下时间。由于小鼠代谢过程中消耗了 O_2，并且产生的 CO_2 又被广口瓶内的钠石灰吸收，所以广口瓶内气体逐渐减少，水柱液面也随之回降。待液面降至原来水平时，再将注射器向前推进 2~3 mL，如此重复进行，直至推入 10 mL 为止。待水检压计两边的水柱液面降到同一水平时，记下时间。从开始至此时即为消耗 10 mL O_2 所需的时间。据此可计算出小鼠每小时的耗氧量（V）。

5. 计算能量代谢率

（1）耗氧量（V）校正为标准状态下的气体容量（V_0）

$$V_0 = KV$$

式中 K 为标准状态气体容积换算系数，根据实验室气压和温度从附录八中查得。

（2）假定小鼠所食为混合食物，呼吸商为 0.82，相应的氧热价为 20.188 $kJ \cdot L^{-1}$。

（3）小鼠每小时产热量 $Q = V_0 \times 20.188$ kJ。

（4）小鼠的体表面积（S）可从表 7-1 查得。体重 20 g 以下者，可按 Rubmer 公式计算：$S = 0.0913 W^{2/3}$（S 为体表面积，单位为 m^2，W 为体重，单位为 kg）。

表 7-1　小鼠的体表面积

体重 /g	体表面积 /m^2	体重 /g	体表面积 /m^2
20	0.006 7	26	0.008 0
21	0.006 9	27	0.008 2
22	0.007 2	28	0.008 4
23	0.007 4	29	0.008 6
24	0.007 6	30	0.008 8
25	0.007 8		

（5）计算小鼠的能量代谢率 EMR = Q/S，单位为 $kJ \cdot (m^2 \cdot h)^{-1}$。

【注意事项】

1. 整个系统的活塞要塞紧，确保不漏气。

2. 注射 5 mL 空气入广口瓶内时，压力计中上升的液面要维持恒定，如果液面自动迅速下降，则是漏气，并非小鼠呼吸造成的。

3. 本实验所求得的数值为近似值。如通入 O_2 以代替空气，并按标准状况校正气体容积，则可获得较准确的数值。

4. 钠石灰要新鲜干燥。

5. 实验开始时和消耗 10 mL O_2 后所观察的水柱液面一定要水平，记下准确的时间，计算时才能缩小误差。

6. 为了便于观察可将水检压计内的水染成蓝色或红色。

【思考题】

1. 能量代谢受哪些因素影响？
2. 利用耗氧量如何计算代谢率？

▶ 实验 7-2　甲状腺激素对机体代谢的影响

【目的要求】

观察甲状腺激素对机体代谢的影响。

【实验原理】

甲状腺激素能使动物的基础代谢率增高，耗氧量增多，对缺氧更为敏感。所以，动物应用甲状腺激素制剂后，放入密闭的容器内，容易因缺氧窒息而死亡。

【实验动物】

小鼠。

【器材及药品】

鼠笼、鼠饮水器、注射器、小鼠灌喂针、1000 mL 广口瓶、测量耗氧量装置、甲状腺激素制剂。

【方法及步骤】

1. 将 20 只健康小鼠按性别、体重（18～22 g）随机分为对照组和给药组，每组 10 只。

2. 给药组小鼠可采用灌胃法给予甲状腺激素制剂，每日 5 mg，连续给药 2 周。对照组小鼠给予等体积的生理盐水。

3. 试验方法有两种，可选其一进行。

（1）将每只小鼠分别放入容积 1000 mL 的广口瓶中，把瓶口密封后，立即观察动物的活动，并记录其存活时间。最后汇总全组动物的实验结果，计算平均存活时间，并与对照组结果进行比较。

（2）按实验7-1的方法将每只小鼠分别放入测定耗氧量装置的广口瓶中，分别测定它们的耗氧量，最后汇总全组动物的实验结果，计算平均耗氧量，实验组与对照组进行比较。

【注意事项】

1. 室温升高能增加动物对缺氧的敏感性，故实验室温度应保持在25℃左右为宜。
2. 据报道，本实验选用雄性动物结果较稳定。

【思考题】

1. 影响代谢率的因素有哪些？
2. 甲状腺激素如何调节机体的代谢？

▶ 实验7-3　几种常用实验动物体温的测定

【目的要求】

熟悉动物体温的测定方法，了解健康动物的体温状况。

【实验原理】

机体各部分之间存在着温度的差异，体表温度一般较体内温度低，健康动物体表各部分皮肤温度的分布也是不均匀的，它取决于局部血管的分布情况、皮肤的裸露程度及被毛的厚度。而且皮肤温度与环境温度有密切的关系。这不仅是由于环境温度能直接影响皮肤的物理性散热，而且还由于环境温度可通过刺激皮肤的温度感受器，反射性地改变皮肤血管的口径和影响竖毛肌的舒缩，使体温的散失增加或减少。因此，测定动物的体温有助于了解其健康状况和皮肤温度分布的一般规律，以及机体当时体热散失的状况。

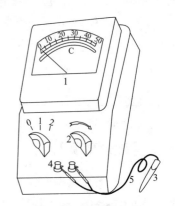

图7-2　半导体点温计
1. 电表　2. 旋钮　3. 测定管
4. 接线柱　5. 导线

【实验动物】

小鼠、大鼠、家兔等。

【器材及药品】

普通体温计（肛表、口表）、半导体点温计（图7-2）、数字体温计。

【方法及步骤】

动物体温测定可采用普通体温计（肛表、口表）法、半导体温度计法或数字体温计法。为防止测定过程中动物挣扎，以至于挫伤肠壁或折断体温计，在测定前应先固定好动物。

1. 普通体温计法

一般采用肛表测温法。实验动物固定好后，将肛表体温计慢慢插入实验动物的直肠，并由实验者右手固定体温计，使肛表体温计在直肠保留 3 min 后取出读数。插入直肠的深度取决于动物的大小，犬、猫、兔 3.5 ~ 5 cm，豚鼠 3.5 cm，大鼠、小鼠 1.5 ~ 2.0 cm。

2. 半导体点温计法

（1）测定时，先将左边的旋钮拨到"1"，此时指针应指在电表刻度最后 1 格的线上，如果不到，则轻轻地转动右边的旋钮予以调整，再将左边旋钮拨到"2"处，此时指针所指的温度为外界环境温度，然后即可进行测定。

（2）在动物身体的不同部位（如鼻、额、背、腹侧、腹下、上臂、腋下、大腿、肋部、前蹄、后蹄等处）选择数点，作测定部位。将测定管的尖端接触测定部位 6 ~ 7 s，待电表指针稳定后，指针所指的度数，即为该部位的温度值。

3. 数字体温计法

（1）数字体温计采用热敏电阻作为测温元件，测温准确、迅速，测温结果以数字形式直接显示出来。它适用于连续和同时测量动物机体各部位，如口腔、肛门及皮肤各部分的温度。

（2）接通电源插座，打开电源开关，将传感器贴紧被测动物的某一部位，数字管便将测温的结果准确清楚地显示出来。

（3）最后将所测得的结果填于表 7-2 并分析其结果。

表 7-2　各部位的温度　　　　　　　　　　　　　　　　　单位：℃

环境温度	直肠	皮肤温度									
		鼻	额	背	腹侧	腋下	上臂	大腿	肋部	前蹄	后蹄

【注意事项】

1. 一般注意事项

（1）检查肛表汞柱是否已甩下来，半导体点温计的指针是否指在零位。

（2）环境温度对动物体温的测定有一定的影响，一般环境温度应控制在 18 ~ 28℃。

（3）测量温度时应连续测定至少 3 次，取平均值。

（4）为了使插入深度一致，可用胶皮管套在温度计上，作为"限止环"。

（5）保证每次测定时间一致。

（6）防止有大便阻塞和动物挣扎造成直肠损伤及出血现象。

（7）测定时尽可能使动物处于自然状态，勿使其过于紧张、恐惧。

2. 数字体温计测温时还应注意以下事项

（1）热敏电阻传感器在测温和保存中应避免与硬物碰撞，否则将损坏元件。

（2）传感器消毒方式：采用无毒聚乙烯薄膜套在传感器头部，膜套使用前已经过严格消毒，每次测温完毕应立即取下，下次测温使用时另换新套。

【思考题】

1. 恒温动物的体温是如何维持的？

2. 在寒冷条件下，动物维持体温相对恒定的过程中，其皮肤温度是否发生变化？

第八章

泌尿生理

▶| 实验 8-1　尿生成的影响因素

【目的要求】

学习用膀胱套管或输尿管套管引流的方法，观察不同生理因素对动物尿量的影响，加深对尿生成调节的理解。

【实验原理】

尿的生成过程包括肾小球的滤过作用、肾小管和集合管的选择性重吸收作用及肾小管和集合管的分泌与排泄作用。肾小球的滤过作用主要受肾小球滤过膜的通透性、肾小球有效滤过压和肾小球血浆流量等因素的影响，其中有效滤过压的大小取决于肾小球毛细血管内血压、血浆胶体渗透压和肾小球囊内压。肾小管和集合管的选择性重吸收主要受小管液溶质浓度和血液中抗利尿激素及肾素 – 血管紧张素 – 醛固酮系统等因素的影响，凡是影响上述过程的因素都可引起尿量的改变。

【实验动物】

家兔。

【器材及药品】

生物信号采集处理系统、压力换能器、小动物手术台、手术器械、膀胱套管、气管插管、记滴与刺激两用电极、动脉夹、铁架台、烧杯、缝合针、注射器、丝线、试管、试管夹、培养皿、酒精灯、纱布、20% 氨基甲酸乙酯溶液（乌拉坦）、20% 葡萄糖溶液、0.01% 肾上腺素、生理盐水、速尿（呋塞米）、抗利尿激素（垂体后叶素）、10% NaOH 溶液、班氏试剂等。

【方法及步骤】

1. 手术操作

（1）麻醉　称重后，按 5 mL/kg 体重的剂量，耳缘静脉注射 20% 氨基甲酸乙酯溶液麻醉家兔，待其麻醉后仰卧固定于手术台上。

（2）颈部手术 剪去颈前部被毛，沿颈正中线切开皮肤 5 ~ 6 cm，用止血钳纵向分离软组织及颈部肌肉，暴露气管，游离一段气管，用剪刀在甲状软骨下三至四软骨环处作倒"T"形切口，插入气管插管，并结扎固定。分离与气管平行的右侧血管神经鞘，细心分离出右侧鞘膜内的迷走神经，在其下穿线备用。分离左侧颈总动脉，在其下穿两条丝线，进行动脉插管，具体方法参见第一章第二节（见图 1-30），记录血压，动脉血压记录方法参见实验 4-9。用温生理盐水纱布覆盖创面。

（3）尿液的收集 可选用膀胱套管法或输尿管插管法（图 8-1），具体操作如下：

膀胱套管法：在耻骨联合前方找到膀胱，在其腹面正中作一荷包缝合，再在中心剪一小口，插入膀胱套管，收紧缝线，固定膀胱套管，并在膀胱套管及所连接的胶管内充满生理盐水，连于记滴装置（对于雌性动物，为防止尿液经尿道流出，影响实验结果，可在膀胱颈部结扎）。

输尿管插管法：找到膀胱后，将其移出体外，再在膀胱底部找出两侧输尿管，在输尿管靠近膀胱处分离输尿管，用细线在其下打一松结，在结下方的输尿管上剪一小口，向肾脏方向插入一条适当大小的塑料管，并将松结抽紧以固定插管，另一端连至记滴器上以便记滴。

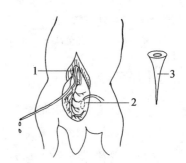

图 8-1 兔输尿管插管法和膀胱套管法收集尿液
1. 输尿管 2. 插膀胱导管部位
3. 膀胱导管

2. 仪器连接

将压力换能器接在生物信号采集处理系统的 2 通道，尿滴记录线接在计滴器上，通过计滴器与生物信号采集处理系统的 4 通道连接，记录尿的滴数。刺激电极与系统的刺激输出相连。手术和实验装置连接完成后，放开动脉夹，进行项目观察，记录血压和尿量。

3. 项目观察

（1）记录实验前动物的基础尿量（滴/分，可连续计数 5 ~ 10 min）作为正常对照数据，同步记录动脉血压曲线作为参考曲线。

（2）自耳缘静脉快速注射 38℃的 0.9% 氯化钠溶液 20 mL，观察血压和尿量的变化。

（3）结扎并剪断右侧迷走神经，连续刺激迷走神经的离中端 20 ~ 30 s，使血压降至 6.67 kPa（50 mmHg）左右，观察血压和尿量的变化。

（4）自耳缘静脉注射 20% 葡萄糖 5 mL，观察尿量的变化。当尿量显著变化时，取流出的尿液 2 滴作一次尿糖定性试验，观察有无尿糖。

（5）自耳缘静脉注射 38℃的 20% 葡萄糖溶液 10 mL，计数每分钟尿分泌的滴数。

（6）自耳缘静脉注射 0.01% 肾上腺素 0.5 ~ 1 mL，观察血压和尿量的变化。

（7）自耳缘静脉注射速尿（5 mg/kg 体重），观察尿量的变化。

（8）自耳缘静脉注射抗利尿激素 1 ~ 2 IU（0.2 mL），观察血压和尿量的变化。

【注意事项】

1. 选择家兔体重在 2.5 ~ 3.0 kg，实验前多喂菜叶，或用橡皮导尿管向兔胃内灌入 40 ~ 50 mL

清水，以增加基础尿量。

2. 手术动作要轻柔，腹部切口不宜过大，以免造成损伤性闭尿。剪开腹壁避免伤及内脏。

3. 因实验中要多次进行耳缘静脉注射，因此要注意保护好兔的耳缘静脉。应从耳缘静脉的远端开始注射，逐渐向耳根部推进。

4. 输尿管插管或制备膀胱套管时，注意避免插入膀胱壁或管壁各层之间；插管要妥善固定，不能扭曲，否则会阻碍尿的排出。

5. 实验顺序的安排是增加和减少尿量的因素交替进行，一项实验需在上一项实验作用消失，尿量基本恢复正常水平时再开始。

6. 刺激迷走神经强度不宜过强，时间不宜过长，以免血压过低，心跳停止。

【思考题】

1. 临床上对患病动物静脉快速滴注大量生理盐水后，尿量有何变化？为什么？

2. 静脉注射20%葡萄糖溶液对尿量的影响如何？为什么会出现尿糖？

3. 静脉注射速尿和抗利尿激素分别对尿量有何影响？

第九章

中枢神经生理

▶| 实验 9-1　反射时的测定与反射弧的分析

【目的要求】

1. 学习反射时的测定方法。
2. 了解反射弧的组成。

【实验原理】

反射是机体在中枢神经系统的参与下，对内外环境刺激所发生的规律性应答反应。反射是神经系统的基本活动方式。较简单的反射只需通过中枢神经系统较低级的部位就能完成，而较复杂的反射需要由中枢神经系统较高级的部位整合才能完成。在脊髓和高位中枢之间横断，仅保留脊髓的动物称为脊动物。此时动物的各种反射活动为单纯的脊髓反射。由于脊髓已失去了高级中枢的正常调控，所以反射活动比较简单，便于观察和分析反射过程的某些特征。

神经反射的结构基础是反射弧。一个完整的反射弧由下列 5 部分组成：感受器、传入神经、神经中枢、传出神经和效应器。反射弧的完整性是确保反射活动得以发生的物质结构基础，反射弧中任何一个环节的解剖结构或生理完整性受到破坏，反射活动都无法实现。

生理学上把从感受器接受刺激到效应器发生反应所经历的时间称为反射时。反射时包括感受器兴奋的潜伏期、冲动在传入神经上传导的时间、中枢延搁时间、冲动在传出神经上传导的时间、神经 - 肌肉接头的延搁及肌肉兴奋和收缩的潜伏期等。反射时的长短与刺激强度有关，在一定范围内，反射时随刺激强度的增加而逐渐变短。

【实验动物】

蛙或蟾蜍。

【器材及药品】

蛙类手术器械、万能支架、秒表、蛙板、培养皿（或 10 mL 小烧杯）、烧杯（500 mL 或搪瓷杯）、滤纸片、纱布、脱脂棉、细线、大头针、硫酸溶液（0.25%、0.5%、1%）、盐酸溶液（0.5%、1%）等。

【方法及步骤】

1. 脊动物的制备

取蛙（或蟾蜍）1只，将毁髓针垂直插入枕骨大孔，向前捣毁脑组织并在脊髓和高位中枢之间彻底横断，保留脊髓（即制备脊动物）。在毁脑后的短暂时间内，动物的脊髓反射会消失，观察并记录脊髓反射恢复所需要的时间。

用毁髓针在动物的下颌处穿孔，用短线悬挂在万能支架上（图9-1），待其安静后，进行以下实验。

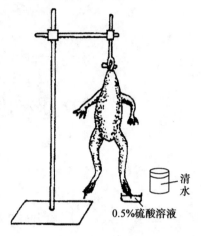

图9-1　反射弧分析（陈克敏，2001）

2. 反射时的测定

（1）在培养皿内盛适量的0.25%硫酸溶液，将蛙（或蟾蜍）右后肢的最长趾浸入硫酸溶液2~3 mm，同时按动秒表开始记录时间，当屈肌反射一出现立刻停止计时，并立即将该足趾浸入大烧杯水中浸洗，然后用纱布擦干。记录此次反射的反射时。用上述方法重复3次，注意每次浸入趾尖的深度要一致，脚趾浸酸的时间不超过10 s，每次测定后必须休息1~2 min才可以进行下一次测定。如果3次测定结果比较平行，可将3次所测时间的平均值定为该反射的反射时。

（2）按步骤（1）所述方法依次测定0.5%、1%硫酸溶液刺激所引起的屈肌反射的反射时。比较3种浓度的硫酸所测得的反射时是否相同。

3. 反射弧的分析

（1）用培养皿盛0.5% HCl溶液分别刺激左右两后肢最长趾趾端，均出现屈肌反射。实验完毕将动物浸于盛有清水的大烧杯内洗净脚趾，并用纱布擦干。

（2）在右后肢最长趾趾关节上作1个环形皮肤切口，将切口以下的皮肤全部剥除，再用0.5% HCl溶液刺激右脚趾，观察是否出现反射，洗净脚趾，分析原因。

（3）将浸过1% HCl溶液的滤纸片（约1 cm×1 cm）贴在右后肢的皮肤上，观察是否出现屈肌反射。

（4）将动物俯卧位固定在蛙板上，于右侧大腿背部纵行剪开皮肤，在股二头肌和半膜肌之间的肌沟内找到坐骨神经干（位置不能太低，分支尽量剪断），拉出坐骨神经，将其剪断。

（5）重复上述步骤（3）的操作，观察是否有屈肌反射出现，并分析原因。

（6）用1% HCl滤纸片（约1 cm×1 cm）刺激蛙背部或腹部的中央部分，可见左后肢出现搔扒反射，右后肢的大腿部分有反射性运动，而小腿和脚趾不动，分析原因。

（7）将右后肢大腿处的肌肉剪断，重复步骤（6）的操作，可见左后肢出现搔扒反射，右后肢（包括大腿部分）完全不动，分析原因。

（8）用毁髓针破坏脊髓，重复步骤（6）的操作，观察有无反射出现，说明原因。

【注意事项】

1. 毁脑时要彻底，否则影响实验现象的观察。

2. 毁脑时不可伤及脊髓，以免破坏脊髓反射中枢。

3. 每次实验时要使皮肤接触酸的面积不变，以保持相同的刺激强度。

4. 剥脱脚趾皮肤要完全，若剩留少量皮肤会影响实验结果。

5. 每次刺激后要立即洗去酸液，以免损伤皮肤，影响后续实验。

【思考题】

1. 右侧坐骨神经被剪断后，动物的反射活动发生了什么变化？这是损伤了反射弧的哪一部分？为什么对侧后肢会出现反应？

2. 完全损毁中枢神经以后，用电直接刺激肌肉，还收缩吗？如果收缩，这叫作反射吗？为什么？

3. 怎样才能使反射时的测定更加精确？

▶ 实验 9-2　脊髓背根与腹根的机能

【目的要求】

1. 学习暴露脊髓和分离脊神经背、腹根的方法。
2. 了解脊髓背根和腹根的不同机能。

【实验原理】

利用脊蛙标本，分别刺激脊髓的背根和腹根；再剪断背根和腹根，分别刺激其向中端和离中端，发现背根和腹根是专一特异地分别由传入和传出纤维组成，分别负责感觉的传入和运动指令的传出。若切断背根，则相应部位的刺激不能传入中枢；若切断腹根，不能传出冲动，则其支配的效应器也不再发生反应。

【实验动物】

蛙或蟾蜍。

【器材及药品】

常规手术器械、生物信号采集处理系统（或刺激器）、双针形露丝刺激电极、蛙板、滴管、玻璃分针、脱脂棉、红色和白色细丝线、任氏液等。

【方法及步骤】

1. 制备脊动物（见实验 9-1），并将其俯卧固定在蛙板上。沿背部中线剪开皮肤，向前开口至耳后腺水平，向后开口至尾杆骨中段。用剪刀小心剪去脊椎两侧的纵行肌肉及椎间肌肉，暴露椎骨（图 9-2）。

2. 提起尾椎骨，在接近第九椎骨的后缘处，将尾椎剪断。再由后向前剪开 3~4 节椎弓，暴露灰黑色的硬脊膜。小心挑开硬脊膜，就可看到脊神经根。

　　3. 用任氏液冲洗脊髓马尾部，小心识别第7～10对脊神经背根和腹根（图9-3）。用玻璃分针分离第九对脊神经的背、腹根（背根近椎间孔处有淡黄色、半个小米粒大小的脊神经节）。将同一节的两侧背根分别穿两条白色丝线，腹根分别穿两条红色丝线备用。细丝线提前用任氏液浸湿。

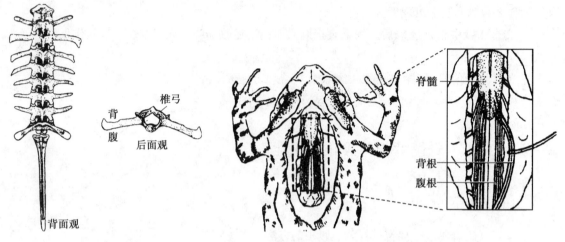

图9-2　蟾蜍椎骨（解景田，2002）　　　　　图9-3　蟾蜍脊髓背、腹根的暴露（解景田，2002）

　　4. 放松两后肢，打开生物信号采集处理系统（或刺激器），调节刺激参数，用适当强度的电流分别刺激背根和腹根，都引起后肢屈曲。

　　5. 将左侧背根作双结扎。在两结扎间剪断神经，分别刺激中枢端和外周端，后者应该无反应。

　　6. 在同侧腹根上作双结扎，并在两结扎间剪断神经。分别刺激中枢端和外周端，前者应无反应。

　　7. 再刺激同侧背根的中枢端，同侧后肢不再有反应，对侧后肢应仍有反应。

　　8. 同上法剪断对侧第九对脊神经的腹根。分别刺激中枢端和外周端，前者应无反应。此时再刺激左侧背根的中枢端，对侧后肢也不再有反应。

【注意事项】

　　1. 脊髓的背根和腹根都很细，容易断，在分离、穿线和刺激时，都必须十分小心。

　　2. 选用的背、腹根必须是同一脊髓节段的一对，否则不能比较其作用。

【思考题】

　　1. 如何区别一条神经是传入神经还是传出神经？

　　2. 操作步骤4～8的目的分别是验证脊髓背、腹根的什么机能？

　　3. 为什么实验所用的脊髓背根和腹根必须为同一个脊髓节段？

▶| 实验 9-3　脊髓反射

【目的要求】

1. 认识脊髓反射的基本特征。
2. 观察反射的抑制现象。

【实验原理】

完成一个反射所需要的时间称为反射时。反射时除与刺激强度有关外，还与反射弧在中枢交换神经元的多少及有无中枢抑制存在有关。由于中间神经元连接的方式不同，反射活动的范围和持续时间，反射形成难易程度都不一样。

由单根传入纤维传入的一次冲动一般不能引起反射性反应，但却能引起中枢产生局部兴奋。如果由同一传入纤维先后连续传入多个冲动，或许多条传入纤维同时传入冲动至同一神经中枢，则阈下兴奋可以总和起来，达到一定水平就能发放冲动。

【实验动物】

蛙或蟾蜍。

【器材及药品】

蛙类手术器械、万能支架、秒表、生物信号采集处理系统（或刺激器）、双针形露丝刺激电极、鳄鱼夹、培养皿（或 10 mL 小烧杯）、烧杯（500 mL 或搪瓷杯）、滤纸片、纱布、细线、大头针、硫酸溶液（0.25%、0.5%、1%）等。

【方法及步骤】

1. 按照实验 9-1 所示的方法制备脊动物。用毁髓针在动物的下颌处穿孔，用短线悬挂在万能支架上，待脊休克恢复且动物安静后，进行以下实验。
2. 以浸有 0.5% 硫酸的小滤纸片贴于蛙的腹侧部，观察搔扒反射。
3. 按照实验 9-1 所示的方法测定不同浓度硫酸溶液刺激所引起的屈肌反射的反射时。
4. 先用鳄鱼夹夹住蛙大腿根部的皮肤，待蛙不动后，再将后肢用 0.25%（或 1%）的硫酸溶液刺激，测定并记录反射时。比较此时反射时与步骤 3 的区别。
5. 用单个电脉冲刺激一侧后肢足背部的皮肤，由小到大调节刺激强度，测定引起屈肌反射的阈刺激强度。
6. 将电极放在一侧后肢足背的皮肤上，先给予弱的连续阈上刺激观察发生的反应，然后依次增加刺激强度，观察每次增加刺激强度所引起的反应范围是否扩大，同时观察反应持续时间的变化。并以秒表计算自刺激停止起，到反射动作结束之间共持续多长时间。比较弱刺激和强刺激的结果有何不同。

7. 用略低于阈强度的连续电刺激，刺激一侧后肢足背皮肤，观察频率变为多大时，出现屈肌反射。

8. 用两个略低于阈强度的阈下刺激，同时刺激一侧后肢足背相邻两处皮肤（距离不超过0.5 cm），观察是否出现屈肌反射。

【注意事项】

1. 电刺激时，注意保持皮肤湿润，避免皮肤干燥使电阻增大。
2. 每个实验项目进行完毕后应使实验动物稍事休息，以免影响反应活性。

【思考题】

1. 用鳄鱼夹夹住蛙大腿部分皮肤的目的是什么？
2. 用两个阈下刺激同时刺激后足背相邻两处皮肤时，为什么距离不能太大？
3. 用单脉冲刺激一侧后肢足背部的皮肤时，可以由大到小调节刺激强度，测定屈肌反射的阈刺激吗？

▶ 实验 9-4　大脑皮层运动区的机能定位

【目的要求】

1. 学习哺乳动物的开颅方法。
2. 通过电刺激兔大脑皮层不同区域，观察相关肌肉的收缩，了解皮层运动区与肌肉运动的定位关系及其特点。

【实验原理】

大脑皮层运动区是躯体运动的高级中枢。皮层运动区对肌肉运动的支配呈有序的排列状态，且随动物的进化逐渐精细，鼠和兔的大脑皮层运动区机能定位已具有一定的雏形。电刺激大脑皮层运动区的不同部位，能引起特定的肌肉或肌群的收缩。

【实验动物】

家兔。

【器材及药品】

动物体重秤、注射器、6 号针头、小动物手术台、绑带、哺乳类动物手术器械、颅骨钻、咬骨钳、气管插管、生物信号采集处理系统（或刺激器）、刺激电极、骨蜡（或明胶海绵）、脱脂棉、棉线、恒温水浴锅、20% 氨基甲酸乙酯溶液、生理盐水、液体石蜡等。

【方法及步骤】

1. 称重，耳缘静脉注射 20% 氨基甲酸乙酯溶液麻醉家兔（5 mL/kg 体重），注意麻醉不宜过深。待动物达到浅麻醉状态后，背位固定于兔手术台上。

2. 颈部常规手术，气管插管，暴露双侧颈总动脉，其下穿线以备必要时结扎止血。

3. 翻转动物，改为俯卧位固定。剪去头顶部的被毛，从眉间至枕部将头皮和骨膜纵行切开，用刀柄向两侧剥离肌肉和骨膜，暴露额骨和顶骨（图 9-4）。用颅骨钻在一侧的顶骨上开孔，位置为纹状缝后、矢状缝外的骨板上。然后将咬骨钳小心伸入孔内，自孔处向四周咬骨以扩大创口。向前开颅至额骨前部，向后开至顶骨后部及人字缝之前（切勿掀动人字缝前的顶骨，以免出血不止）。按图 9-4 所示的开颅区域，暴露双侧大脑半球。

4. 用注射针头或三角缝针挑起硬脑膜，小心剪去创口部位的硬脑膜，暴露脑组织。将 37℃ 的生理盐水浸湿的薄棉片盖在裸露的大脑皮层上（或滴液体石蜡），以防皮层干燥。术中要随时注意止血，防止伤及大脑皮层和矢状窦。若遇到颅骨出血，可用骨蜡或明胶海绵填塞止血。

5. 放松动物四肢，用棉球吸干脑表面的液体。打开生物信号采集处理系统（或刺激器），选择适宜的刺激参数（波宽 0.1~0.2 ms，频率 20~50 Hz，刺激强度 10~20 V，每次刺激时间为 5~10 s、刺激间隔约 1 min）。将刺激电极接触皮层表面，逐点依次刺激大脑皮层运动区的不同部位，观察躯体运动情况。实验前预先画一张兔大脑半球背面观轮廓图，并将观察到的反应标记在图上（图 9-5）。

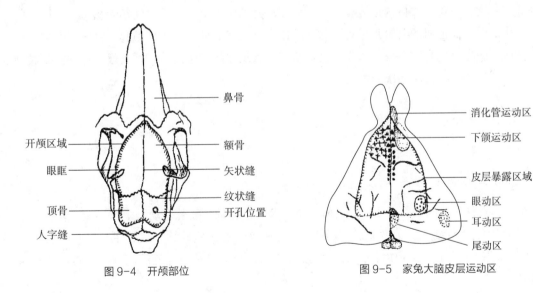

图 9-4 开颅部位　　　　　　　图 9-5 家兔大脑皮层运动区

【注意事项】

1. 麻醉不宜过深。

2. 开颅术中应随时止血，注意勿伤及大脑皮层。

3. 刺激大脑皮层时，刺激不宜过强。刺激的强度应从小到大进行调节，否则影响实验结果。

4. 刺激大脑皮层引起的骨骼肌收缩，往往有较长的潜伏期，故每次刺激持续 5~10 s 才能确定有无反应。

【思考题】

1. 为什么在开颅之前要对动物进行气管插管手术？
2. 电极刺激大脑皮层引起肢体运动往往是左右交叉反应，为什么？
3. 能否用其他的动物进行大脑皮层运动区的机能定位实验？

▶ 实验 9-5　去大脑僵直

【目的要求】

1. 学习去大脑的方法。
2. 观察去大脑僵直现象，证明中枢神经系统有关部位对肌紧张有调控作用。

【实验原理】

中枢神经系统对肌紧张具有易化和抑制作用。这是通过脑干网状结构的易化区和抑制区的活动来实现的。通常情况下，易化区活动较强，抑制区活动相对较弱，正是两者的平衡保持骨骼肌适当的紧张度，以维持机体的正常姿势。如果在动物的中脑上、下丘之间切断脑干，则屈肌的肌紧张作用减弱，而伸肌的肌紧张相对增强，动物会出现四肢伸直、头尾昂起，脊背后弯呈角弓反张等伸肌紧张亢进的特殊姿势，称为去大脑僵直。该现象的产生是由于抑制区的活动需要大脑皮质、尾状核等的下行抑制系统的控制。

【实验动物】

家兔。

【器材及药品】

动物体重秤、注射器、6 号针头、小动物手术台、绑带、哺乳类动物手术器械、切脑刀、生物信号采集处理系统（或刺激器）、双针形露丝刺激电极、颅骨钻、咬骨钳、气管插管、骨蜡（或明胶海绵）、纱布、脱脂棉、棉线、恒温水浴锅、20% 氨基甲酸乙酯溶液、生理盐水、液体石蜡等。

【方法及步骤】

1. 称重，耳缘静脉注射 20% 氨基甲酸乙酯溶液麻醉（5 mL/kg 体重）家兔，注意麻醉不宜过深。待动物达到浅麻醉状态后，背位固定于兔手术台上。
2. 颈部剪毛，沿颈正中线切开皮肤，暴露气管，安置气管插管；找出两侧的颈总动脉，穿线结扎，以避免开颅时出血太多。

3. 翻转动物，改为俯卧位固定。剪去头顶部的被毛，从眉间至枕部将头皮和骨膜纵行切开，用刀柄向两侧剥离肌肉和骨膜，暴露额骨和顶骨。用颅骨钻在一侧的顶骨上开孔，位置为冠状缝后、矢状缝外的骨板上。然后将咬骨钳小心伸入孔内，自孔处向四周咬骨以扩大创口。向前开颅至额骨前部，向后开至顶骨后部及人字缝之前（切勿掀动人字缝前的顶骨，以免出血不止）。按图 9-4 所示的开颅区域，暴露双侧大脑半球（图 9-6）。

4. 用注射针头或三角缝针挑起硬脑膜，小心剪去创口部位的硬脑膜，暴露脑组织。将 37℃ 的生理盐水浸湿的薄棉片盖在裸露的大脑皮层上（或滴液体石蜡），以防皮层干燥。术中要随时注意止血，防止伤及大脑皮层和矢状窦。若遇到颅骨出血，可用骨蜡或明胶海绵填塞止血。

5. 用湿的纱布将大脑推向前方，可清楚地看到小脑蚓部和中脑四叠体（上、下丘各一对）。

6. 松开动物四肢，左手托起下颌，右手用切脑刀在上、下丘之间，略向前倾（45°）切向颅底，可左右摆动切脑刀，以便彻底切断脑干。若切断的位置准确，一入刀动物就会强烈挣扎，此时手术者不要松手，应坚持切到颅底。

7. 使兔侧卧，几分钟后，可见兔的四肢伸直，头昂起，尾上翘，脊背后弯，呈角弓反张状态，即出现去大脑僵直现象（图 9-7）。初学者对切脑部位往往掌握不准，可自前丘中后部逐渐向后切，直至出现去大脑僵直现象。

8. 打开生物信号采集处理系统（或刺激器），调节刺激参数：正电压，连续单刺激，波宽 0.5 ms，强度 2~5 V，频率 5~10 Hz。刺激去大脑僵直家兔的小脑蚓部，观察僵直程度有无减轻。

9. 切除去大脑僵直家兔的小脑，观察僵直程度有无增强。

10. 观察去大脑僵直动物的呼吸和心跳现象后，再用切脑刀在延髓部位切断脑干，动物的呼吸和心跳很快停止。

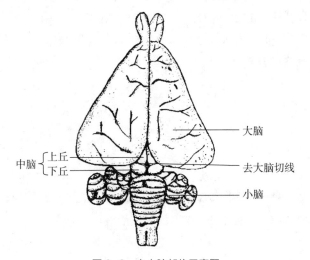

图 9-6 去大脑部位示意图

中脑 { 上丘 下丘

大脑

去大脑切线

小脑

图 9-7 兔去大脑僵直现象

【注意事项】

1. 麻醉不宜过深。
2. 开颅术中应随时止血，注意勿伤及大脑皮层。
3. 从上、下丘之间下刀切断脑干，动物挣扎时不可松手，可令助手协助。
4. 去大脑时，切断部位要准确，过低会伤及延髓呼吸中枢，导致呼吸停止。

【思考题】

1. 为什么在中脑四叠体的前、后丘之间切断脑干？
2. 操作步骤10的目的是什么？
3. 可以不开颅切断脑干吗？

▶ 实验9-6　小脑的生理作用

【目的要求】

1. 学习毁损动物小脑的实验方法。
2. 通过观察一侧或双侧小脑损伤动物的行为变化，理解小脑对躯体运动的调节作用。

【实验原理】

小脑是调节姿势和躯体运动的重要中枢之一，它接受来自运动器官、平衡器官及大脑皮层运动区的联系，其与大脑皮层运动区、脑干网状结构、脊髓和前庭器官等有广泛联系，对大脑皮层发动的随意运动起协调作用，还可调节肌紧张和维持躯体平衡。小脑损伤后会发生躯体运动障碍，主要表现为躯体平衡失调、肌张力增强或降低及共济失调。

【实验动物】

蛙（或蟾蜍）、鸽、小鼠、犬。

【器材及药品】

蛙类解剖器械、哺乳动物常规手术器械（含骨钳）、手术台、狗头夹、蛙板、电烙器、探针、小烧杯、棉球、纱布、骨蜡、止血海绵、生理盐水、乙醚、3%戊巴比妥钠溶液等。

【方法及步骤】

（一）损伤蛙一侧小脑的实验观察

1. 开颅并损伤蛙一侧小脑

用湿纱布包裹蛙的身体，露出头部。用左手抓住蛙的身体，从鼻孔上部至枕骨大孔前缘（即鼓膜的后缘）沿眼球内侧缘用剪刀将额顶皮肤划出两条平行裂口，用镊子掀起该条皮肤，剪去，暴露颅骨，细心剪去额顶骨，使脑组织暴露出来，直至延髓为止。辨认蛙脑各部位（图9-8），蛙的小脑不发达，位于延脑前，呈一条横的皱褶。用小刀切除一半（注意不要伤害对侧小脑和小脑下面的延脑），用棉球止血。5～10 min后即可开始实验观察。另取一只正常蛙作切开对照。

2. 观察一侧小脑损伤蛙的行为

以 1 只正常蛙作对照，观察一侧小脑损伤蛙静止体位与姿势的改变，在运动时（跳跃和游泳）有何异常？

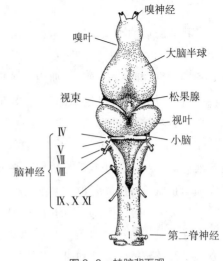

图9-8　蛙脑背面观

（二）损伤鸽一侧小脑的实验观察

1. 选择动物

选取两只大小相近，精神状态、机能活动相近的鸽，一只进行去小脑术，另一只作为对照。

2. 麻醉

麻醉前用纱布包裹鸽体，仅露出头部，使其不能运动。剪去头后部及颈上部的羽毛，然后将浸有乙醚的棉球放入小烧杯，用烧杯罩住鸽头，当鸽头下垂，眼睛微闭时即可手术。避免麻醉过深死亡。

3. 手术

沿鸽头正中线切开头部和颈上部皮肤后，可见到后头骨及头后部肌肉，用刀将肌肉剥离或用电烙器将一侧后头部肌肉由上至下烫开，暴露头骨，用小剪刀除去骨松质（勿伤及矢状窦和半规管），打开后头骨，剖开硬脑膜，即可见小脑。用小刀（或电烙器）破坏一侧小脑或以小刮匙挖去一侧小脑，然后向挖去小脑的部位放入止血海绵进行止血，待出血停止后，缝合皮肤。另一只鸽做假手术，即削去骨松质，打开后头骨，不挖去小脑，然后缝合皮肤。

4. 观察一侧小脑损伤鸽的行为变化

手术后约 20 min，观察并比较两只鸽的姿势、活动状态有何不同。

首先可见一侧小脑损伤鸽躯体两侧肌紧张障碍，表现为伤侧肢体紧张性增强、翅膀及爪伸直，运动时向伤侧绕圈，站立不稳，失去平衡。若将鸽双眼蒙住，运动时不平衡现象更加严重。几天后，运动失调的现象有所缓和，但仍存在笨拙的运动和绕圈现象。

（三）损伤小鼠一侧小脑的实验观察

1. 选择动物

选取两只大小相近，活动状态相近的小鼠，一只进行去小脑术，另一只作为对照。将小鼠放于实验桌上，观察其正常活动情况。

2. 麻醉

把浸有乙醚的棉球与两只小鼠用烧杯罩住，进行轻度麻醉，待动物呼吸变为深而慢且不再有随意运动时，将其取出备用。

3. 手术

将麻醉后的小鼠俯卧固定在蛙板上。剪去头顶部的毛，沿头部中线切开皮肤直达耳后，暴露顶骨和顶尖骨。用刀背向两侧剥离颈部肌肉及骨膜，以左手拇、食两指捏住头颅，透过透明的顶间骨即可看到小脑的位置，用探针在尽量远离中线处穿透一侧顶间骨（进针约2 mm）将针伸向前方（切勿深刺，以免损伤脑干），自前向后，将一侧小脑浅层捣毁（图9-9）。取出探针，以棉球止血，将皮肤复位。另1只小鼠做假手术。

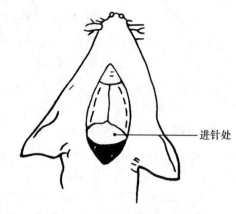

图9-9　破坏小鼠小脑位置示意图
（黄敏，2002）

4. 观察一侧小脑损伤小鼠的行为

待小鼠清醒后，观察并比较两只小鼠的活动状态、姿势平衡及肢体的屈曲和肌肉紧张度的不同。此时可见一侧小脑损伤的小鼠行走不平衡，向伤侧的方向旋转或翻滚，其站立姿势及肢体肌紧张度也有明显变化。

（四）去小脑犬的行为观察

1. 正常犬行为的观察

观察犬正常时的姿势、平衡能力和运动的表现。

2. 手术准备

手术使用的药品和器械进行常规灭菌处理。术前将犬禁食24 h，用3%的戊巴比妥钠溶液按30 mg/kg体重的剂量静脉注射，麻醉后俯位保定于手术台上，用犬头夹固定犬头并尽量屈曲头部。剪剃后头部及颈部被毛，用乙醇棉球和碘酒棉球消毒后盖上创布。

3. 去小脑手术

用手术刀切开后头部及颈部皮肤，分离肌肉，暴露枕骨大孔，剪破硬脑膜，用骨钳向上谨慎地咬去头骨并扩大枕骨大孔，露出第四脑室和小脑中部。如遇出血，用骨蜡止血，用电烙刀将小脑一块一块地剖掉，直至去除整个小脑为止。用浸有38℃生理盐水的纱布清理创口，缝合肌肉和皮肤。

4. 去小脑犬的行为观察

手术数天后进行观察。初期表现为四肢僵直，头向后仰，有时发生颤抖，大多不能行走，以后逐日改善。1～2周后，肌肉过度紧张逐渐消失，能行走但步态不稳，四肢不协调，左右摇晃，容易倾倒，进食时头部左右摇晃，不易对准食钵，不时碰地，完全失去肌肉紧张的协调和平衡能力。

【注意事项】

1. 麻醉时间不能过长，并要密切注意动物的呼吸变化，避免麻醉过深导致动物死亡。

2. 手术过程中如果动物苏醒或挣扎，可随时用乙醚棉球追加麻醉。

3. 在损伤小鼠一侧小脑手术，手持小鼠头部时，力量不能太大，以免将眼球挤出。

4. 捣毁小脑时不可刺入过深（3 mm左右），以免伤及中脑、延髓或对侧小脑而使动物立即死亡。

　　5. 术后注意护理和加强饲养管理。

　　6. 对照动物做假手术，除了不损伤小脑外，其他手术均相同。

【思考题】

　　1. 通过本实验观察到去一侧或双侧小脑后动物的姿势和躯体运动有何异常？为什么？

　　2. 小脑对躯体运动有何调节功能？

▶ 实验 9-7　破坏动物一侧迷路的效应

【目的要求】

　　1. 学习损毁动物迷路的实验方法。

　　2. 观察一侧迷路损毁动物的行为变化，分析迷路在调节肌紧张与维持机体姿势中的作用。

【实验原理】

　　内耳迷路中的前庭器官是感受头部空间位置和运动的感受器装置，其功能在于反射性地调节肌紧张，维持机体的姿势与平衡。如果损坏动物的一侧前庭器官，机体肌紧张的协调就会发生障碍，动物在静止或运动时将失去维持正常姿势与平衡的能力。

【实验动物】

　　蛙（或蟾蜍）、鸽、豚鼠。

【器材及药品】

　　常规手术器械、包布、毁髓针、探针、棉球、滴管、水盆、蛙板、纱布、氯仿、乙醚等。

【方法及步骤】

（一）破坏蛙类一侧迷路的效应

　　1. 观察蛙的正常姿势

　　将蛙放在桌上观察其静止和爬行时的姿势，并置于水盆中观察其游泳的姿势。

　　2. 蛙一侧迷路损毁手术

　　用纱布包住蛙躯干部，使其腹面向上握于手中，翻开下颌用左手拇指压住。用手术剪沿中线剪开黏膜（勿损伤中线两侧的血管），向两侧分离，可看到"十"字形的副蝶骨（图 9-10）。迷路位于副蝶骨横突的左右两旁。用手术刀削去薄薄一层骨质，可看到小米粒大的白点，此处即是内耳囊。将毁髓针刺入一侧内耳囊 $2 \sim 3$ mm，转动针尖，搅毁其中的迷路。

3. 一侧迷路损毁蛙的实验观察

迷路损毁 7 ~ 10 min 后，参照步骤 1 的方法，观察蛙静止、爬行及游泳的姿势。可观察到动物头部偏向迷路破坏一侧，游泳时亦偏向迷路破坏一侧。

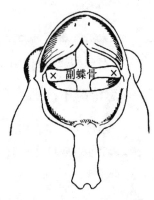

图 9-10　蛙迷路位置示意图
（解景田，2002）
"×"示迷路

（二）破坏鸽一侧迷路的效应

1. 观察鸽的正常姿势

将鸽放在笼内（或板上）进行旋转，观察鸽头部及全身的正常情况；将鸽放于高处，让它往下飞，观察正常飞行姿势。

2. 鸽一侧迷路损毁手术

用乙醚对鸽作轻度麻醉，剖开头颅一侧颞部皮肤，用手术刀慢慢削去颞部颅头骨，用尖头镊子清除骨片，即可见 3 个半规管。用镊子将半规管全部折断，然后缝好皮肤。

3. 一侧迷路损毁鸽的实验观察

待鸽清醒后（约 20 min），参照步骤 1 的方法，观察鸽的姿势有无变化并分析原因。与正常鸽相比较，有何不同？

（三）破坏豚鼠一侧迷路的效应

1. 观察豚鼠的正常姿势

观察豚鼠静止和运动时头与身体的姿势及眼球的运动状况。

2. 豚鼠一侧迷路损毁手术

使动物侧卧，拽住一侧耳郭，用滴管尽可能向外耳道深处滴入氯仿 0.5 mL。握住豚鼠使之不动，以使氯仿通过渗透作用于半规管，破坏该侧迷路的功能。

3. 一侧迷路损毁豚鼠的实验观察

手术 7 ~ 10 min 后，观察豚鼠头部位置，颈部、躯干两侧及四肢的肌紧张度，眼球震颤等变化。可见，豚鼠头部偏向迷路功能破坏了的一侧，并出现眼球震颤症状。任其自由活动时，可见豚鼠向迷路功能破坏了的一侧作旋转运动或滚动。

【注意事项】

1. 氯仿是一种高脂溶性的全身麻醉剂，其用量要适度，以防动物麻醉过度死亡。
2. 蛙的颅骨板很薄，损伤迷路时要准确了解解剖部位，用力适度，避免损伤脑组织。

【思考题】

1. 依据实验结果说明迷路的功能。
2. 豚鼠一侧迷路麻醉后，为什么会偏向麻醉迷路的那一侧，此时眼球震颤的方向如何？

▶ 实验 9-8　家兔大脑皮层的诱发电位

【目的要求】

1. 学习记录大脑皮层诱发电位的方法。
2. 观察大脑皮层诱发电位的波形。

【实验原理】

大脑皮层诱发电位是指感觉传入系统受到刺激时，在皮质上某一局限区域所引导的电位变化。刺激作用于机体的感受器或感觉器官，经过换能作用，以神经冲动形式沿传入神经纤维进入中枢，产生诱发电位。用该种方法可以确定动物的皮质感觉区，在研究皮质机能定位上起着重要作用。本实验是以适当的电刺激作用于左前肢的浅桡神经，在右侧大脑皮层的感觉区引导家兔的诱发电位。由于大脑皮层随时都存在自发电活动，诱发电位经常出现在自发电活动的背景上。为了压低自发电活动，使诱发电位清晰地引导出来，实验时应将动物深度麻醉。

【实验动物】

家兔。

【器材及药品】

常用手术器械、骨钻、骨钳、手术台、马蹄形头固定器、生物信号采集处理系统（或刺激器）、皮层电位引导电极（直径 1 mm 银丝，顶端呈球形）、保护电极、骨蜡、石蜡油、20% 氨基甲酸乙酯溶液、生理盐水等。

【方法及步骤】

1. 麻醉动物

耳缘静脉注射 20% 氨基甲酸乙酯溶液麻醉实验兔（5 mL/kg 体重）。实验中可酌情补充用量，麻醉深度以维持呼吸在 20 次 /min 左右，使皮层自发电位受到压抑，保证诱发电位能清晰显示。

2. 固定动物

在左、右颧骨突处剪毛后作一个小切口，分离骨膜，用骨钻在颧骨突上钻一个小孔。家兔俯卧位固定，将马蹄形头固定器两侧的尖头金属棒分别嵌入左、右两侧颧骨突的小孔内，并将固定器前方的金属棒尖端插在两上门齿的齿缝之间。三点固定稳妥后，旋紧螺旋。此时家兔头部处于水平位置并略高于躯干部。

3. 分离浅桡神经

在左前肢肘部桡侧剪毛，切开皮肤，分离浅桡神经约 3 cm，用沾有温热石蜡油（38℃）的药棉包裹保护，并将皮肤切口关闭备用。

4. 暴露大脑皮层

头顶部剪毛，沿正中线切开头皮，暴露顶骨。在右侧顶骨矢状缝与冠状缝交界旁 2 ~ 4 mm 处用骨钻和骨钳将颅骨打开，勿损伤硬脑膜，露出大脑皮层，如有出血立即用骨蜡止血。

5. 连接仪器及调整参数

根据生物信号采集处理系统说明书，将皮层电位引导电极与生物信号采集处理系统的电信号输入端口相连，并调整参数。刺激电极与刺激输出连接，刺激频率 1 Hz，波宽 0.2 ms。

6. 安置引导电极

将引导电极置于大脑皮层右侧的前肢一感觉区（图 9-11），无关电极夹于头皮切口边缘，动物需另外接地。

7. 观察项目

（1）将记录仪器调为记录状态，观察大脑皮层的自发电活动。

（2）以单个脉冲刺激浅桡神经，可见同侧肢体轻微抖动，并在屏幕上出现刺激伪迹。逐渐增加刺激强度，可在伪迹后观察到诱发电位。仔细调整引导电极在皮层表面的位置，逐点探测，引导出振幅较大的诱发电位。诱发电位一般由先正后负的主反应电位变化和后发放（指主反应之后出现的一系列正相的周期性电位变化）两部位组成（图 9-12）。本实验主要观察主反应，并测定最大反应点的潜伏期和振幅（寻找最大反应点时，应固定刺激强度）。

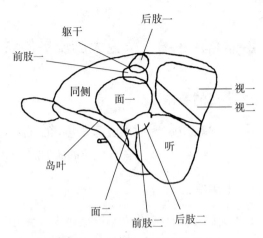

图 9-11　兔大脑皮层感觉代表区
（姚运伟，1996）

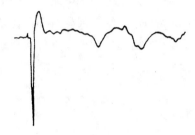

图 9-12　家兔皮层运动区诱发电位
（姚运伟，1996）
上线：诱发电位，第 1 个向上的小波为刺激伪迹，间隔 10 ms 后出现先正后负的主反应，再间隔约 100 ms，相继出现正相波动的后发放
下线：时间标记，50 ms

【注意事项】

1. 手术过程中尽量减少出血，切勿损伤大脑皮层。
2. 皮层诱发电位对温度十分敏感，在剪开脑膜后，要经常更换温热石蜡油。
3. 皮层引导电极以轻触皮层为佳，不可过分压迫皮层，以免影响观察。
4. 仪器及动物必须良好接地，以减少电流干扰。必要时，动物还需置于电屏蔽室内进行实验。

【思考题】

1. 如何区别皮层诱发电位与自发脑电位？
2. 皮层诱发电位是怎样产生的？躯体感觉系统的传入通路如何？

▶ 实验9-9 神经细胞通道电流信号的采集与观察

【目的要求】

1. 学习以膜片钳技术采集神经细胞通道电流信号的实验方法。
2. 观察记录大鼠海马神经细胞单通道钠电流及全细胞钠通道电流。

【实验原理】

膜片钳技术是一种通过微电极与细胞膜之间形成紧密接触的方法，采用电压钳或者电流钳技术对生物膜上离子通道的电活动（尤其是可对单通道电流）进行记录的微电极技术。

膜片钳技术为动态记录细胞膜离子通道启闭活动提供了直观有效的手段。该方法运用微玻管电极（膜片电极或膜片吸管）接触细胞膜，以吉欧（$G\Omega$）以上的阻抗使之对接，并使与电极尖开口处相接的细胞膜小片区域（膜片）与其周围在电学上分隔，此片膜内开放所产生的电流流进玻璃吸管，用一个极为敏感的电流监视器（膜片钳放大器）测量此电流强度，就代表单一离子通道电流。在场效应运算放大器的正负输入端子为等电位。向正输入端子施加指令电位时，由于短路负端子和膜片都可等电位地达到钳制的目的，当膜片微电极尖端与膜片之间形成 10 $G\Omega$ 以上封接时，其间的分流电流达到最小，横跨膜片的电流（I）可全部作为来自膜片电极的记录电流（I_p）而被测量出来。

【实验动物】

成年大鼠。

【器材及药品】

倒置显微镜、膜片钳放大器、微操纵器、微电极拉制仪、电极抛光仪、玻璃微电极、恒温水浴箱、切片机、哺乳类动物手术器械、氧气瓶、计算机、数据采集分析系统、20% 氨基甲酸乙酯溶液、胶原酶、胰蛋白酶、人工脑脊液、电极内液、河豚毒（或普罗帕酮）等。

人工脑脊液的配制：NaCl 124 mmol·L^{-1}、KCl 3.3 mmol·L^{-1}、KH_2PO_4 1.2 mmol·L^{-1}、$NaHCO_3$ 26 mmol·L^{-1}、$CaCl_2$ 2.5 mmol·L^{-1}、$MgSO_4$ 2.4 mmol·L^{-1}、葡萄糖 10 mmol·L^{-1}；pH 7.2 ~ 7.4。

电极内液的配制：CsF 140 mmol·L^{-1}、EDTA 10 mmol·L^{-1}、HEPES 10 mmol·L^{-1}、TEA 10 mmol·L^{-1}；pH 7.2 ~ 7.4。

【方法及步骤】

1. 大鼠海马神经细胞的分离

耳缘静脉注射 20% 氨基甲酸乙酯溶液麻醉大鼠（5 mL/kg 体重），麻醉后断头，立即取出脑组织并迅速置入低温（0~4℃）人工脑脊液中 10 ~ 20 s，然后于大脑半球腹内侧分离出海马，将海马切成 400 ~ 500 μm 的薄片，将脑片室温下平衡孵育 50 min，更换为含 1 g·L^{-1} 胰蛋白酶的人工脑脊液酶解 40 min。用人工脑脊液冲洗脑片 3 次后，再将脑片置于人工脑脊液内孵育待用。上述孵育和酶解过程中，溶液需保持在 32℃并连续通以混合气（5% CO_2 + 95% O_2）。最后，将部分脑片移入盛有氧饱和人工脑脊液的离心管内，依次用尖端经热处理的直径为 400 μm 和 150 μm 左右的吸管轻轻吹打，直至单个海马神经元分离。取上部细胞悬液，加入放有盖玻片的培养皿内，约 20 min 后细胞贴壁，即可在倒置显微镜下观察细胞形态，并进行膜片钳记录。

2. 玻璃微电极的制作

用微电极拉制仪将玻璃毛细管分两步拉制成尖端直径约为 1 μm 的微电极。为了提高封接的成功率，可将微电极尖端在显微镜下接近抛光仪的热源进行抛光，然后用注射针从电极尾部充灌电极内液到微电极中备用。灌注后的电极电阻一般为 2 ~ 4 MΩ，而全细胞记录则最好在 2 ~ 3 MΩ。

3. 仪器的连接

按图 9-13 的方法，连接探头、膜片钳放大器、计算机等仪器设备。将充灌好标准电极内液的微电极装入电极探头。用微操纵器将电极移至液面上方，并移动微电极，直至在显微镜下看到电极的阴影，并将其移至视野中央。

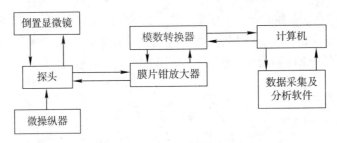

图 9-13　膜片钳实验系统示意图

4. 高阻抗封接的形成

将分离的大鼠海马单个细胞置于倒置显微镜的浴槽中，待细胞贴壁后，在三维液压操纵器推进下，使内充电极内液的微电极尖端进入浴液。由膜片钳放大器向微电极发放一个电压为 10 mV、波宽为 40 ms 的方波脉冲信号，观察封接形成过程。当微电极尖端与细胞表面接触后，可见应答电流减小，再向微电极尖端施以负压，使应答电流进一步减小至零，则形成 GΩ 封接。

5. 大鼠海马神经细胞单通道钠电流的记录

在微电极与细胞膜封接电阻达到 GΩ 级后，即形成细胞贴附式记录模式。此时，如给予膜片一个保持电位为 –120 mV、指令电位为 –50 mV 的刺激，即可记录到海马神经细胞的单通道电流（图 9-14）。

6. 大鼠海马神经细胞全细胞钠电流的记录

在记录到单通道电流后，可经微电极给予负压吸引或电脉冲击破电极尖端的膜片，使电极内液与细胞内液相通，则形成了全细胞记录模式，调节快电容补偿，抵消电容性尖峰，调节放大器的慢电容补偿和串联电阻补偿来抵消瞬态电流。在电压钳制模式下，给细胞以如下参数刺激：保持电位为 –120 mV，指令电压为 –90 ~ –25 mV，脉冲阶跃为 10 mV，刺激频率为 0.5 Hz，持续时

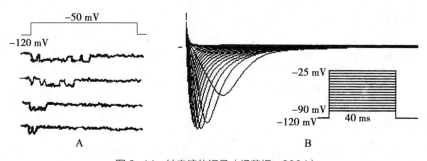

图 9-14　钠电流的记录（杨芳炬，2004）

A. 细胞吸附式记录的单通道钠电流　B. 全细胞模式记录的钠电流

间为 40 ms，即可引导出全细胞钠通道电流。全细胞膜片钳记录过程如图 9-14 所示。如给予河豚毒（TTX）50 μmol·L⁻¹ 或给予 I 类抗心律失常药普罗帕酮 20 μmol·L⁻¹，灌流 10 min 后，再给予细胞上述刺激，可观察到钠电流幅度的变化。

【注意事项】

1. 在分离细胞时，注意调整胰蛋白酶用量和消化时间，防止消化过度造成细胞损害。
2. 选择贴壁良好、立体感强、折光性好、表面光滑的细胞进行实验。
3. 微电极尖端抛光，将有利于形成高阻抗对接，并提高实验成功率。
4. 膜片钳放大器是高灵敏度、高输入阻抗的电流放大器。为保护输入极，每次更换玻璃微电极之前，最好关闭放大器主机电源，并且操作者手臂一定要接地。

【思考题】

1. 何谓膜片钳技术？其基本原理是什么？
2. 本实验过程中最应注意哪些事项？

▶ 实验 9-10　大鼠中枢呼吸神经元自发放电的记录

【目的要求】

学习脑立体定位技术，掌握中枢神经元自发放电的记录方法。

【实验原理】

位于脑桥头端背侧部的臂旁内侧核（medial parabrachial nucleus，PBM）及相邻的 Kölliker-Fuse（KF）核，为呼吸调整中枢所在部位，主要含呼气神经元，通过自发性放电限制吸气，促使吸气向呼气转换，从而帮助维持呼吸节律的平稳。根据大鼠脑立体定位图谱的三维数据，利用动物颅骨的骨性标志，借助立体定位仪准确定位到臂旁内侧核，以电极将电位引导到生物信号采集处理系统，可以实时观察、记录该核团的自发放电情况。

【实验动物】

大鼠，公母不限，体重 280 g 左右。

【器材及药品】

大鼠脑立体定位仪、电脑、生物信号采集处理系统、玻璃微电极、微电极放大器、测试电极、常用大鼠手术器械（注射器、手术刀、眼科镊子、蚊式止血钳、颅骨钻等）、纱布、生理盐水、2% 戊巴比妥钠、液体石蜡、大鼠脑立体定位图谱等。

【方法及步骤】

1. 仪器校验

依据附录二的方法，对脑立体定位仪进行校验。

2. 动物准备

术前，大鼠禁食 12 小时，自由饮水。以 40 mg/kg 体重的剂量腹腔注射 2% 戊巴比妥钠麻醉实验大鼠。待动物麻醉后，剪去颅顶被毛，沿颅骨的矢状缝作一 3 cm 左右长的皮肤切口，分离皮下组织，暴露前囟、人字点和矢状缝，并用双氧水擦拭骨表面以充分显露上述骨性标志。依据附录二的方法，将大鼠以门齿板、两耳杆固定于立体定位仪上。以装置于立体定位仪垂直臂上的测试电极分别触及前囟、人字点，调整门齿板高度，使前囟与人字点在同一水平面（测试电极触及前囟、人字点，定位仪纵轴刻度相同）。

3. 大鼠臂旁内侧核的立体定位

如图 9-15 所示，大鼠臂旁内侧核的三维坐标为 A -9.16（前囟后 9.16 mm）、LL 或 LR 1.6（矢状缝旁开 1.6 mm）、H -7.2（硬脑膜向下 7.2 mm）。首先将装置于立体定位仪上的测试电极在 A -9.16 与 LL 或 LR 1.6 交点的颅骨上定位，并做好标记；以颅骨钻在颅骨标记点钻一直径约 2 mm 的圆孔，再以眼科镊小心撕开硬脑膜，勿伤及脑组织。然后滴加液体石蜡。

4. 引导大鼠呼吸神经元的自发放电信号

选取一充灌好的玻璃微电极，固定于脑立体定位仪的电极固定夹上，将生物信号采集处理系统的微电极放大器探头输入端正极与微电极相连，接地与动物皮肤相连。打开微电极放大器，调节生物信号采集处理系统，这时即可听见监听器由于输入端空放造成的噪声。然后，将固定有微电极的上下滑动尺向下移动，对准颅骨的开孔口正中上方后，向下推进至电极尖端接触皮层表面时，监听器的噪声消失，这时电极尖端就处于皮层上方的零点部位。再将上下滑动尺下降 7.2 mm（H -7.2），即电极到达臂旁内侧核。如果听到或看到有节律的神经元电活动信号声音或电脑屏幕上有间隔一致的神经元放电波（与呼吸频率一致），即是呼吸神经元的自发放电信号。

观察并记录呼吸神经元的自发放电信号。

【注意事项】

1. 若脑立体定位仪久未使用，在实验前必须按要求校验。

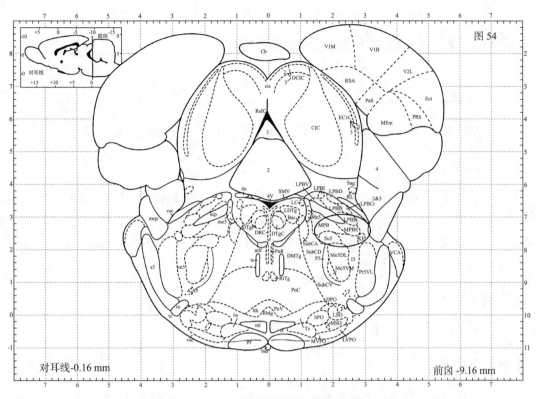

图 9-15　大鼠臂旁内侧核立体定位图谱
（Wistar 雄性大鼠，270～310 g。引自诸葛启钏主译：大鼠脑立体定位图谱）
MPB. 臂旁内侧核　MPBE. 内侧臂旁核，外部　KF. Kölliker-Fuse 核
LPBE. 臂旁外侧核，外部　Su5. 三叉神经上核

2. 目标核团的定位必须准确。用脑立体定位仪记录神经元放电活动，通常在实验完成后要做组织学切片定位，以检验电极安放的位置是否准确。大鼠的品系不同或体重不同，核团的定位数据可能会有差异，必须根据相关资料进行校正。

3. 大鼠头的固定必须牢固，表现为鼻对正中、头部不动、提尾不掉。

4. 实验中关注实验大鼠的状态，防止窒息致死。

【思考题】

1. 呼吸调整中枢是如何维持动物呼吸节律平稳的？

2. 臂旁内侧核的放电与动物的呼吸时相有何关系？

▶ ## 实验 9-11　猫怒叫中枢的定位与刺激

【目的要求】

学习猫脑内怒叫中枢的定位技术，观察电刺激怒叫中枢时动物的全身反应。

【实验原理】

猫的怒叫中枢位于中脑尾端外侧被盖的楔状下核。电刺激该区域，动物不仅出现攻击行为，如竖毛、张牙舞爪、发出怒叫声等，还伴有呼吸加快、血压升高、脑电变化等全身反应。该实验借助脑立体定位仪，根据猫脑立体定位图谱的目标核团三维数据，定位电刺激该核团，观察并记录动物的反应。

【实验动物】

猫，公母不限，体重 2.5 Kg 左右。

【器材及药品】

动物脑立体定位仪、动物常用手术器械（注射器、手术刀、眼科镊子、蚊式止血钳、颅骨钻等）、电刺激器、测试电极、同芯刺激电极、纱布、生理盐水、3% 戊巴比妥钠、液体石蜡等。

【方法及步骤】

1. 仪器校验

依据附录二的方法，对脑立体定位仪进行校验。

2. 动物准备

术前，猫禁食 12 h，自由饮水。以 35 mg/kg 体重的剂量腹腔注射 3% 戊巴比妥钠麻醉实验猫。待动物麻醉后，剪去颅顶被毛，沿正中作一 6 cm 左右长的皮肤切口，分离皮下组织，暴露前囟、人字点和矢状缝，并用双氧水擦拭骨表面以充分显露上述骨性标志。依据附录二的方法，将猫以门齿板、两耳杆固定于脑立体定位仪上。调整门齿板高度，以使颅顶平面符合要求。

3. 猫怒叫中枢的定位

猫怒叫中枢位于中脑尾端外侧被盖的楔状下核。根据 Snider 的猫脑立体定位图谱，猫的该核团三维坐标为 A 1.0（前囟前 1 mm）、LL 或 LR 4.5（矢状缝旁开 4.5 mm）、H −1 ~ −2（硬脑膜向下 1 ~ 2 mm）。首先将装置于脑立体定位仪垂直臂上的测试电极在 A 1.0 与 LL（或 LR）4.5 交点定位，并在颅骨表面标记；以颅骨钻在颅骨标记点钻一直径约 2 mm 的圆孔，再以眼科镊小心撕开硬脑膜，勿伤及脑组织。然后滴加液体石蜡。

4. 怒叫中枢的电刺激及其反应观察

将与电刺激器相连的刺激电极装置于脑立体定位仪垂直臂的电极夹中，调整电刺激参数为刺激强度 4 ~ 6 V、频率 50 ~ 80 Hz、波宽 1 ms。移动垂直臂的上下滑动尺至颅骨开孔口正中上方后，向下推进至电极尖端接触皮层表面，即为 H 零点部位。再将上下滑动尺下降 1~2 mm（H −1~−2），即刺激电极尖端到达怒叫中枢。开启电刺激器，连续刺激 10 s，观察猫的怒叫、瞳孔散大、瞬膜收缩、竖毛、翘尾、张抓及脚底垫出汗等反应。

必要时，可同时记录动物的血压、呼吸等指标，以观察其变化。

【注意事项】

1. 若脑立体定位仪久未使用，在实验前必须按要求校验。

2. 目标核团的定位必须准确。用脑立体定位仪作脑内刺激，通常实验完成后要做组织学切片定位，以检验电极安放的位置是否准确。

3. 实验时，注意人身安全，以防被猫抓伤或咬伤。

【思考题】

分析电刺激怒叫中枢后，猫出现一系列反应的生理学原理。

第十章

内分泌与生殖生理

▶ 实验 10-1　摘除甲状旁腺对机体的影响

【目的要求】

1. 观察血钙水平与肌肉痉挛的关系，以及甲状旁腺对机体血钙水平的调节作用。
2. 学习甲状（旁）腺摘除术。

【实验原理】

血液中的钙、磷水平主要受甲状旁腺分泌的甲状旁腺素和甲状腺分泌的降钙素共同调节，使其维持在正常水平。血液中钙、磷水平正常，特别是血钙水平正常是维持神经，尤其是神经 - 肌肉接头正常兴奋性的必要条件。若动物的甲状旁腺被摘除，则甲状旁腺素就会下降乃至消失，血钙水平随之下降，结果引起神经和肌肉的兴奋性升高，易引起肌肉痉挛。当血钙水平降至一定程度时，动物就会产生阵发性痉挛，最终会因喉头肌和膈肌痉挛导致动物窒息死亡。

因甲状旁腺小而分散，常与甲状腺混合或者埋于甲状腺内，不易做到单独摘除；又因摘除甲状腺后的效应出现较慢，而甲状旁腺的效应出现较早，所以实际操作中常将二者同时摘除，首先观察到甲状旁腺摘除的效应。

【实验动物】

幼年犬。

【器材及药品】

哺乳动物常规手术器械、创布、手术衣帽、注射器、棉球（将以上物品一起放入高压消毒器内进行高压消毒）、高压消毒器、小动物手术台、碘酒、75% 乙醇、棉球、体温计、20% 氨基甲酸乙酯溶液、10% 氯化钙溶液等。

【方法及步骤】

1. 手术前两天，每日对动物进行检查（体重、体温、呼吸、脉搏、行为状态等），并列表记录。手术前一天晚上开始禁食。

2. 称重，按 5 mL/kg 体重静脉注射 20% 氨基甲酸乙酯溶液麻醉犬，并将其仰卧固定在手术台上。

3. 按慢性实验手术的要求，对颈部腹侧手术部位进行剃毛、消毒，放好创布。

4. 在喉的下缘，沿正中线切开皮肤 4~6 cm，钝性分离皮下组织，找到胸骨舌骨肌和胸头肌。在甲状软骨下方、气管两侧进行分离，在靠近咽喉处向内翻转胸头肌，即可在气管旁看到 1 个橄榄形的腺体，即甲状腺。狗的甲状旁腺多埋于甲状腺的包膜内，米粒大小，颜色较肌肉略浅，每侧常有两个，多在甲状腺的背面内侧。看清腺体后，用线结扎甲状腺及其所有血管。然后摘除甲状腺（甲状旁腺随之摘除）。最后缝合切口，包扎伤口。术后精心护理，尽量不喂含钙的食物。为了防止感染，根据情况注射抗生素。

5. 按术前观察方法，每日定时对动物进行检查并记录。观察并记录动物何时出现痉挛现象（一般在手术 36 h 后出现）。出现痉挛现象时，给犬静脉（缓慢）注射 10% 氯化钙溶液（1 g/kg 体重），看痉挛现象有无改变。以后每出现痉挛时，均重复注射氯化钙溶液，直至实验结束为止。

【注意事项】

1. 术后应饲喂无钙饲料，禁止饲喂肉类。

2. 注射氯化钙溶液时应注意：

（1）此溶液只能静脉注射，并注意不要漏出血管；

（2）注射速度不要太快，注射量不能太大，以免影响心脏功能。

3. 有条件者，测定术前及术后（直到实验结束为止）动物血清中钙的水平。

【思考题】

1. 甲状旁腺和甲状腺对钙、磷代谢有何影响？

2. 分析切除甲状旁腺后动物出现痉挛现象的原因。

▶ 实验 10-2 肾上腺摘除动物的观察

【目的要求】

1. 了解肾上腺皮质的功能。

2. 学习肾上腺摘除术。

【实验原理】

肾上腺位于肾脏的前（上）端，根据其组织结构和生理功能的不同，分为皮质和髓质两部分。皮质分泌的激素除调节糖、蛋白质、脂肪代谢和水盐代谢外，还能够参与动物的应激反应，增强动物的抗感染、抗休克、抗过敏等机能，是维持正常生命活动不可缺少的激素。肾上腺髓质分泌的激素与交感神经的功能类似。由于肾上腺的髓质能够被交感神经系统（部分）代偿，而皮质功能对维持正常生命活动不可缺少，所以，摘除肾上腺后，动物会迅速出现皮质功能失调现象，甚至危及生命。本实验即通过观察肾上腺摘除动物的生命活动变化，加深对肾上腺生理机能的认识。

【实验动物】

小鼠（或大鼠）。

【器材及药品】

常规手术器械、碘酊、75% 乙醇、棉球、鼠笼、体温计、天平、玻璃缸、秒表、饮水瓶、乙醚、生理盐水、10% NaCl 溶液、4℃ 以下的冰水、可的松等。

【方法及步骤】

1. 将 20 只同一性别，年龄、体重相近的小鼠随机分为 4 组，其中 3 组为实验组，第 4 组为对照组。

2. 用烧杯将动物扣住，乙醚麻醉后，俯卧固定，背腰部（第 1 腰椎前缘至最后腰椎）剪毛、消毒。于胸腰椎交界处，沿背部正中向后切开皮肤 1 ~ 2 cm，分离两侧皮下组织。先在一侧背最长肌外缘分离肌肉，在最后肋骨后缘（离中线 2 ~ 3 mm 处）将腹壁用眼科剪剪开 1 个小口，扩创，以眼科镊夹取浸有盐水的棉球推开腹腔内脏器官和组织，暴露脂肪囊，其中就有深红色的肾脏。在肾脏前方可见 1 个粉色颗粒状肾上腺（小鼠的肾上腺比绿豆还要小些）。用眼科镊将肾上腺的蒂部用力捏紧（有止血作用），并将其摘除。

将皮肤切口推向另一侧背最长肌外缘，用同样方法摘除另一个肾上腺。缝合肌肉、皮肤切口，消毒。

对照组只做假手术，不摘除肾上腺；三个实验组动物全部摘除肾上腺。手术后以同样条件（除饮水有区别外）进行饲养，环境温度均保持在 20℃ 左右，给予充足的饲料。

3. 实验观察。对 4 组动物进行如下处理：对照组和实验 1 组饮清水、实验 2 组饮生理盐水、实验 3 组饮生理盐水的同时每天分两次补充可的松（0.2 mg/kg 体重）。连续 3 天观察记录各组动物的体温、体重、采食量、饮水量、肌紧张度变化等。

术后第 3 天，各组均改喂清水，禁食两天，观察记录动物的各种变化（如前），然后进行应激实验：每组抽 3 只动物投入 4℃ 以下的冰水中进行游泳，记录每只动物溺水下沉的时间，动物刚下沉时立即捞出，记录其恢复时间。比较各组动物的游泳能力和恢复能力，分析其原因。比较各组没有参与游泳的动物的姿势、活动情况、肌肉紧张度等（表 10-1）。

【注意事项】

1. 小鼠的左右肾脏并不处于同一椎体水平，右侧较左侧稍靠前。

2. 实验组和对照组动物除在饮水上有差别外，其他饲养条件均保持一致。

3. 要精细护理动物，给予充足的营养。

表 10-1 肾上腺摘除动物实验记录表

分组	处理	动物编号	体温/℃	体重/g	采食/g	饮水/mL	肌紧张度	溺水下沉时间	恢复时间	死亡数	备注
对照组	饮清水	1									
		2									
		3									
		4									
		5									
实验 1 组	饮清水	1									
		2									
		3									
		4									
		5									
实验 2 组	饮生理盐水	1									
		2									
		3									
		4									
		5									
实验 3 组	饮生理盐水+可的松	1									
		2									
		3									
		4									
		5									

【思考题】

1. 从对照组和实验组动物的变化及其结局，阐述肾上腺皮质的生理机能。
2. 摘除肾上腺后，动物死亡的主要原因是什么？
3. 给实验组动物饮生理盐水的理由是什么？

▶ 实验 10-3 胰岛素和肾上腺素对血糖的调节

【目的要求】

1. 了解胰岛素和肾上腺素对血糖水平的调节。
2. 掌握用药剂量与动物所产生反应之间的关系。

【实验原理】

机体血糖的恒定受到多种因素的影响，血糖含量主要受激素的调节。胰岛素、肾上腺素、胰高血糖素、糖皮质激素等都参与血液中葡萄糖水平的调节。胰岛素由胰岛 B 细胞分泌，通过促进组织（特别是骨骼肌和脂肪）对葡萄糖的摄取、储存和利用、抑制糖异生而使血糖浓度降低；肾上腺素通过促进肝糖原分解而使血糖浓度升高。血糖浓度直接影响胰岛素的分泌：当血糖浓度升高时，胰岛素分泌增加，从而使血糖浓度降低；当血糖浓度降低时胰岛素分泌减少，从而维持机体血糖水平的相对稳定。当机体内的胰岛素含量增高时引起血糖降低，血糖的降低导致体内细胞缺乏可利用的葡萄糖，特别是脑组织本身的葡萄糖的储备很少，只靠血糖提供能量，因此动物对低血糖非常敏感。血糖降低到一定程度时，动物会出现不安、呼吸局促、痉挛、惊厥，甚至出现低血糖休克现象。

通过对实验动物注射适量的胰岛素，来观察低血糖症状的出现，然后注射适量肾上腺素，可见低血糖症状消失，从而了解胰岛素和肾上腺素对血糖的影响。

【实验动物】

家兔或小鼠。

【器材及药品】

注射器、针头、弯头剪、恒温水浴锅、胰岛素、0.1% 肾上腺素、20% 葡萄糖溶液、生理盐水等。

【方法及步骤】

1. 家兔为实验动物

（1）实验准备　取禁食 24～36 h 的家兔 4 只，称重后分别编号，1 只作对照，其余 3 只进行实验处理。

（2）实验项目

① 给 3 只实验组的家兔分别剪去耳背面边缘的毛，从耳缘静脉按 10～20 U/kg 体重的剂量注射胰岛素，对照组则从耳缘静脉注射等量的生理盐水。1～2 h 后，观察并记录各组家兔有无不安、呼吸急促、痉挛，甚至休克等低血糖反应（表 10-2）。

② 待实验组的家兔出现低血糖症状后，立即给实验组 2 号家兔耳缘静脉注射温热的 20% 葡萄糖溶液 20 mL；实验组 3 号家兔静脉注射 0.1% 肾上腺素（0.4 mL/kg 体重），对照组 1 号和实验组 4 号家兔耳缘静脉注射温热生理盐水 20 mL，仔细观察并记录结果（表 10-2）。

表 10-2　家兔实验操作程序

1 号（对照）	2 号	3 号	4 号
耳缘静脉注射生理盐水 1 mL	耳缘静脉注射胰岛素 10～20 U/kg 体重		
1～2 h 后，观察家兔有无不安、呼吸急促、痉挛，甚至休克等低血糖反应。待低血糖症状出现时，采取如下操作			
耳缘静脉注射温热生理盐水 20 mL	耳缘静脉注射温热 20% 葡萄糖溶液 20 mL	耳缘静脉注射 0.1% 肾上腺素（0.4 mL/kg 体重）	耳缘静脉注射温热生理盐水 20 mL
仔细观察家兔行为变化并记录结果			

2. 小鼠为实验动物

（1）实验准备　取禁食 24～36 h 的小鼠 4 只，称重后分别编号，1 只为对照小鼠，3 只为实验小鼠。

（2）实验项目

① 给 3 只实验小鼠分别按 1～2 U/ 只的剂量腹腔注射胰岛素，对照小鼠则腹腔注射等量的生理盐水。1～2 h 后，观察并记录各组小鼠有无不安、呼吸急促、痉挛，甚至休克等低血糖反应，并记录（表 10-3）。

② 待实验小鼠出现低血糖症状后，立即给实验小鼠 2 号腹腔注射温热的 20% 葡萄糖溶液 1 mL；实验小鼠 3 号腹腔注射 0.1% 肾上腺素 0.1 mL；实验小鼠 4 号和对照组小鼠 1 号腹腔注射温热生理盐水 1 mL，仔细观察并记录结果（表 10-3）。

表 10-3　小鼠实验操作程序

1号（对照）	2号	3号	4号
腹腔注射生理盐水 1 mL	腹腔注射胰岛素 1～2 U/ 只		
1～2 h 后，观察小鼠有无不安、呼吸急促、痉挛，甚至休克等低血糖反应。待低血糖症状出现时，采取如下操作			
腹腔注射温热生理盐水 1 mL	腹腔注射 20% 的温热葡萄糖溶液 1 mL	腹腔注射 0.1% 肾上腺素 0.1 mL	腹腔注射温热生理盐水 1 mL
仔细观察小鼠行为变化并记录结果			

【注意事项】

实验动物在实验前必须禁食 24 h 以上。

【思考题】

1. 胰岛素有哪些生理功能？胰岛素的作用机制是什么？

2. 为什么实验动物注射胰岛素后出现不安、抽搐、休克的症状，而及时注射葡萄糖或肾上腺素后很快恢复正常？

3. 分析比较各种处理的实验现象，并讨论原因。

▶ **实验 10-4　甲状腺素对蝌蚪变态的影响**

【目的要求】

通过观察甲状腺素对蝌蚪变态发育的作用，了解甲状腺对动物发育的作用。

【实验原理】

甲状腺素参与动物生长发育过程的调节，对蝌蚪变态有明显影响。切除甲状腺，则蝌蚪不能完成变态发育长成蛙，而加喂甲状腺素（或加喂少量新鲜甲状腺），则能加速蝌蚪变态成蛙。抑制甲状腺的药物（如甲巯咪唑）会使甲状腺机能减退，导致幼年期的延长或阻止蝌蚪变态成蛙。

【实验动物】

蝌蚪（以同种同时孵化者最好）。

【器材及药品】

甲状腺素片［或鲜牛（猪）甲状腺］、甲巯咪唑片、3个玻璃容器（大小约 500 mL）、直径为 6~10 cm 的培养皿、方格纸（1 mm×1 mm）、尺子等。

【方法及步骤】

准备 3 个容积约 500 mL 的玻璃容器，各装入 300 mL 池塘水和少量水草（如绿藻），编号后进行如下处理：

1 组：不加任何其他物质，作为对照组。

2 组：加入甲巯咪唑（0.75 mg/100 mL 池塘水）。

3 组：加入甲状腺素（1~4 μg 甲状腺素/100 mL 池塘水），或新鲜牛（猪）甲状腺 0.5 g（剪成小碎块）。

取大小相同的蝌蚪 30 只（长为 1~1.5 cm），随机平均分成 3 组（10 只/组），分别放入上述 3 个玻璃容器内。

各玻璃容器的水及所加物质隔日换 1 次，同时按下表天数测量蝌蚪长度，详细观察并记录其变态情况。测量蝌蚪的长度可用羹匙将其舀出，放在小培养皿内，再将小培养皿置于方格纸上（图 10-1），量出蝌蚪长度并记录（表 10-4）。

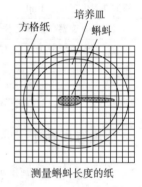

图 10-1　蝌蚪长度的测定

【注意事项】

1. 甲状腺素的添加量必须准确。

2. 人工饲养的蝌蚪容易死亡，因此实验用的蝌蚪数量应多些。并经常调换池水，或者用隔天存放的自来水、井水替代。

3. 发现蝌蚪身上滋生霉菌时，可用低浓度的高锰酸钾清洗，除去霉菌。

【思考题】

1. 甲状腺素有哪些生理作用？

2. 甲巯咪唑通过什么机制影响甲状腺机能？

表 10-4　蝌蚪变态发育实验记录表

变化			天数										
			0	4	8	12	14	16	18	20	22	24	26
1组	体长												
	变态	数量											
		程度											
	死亡												
2组	体长												
	变态	数量											
		程度											
	死亡												
3组	体长												
	变态	数量											
		程度											
	死亡												

　　注：变态"程度"的填表符号建议与说明：出现后肢用"十"，出现后肢膝部用"忄"，出现前肢用"忄"，出现前肢肘部用"屮"，变态完毕用"凸"。

▶ 实验 10-5　雄激素对鸡冠发育的作用

【目的要求】

通过观察雄激素对鸡冠发育的影响，了解其对动物第二性征的影响。

【实验原理】

　　性腺分泌的性激素能促进、维持生殖器官和生殖细胞的生长、发育和成熟，刺激和维持附性器官的生长发育，刺激第二性征的形成并维持在成熟状态，刺激骨骼生长和蛋白质的合成。下丘脑和腺垂体分泌的促性腺激素释放激素和促性腺激素能调节和控制性腺的生殖机能及内分泌机能，而性激素对下丘脑和腺垂体又具有反馈性调节作用。

　　雄激素主要由睾丸的间质细胞合成和分泌，具有促进生长、发育的作用，同时对雄性动物附性器官的发育及第二性征的出现和维持起着非常重要的作用。可以调节和影响动物第二性征的出现。通过给正常雄性雏鸡注射雄激素并观察鸡冠发育情况，可了解雄激素对动物第二性征的影响。

【实验动物】

雄性雏鸡。

【器材及药品】

卡尺、1 mL 注射器、消毒用具及药品、丙酸睾酮等。

【方法及步骤】

1. 选择 20～30 日龄同等大小（同一品种、同一批孵化、体重相近）的雄性雏鸡 10 只，称重后用卡尺测量鸡冠长、高、厚，描述鸡冠色泽，做好记录。把雏鸡分为实验组、对照组，每组 5 只，分笼饲养，并作好区别标记。

2. 实验组隔天皮下或肌内注射丙酸睾酮 1 次，每次 2.5～5 mg/ 只。

3. 7～10 d 后，用卡尺测量鸡冠的长、厚、高，注意鸡冠色泽，仔细观察对照组和实验组雏鸡的区别，并认真记录。

4. 对比实验组与对照组的数据记录，分析实验结果（表 10-5）。

表 10-5　实验结果

组别与编号		体重	鸡冠长度	鸡冠厚度	鸡冠高度	鸡冠色泽
对照组	1					
	2					
	3					
	4					
	5					
实验组	1					
	2					
	3					
	4					
	5					
分析雄激素对鸡冠发育的作用						

【注意事项】

测量时卡尺松紧要适度，最好同一人操作。

【思考题】

1. 雄激素的主要生理功能是什么？分析其对鸡冠发育的作用。

2. 雄激素主要作用于哪些部位？

▶ 实验 10-6　小鼠性周期的观察

【目的要求】

1. 了解雌激素对雌性动物性周期及生殖器官的作用。
2. 通过阴道涂片检查，观察阴道上皮细胞周期性变化，来确定小鼠发情周期的阶段。
3. 掌握小鼠卵巢摘除方法，了解小鼠附性器官发育与性激素的关系。

【实验原理】

卵巢分泌的雌激素有促使雌性动物发情、促进子宫内膜增生、子宫腺分泌和阴道上皮增生角化等作用。啮齿类动物在发情周期的不同阶段，阴道黏膜出现比较典型的周期性变化，注射雌激素或摘除卵巢可促进或抑制上述周期性变化过程。孕马血清促性腺激素和小鼠垂体分泌的促性腺激素具有相似作用，注射后也可引起阴道黏膜上皮增生并角质化。通过对不同处理小鼠阴道黏液涂片的组织学观察，分析雌激素对小鼠性周期的影响。

【实验动物】

未性成熟的雌性小鼠。

【器材及药品】

肾形盘、载玻片、吸管、显微镜、消毒纱布、棉签、棉球、试管、注射器、针头、常规手术器械 1 套（消毒）、天平、鼠笼、染色架等，己烯雌酚、植物油、孕马血清促性腺激素、注射用水、蒸馏水、生理盐水、瑞氏液、乙醚、75% 乙醇、碘酒、医用凡士林等。

【方法及步骤】

1. 实验的分组与处理

选择 1 月龄，体重 8 ~ 10 g 的未性成熟的雌性小鼠 30 只，随机分成 6 组，每组 5 只，分别在相同条件下分笼饲养。实验处理见表 10-6。

卵巢摘除方法　用乙醚麻醉小鼠，俯卧固定在手术台上，剪去背部正中的被毛，用碘酒或者

表 10-6　实验处理

第 1 组 （对照组）	第 2 组 （注射己烯雌酚组）	第 3 组 （注射孕马血清促性腺激素组）	第 4 组 （假手术组）	第 5 组 （卵巢摘除组）	第 6 组 （卵巢摘除 +注射己烯雌酚组）
皮下注射生理盐水 0.1 mL/只	皮下注射己烯雌酚 20 μg/只，连续 2 d	皮下注射孕马血清促性腺激素 20 U/只，连续 2 d	手术但不摘除卵巢	通过手术摘除卵巢	摘除卵巢并注射己烯雌酚（剂量同第 2 组）

75% 乙醇消毒后，沿背部正中距最后肋骨后缘向后 1 cm 处切开约 1 cm 的切口。从切口向下做钝性分离，距脊柱约 1 cm 处用手指将腹部内脏上托，剥离脂肪略加翻转可看到左右两侧呈红点状如半个米粒大小的卵巢。卵巢与子宫角以盘曲的输卵管相连。用消毒丝线在卵巢和输卵管之间结扎，并将卵巢连同部分脂肪摘除。缝合肌肉和皮肤，用碘酒和医用乙醇消毒手术刀口后，再在手术刀口上涂上医用凡士林与外界隔离。

2. 实验项目

（1）每天仔细观察比较并记录各组小鼠阴门开张情况，待阴门开张、外阴部出现发情状况后，每天的早上、中午、晚上做 3 次阴道黏膜涂片，直至完成一个发情周期（一般小鼠的发情周期为 6 d），注意观察记录各组小鼠发情周期的时间和各阶段分布规律。

（2）阴道黏膜涂片检查。将棉签用生理盐水湿润后插入阴道中，蘸取阴道内容物均匀地涂在载玻片上，自然干燥后用瑞氏染色法染色，在显微镜下观察阴道涂片的组织学变化，根据上皮细胞状况确定该鼠处于发情期的哪一期（图 10-2）。

发情前期　可见大量脱落的有核上皮细胞（多数呈卵圆形）。

发情期　可见大量大而扁平、边缘不整齐的无核角质化鳞状细胞，无白细胞及上皮细胞。

发情后期　角质化上皮细胞减少，并出现有核上皮细胞和白细胞。

休情期（发情间期）　有白细胞和黏液及少量有核上皮细胞。

（3）解剖并观察卵巢、子宫和输卵管及生殖道各部位发育情况。仔细剥离两侧子宫，去净周围组织，取出后称重，计算子宫质量占体重的百分率。

（4）仔细观察实验组小鼠阴道涂片，并与对照组比较，确定处于发情期的哪个时期。

（5）称重实验组小鼠的卵巢、子宫、输卵管及生殖道，并与对照组比较，总结雌激素对雌性动物性周期及生殖器官的作用。

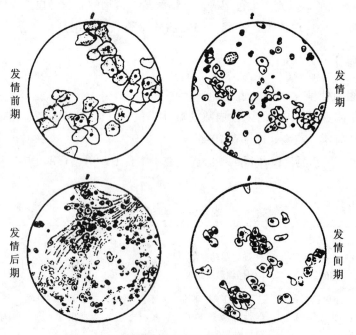

图 10-2　鼠的阴道图片观察（解景田，2002）

【注意事项】

1. 选择实验动物时必须是未达性成熟的雌性小鼠。
2. 实验组注射己烯雌酚必须是皮下注射。
3. 严格按照要求进行染色。

【思考题】

1. 雌性激素的主要生理功能是什么?
2. 雌性激素的分泌是如何调节的?

▶| 实验 10-7　蛙的受精及卵裂观察

【目的要求】

掌握蛙精子和卵子的采集和人工授精的方法，并观察受精卵的发育。

【实验原理】

将成熟的蛙精子和人工排出的卵放在一起，可发生人工授精，受精卵可出现卵裂并继续发育成胚胎。

【实验动物】

成年雄蛙和雌蛙。

【器材及药品】

剪刀、玻璃棒、吸管、培养皿、100 mL 和 500 mL 烧杯、滤纸、解剖镜、恒温水浴箱、任氏液、人绒毛膜促性腺激素。

【方法及步骤】

1. 配制精子悬浮液　用剪刀剪开雄蛙腹部，露出精巢。剪下精巢，放入 100 mL 烧杯中。再将精巢剪成碎块，加入适量任氏液，用玻璃棒搅匀，即成精子悬浮液，备用。
2. 制备垂体悬浮液　取蛙垂体与少量任氏液混合、磨碎，即成垂体悬浮液。
3. 卵子采集　给雌蛙注射垂体悬浮液或激素（20~30 U 人绒毛膜促性腺激素），促使其排卵。经 1~2 d 后雌蛙开始排卵。从前向后轻轻挤压即将产卵的雌蛙腹部，并用 500 mL 烧杯收集从泄殖孔流出的卵子。观察蛙卵的形态，卵子根据色素分布不同，分为深褐色的动物半球和乳白色的植物半球。
4. 在收集卵子的烧杯内加入精子悬浮液，并用玻璃棒轻搅、摇匀，使精子和卵子充分接触，每间隔 15 min 换净水，共三次。然后放置在 20℃恒温水浴箱内。

5. 用吸管取出受精卵，将其放在滤纸上轻轻滚动，除去卵外胶膜后，放入盛有清水的培养皿内清洗。

6. 用吸管吸取待观察的卵子，移入干净培养皿内，在解剖镜下观察受精卵的形态。卵子受精以后，形成了受精膜和卵间隙。可见受精卵在卵膜内转动，一般动物半球在上，植物半球在下（表 10-7）。

7. 每隔 30 min 观察受精卵卵裂的不同阶段。

表 10-7　不同发育时期蛙受精卵的形态变化（形态见图 10-3）

发育阶段	所需时间 /h	卵裂方式	形态	图示号
受精卵	0		有受精膜、卵周隙	a
2 细胞期	2 ~ 2.5	纵裂	分裂沟垂直方向，动物半球在上，植物半球在下	b
4 细胞期	2.5 ~ 3	纵裂	分裂面与第 1 次分裂面相垂直	c
8 细胞期	3 ~ 4	纬裂	分裂面位于赤道面上方，与前 2 次分裂面相垂直。分上下 2 层 8 个分裂球，上层较小，下层较大	d
16 细胞期	4 ~ 4.5	纵裂	由 2 个纵裂面将 8 个分裂球分为 16 个分裂球	e
32 细胞期	4.5 ~ 5.4	纬裂	由 2 个分裂面将上下 2 层 8 个分裂球分为 4 层，每层为 8 个分裂球，共 32 个分裂球	f
囊胚期	5.4 ~ 16		早期，动物半球细胞小，颜色深，植物半球颜色浅而细胞大晚期，分裂球变小，数量增加，纵切面可见偏动物半球处有囊胚腔	g h

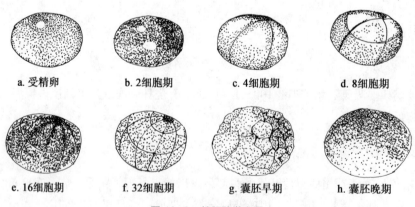

a. 受精卵　　b. 2细胞期　　c. 4细胞期　　d. 8细胞期

e. 16细胞期　　f. 32细胞期　　g. 囊胚早期　　h. 囊胚晚期

图 10-3　蛙胚胎发育图

【注意事项】

蟾蜍也能代替蛙，但是蟾蜍卵色素分布均匀，不容易区分动物半球和植物半球。

【思考题】

1. 受精卵置于干净培养皿内，在解剖镜下观察受精卵的形态。卵子受精以后，用显微镜仔细观察蛙未受精卵子，并描述未受精卵子的形态。

2. 仔细观察蛙受精后不同时期卵子的发育情况，并描述所观察到的不同时期卵子发育情况。

第十一章

设计性实验

传统的实验教学都有相对固定的内容，学生只要按照实验指导的步骤进行，基本都能得到满意的结果。但是在这类实验教学整个过程中学生主动性发挥不充分，难以更好地开发其创新精神和智力潜能。因此，经过了一段时间的生理学理论学习并完成一些必要的验证性和综合性实验后，进一步开展设计性生理学实验的基本训练是必要的。设计性生理学实验是指针对生理学实验的未知或未全知的问题，采用科学的思维方法，进行大胆设计、探索研究的一种开放式教学实验。设计性实验的基本程序与科学研究相同，是初步的科学研究实验训练，可使学生初步掌握科技文献检索、实验设计、实验操作及论文撰写的知识和方法，为日后从事科研工作奠定基础。

第一节　设计性实验的基本程序

动物生理学设计性实验的基本程序包括立题、实验设计、实验实施及观察、实验结果的处理分析及实验结论等几个基本要素。

一、立题

立题就是确定所要研究的课题，是实验设计的前提，决定着研究的方向和总体内容。它包括选题和建立假说。选题正确与否直接关系到实验结果的准确性和结论的可靠性及实验的成败，因此学生在选题时一定要注意选题的基本原则和要求。

1. 选题的原则

一个好的选题应该具备以下特点，即：目的性、创新性、前瞻性、科学性和可行性。

（1）目的性　明确、具体地提出通过实验需要解决的科学问题。选题必须具有明确的理论或实践意义。题目要求简练，且能够准确反映出实验的基本目的或内容，例如蛙心灌流实验。一个实验只需解决 1~2 个主要问题即可。

（2）创新性、前瞻性　科学研究是创新性工作，所研究的问题一般是别人没有研究过的，或虽有人研究过，但还不能得出结论的问题。因此必须检索国内外有关文献和科研资料，以便在选题时就要考虑到通过实验研究能否（或拟）提出新规律、新见解、新技术或新方法，或是对原有的规律、技术或方法的修改、补充。要使研究具有前瞻性，还必须紧密结合专业实践进行选题。

（3）科学性　所研究的问题必须先有一个设想，即建立假说，再设计实验进一步去证明设想是否正确。因此选题应有充分的科学依据，要基于已证实的科学理论、科学规律，而不是毫无根据地凭空猜想。

（4）可行性 选题应切合实验者的知识水平、技术水平和进行该课题研究所需要的实验条件，同时尽量在现有实验条件的基础上做出创新性的选题。所观察的指标应明确可靠，利于观察、便于客观记录；得出的结果重复性要好，结论能说明问题，实验可顺利实施。在动物生理学实验设计中，通常实验对象的选择为易获取的小型实验动物（兔、大鼠、小鼠、蛙或蟾蜍等）；实验器材、药品试剂等需简易价廉；进行一次实验一般在 4～5 h 内即能完成。

2. 建立假说

假说就是对拟研究的问题预先提出实验的基本原理、步骤和假定性答案或试探性解释，也是实验研究的预期结果。在研究前提出的假说能够引导研究展开；在研究有了结果后，还可根据研究中的发现对假说进行修正，才能提出对某一问题的观点。要建立科学的假说，查阅文献资料是必不可少的工作。对于已掌握的知识和资料需要运用对立统一的观点进行类比、归纳和演绎等一系列逻辑推理过程，明确研究（实验）目的和途径，才能进入实验设计。

二、实验设计

完善的实验设计是提高实验效率，减少实验误差，获取可靠资料的基本保证。实验设计是实验研究的计划、方案的制订，必须根据实验研究的目的、预期结果、结合专业和统计学要求，对所从事的实验的具体内容和方法做出周密完整的计划安排，使之在实验过程中有所依据，并能够提高实验研究的质量。

1. 实验设计的内容

（1）实验的方案计划及技术路线 主要根据实验的目的，利用已知的科学规律和已有的研究成果，制订可操作的技术路线、实验方案以达到预期的实验目的。对于研究性设计可以是多层次、多学科、多方法的综合性研究路径和方案。

（2）实验方法与实验步骤 进行设计（研究）实验时的具体实验方法和操作步骤。

（3）所需要的动物、仪器、器材及药品 为了获得可靠而准确的实验结果，选择实验动物时需根据实验目的、动物特点、实验方法和指标的要求选择合适的（观察对象）实验用动物；依据实验的种类，准备相应的器材种类和数量；按照实验的操作步骤，列出并备足所需药品的品种和数量。

2. 实验设计的要素

（1）实验对象 每类科学实验都有其最适宜的受试对象，应该根据对处理因素敏感程度和反应的稳定性等方面来选择最合适的实验对象。同时，还要考虑动物饲养和繁殖的难易、价格、生长周期等因素。

选择实验动物的基本条件如下：

① 必须选用无病、无残、能正常摄食和活动的健康动物。

② 动物的种属及其生理、生化特点是否符合复制某一实验模型。

③ 动物的品系和等级是否符合要求，不同的实验研究有不同的要求。

④ 动物的年龄、体重、性别尽量一致，以减少个体间的生物差异。急性实验选用成年动物，雌雄应搭配适当；对性别要求不高的实验，慢性实验最好选用年轻健壮的雄性动物；与性别有关

的实验研究，要严格按实验要求选择性别。

⑤ 动物的年龄可按体重大小来估计，通常成年小鼠为 20 ~ 30 g；大鼠为 180 ~ 250 g；豚鼠为 450 ~ 700 g；狗为 9 ~ 15 kg。

⑥ 通常采用廉价易得的动物。一般常选择的实验动物为家兔、大鼠、小鼠等，如需用大动物来完成的实验，可选用狗、羊、猪等；只在某些关键性的实验中，才考虑使用价格较高的动物。

（2）处理因素　实验中根据研究目的，由实验者人为地施加给受试对象的因素称为处理因素。例如药物施加、某种手术操作、电刺激实施、某种护理等。在设置处理因素时注意以下几个问题：

① 把握实验的主要因素　由于因素不同和同一因素不同水平造成因素的多样性，因此在实验设计时有单因素和多因素之分。一次实验只观察 1 个因素的效应称为单因素。一次实验中同时观察多种因素的效应称为多因素。一次实验的处理因素不宜过多，否则会使分组过多，方法繁杂，受试对象增多，实验时难以控制。而处理因素过少又难以提高实验的广度、深度及效率，同时所需时间较长，费用也很高。因此需根据研究目的确定几个主要的、带有关键性的因素。

② 控制处理因素的强度　处理因素的强度就是因素量的大小，如电刺激的强度和时间、药物的浓度及剂量等。处理的强度应适当。同一因素有时可以设置几个不同的强度，如以施加药物为处理因素时，可设置几个不同的给药剂量（如高、中、低），即有几个水平，但处理因素的水平也不宜过多。

③ 注重处理因素的标准化　处理因素在整个实验过程中应保持不变，即应标准化，否则会影响实验结果的评价。例如，电刺激的强度（电压、持续时间、频率等）、药物质量（来源、成分、纯度、生产厂、批号、配制方法等）、仪器的参数等应做出统一的规定，并在试验的过程中严格按照这一规定实施，研究结果才有可比性，最终得出结论。实行处理因素标准化的有效方法是建立和实施每一类实验的标准操作规程，这将保证每个实验都能够按照统一的标准进行，减少因标准不一造成的失败或误差。

④ 重视非处理因素的控制　非处理因素（干扰因素）会影响实验结果，甚至其效应会严重干扰处理因素所产生的效应，应加以严格控制。例如离体实验时的恒温、恒压、供氧等，尽量减少非处理因素对于实验的影响，必要时可以设置对照组对非处理因素加以排除。

（3）实验效应　实验效应主要指选用什么样的标志或指标来表达处理因素对受试对象所产生的影响。这些指标包括计数指标（定性指标）和计量指标（定量指标），主观指标和客观指标等。指标的选择应符合以下原则：

① 特异性　观察指标应能特异性地反映某一特定的现象，而不至于与其他现象相混淆。如研究高血压时，应以动脉压（尤其是舒张压）作特异性指标。

② 客观性　所观察的指标应避免受主观因素干扰而造成较大误差。主观指标，如疼痛、饥饿、疲劳、全身不适、咳嗽等感觉性指标，易受个体差异的影响，其客观性、准确性则较差，既难定性，更不易定量。因此，实验最好选用易于量化的、经过仪器测量和检验而获得的指标，如心电图、脑电图、血压、心率、呼吸、血气分析、血液生化指标及细菌学培养结果等。

③ 重复性　即在相同条件下，指标可以重复出现。为提高重现性，须注意仪器的稳定性，减少操作的误差，控制动物的机能状态和实验环境条件。如果在上述条件的基础上，重现性仍然

很小，说明这个指标不稳定，不宜采用。

④ 精确性　精确性包括精密度与准确度。精密度指重复观察时各观察值与其平均值的接近程度，其差值属于随机误差。准确度指观察值与其真值的接近程度，主要受系统误差的影响。实验指标要求既具有精密度又具有准确度。

⑤ 灵敏度　灵敏度高的指标能使处理因素引起的微小效应显示出来。灵敏度低的指标会使本应出现的变化不易出现，造成"假阴性"的结果。指标的灵敏度受测试技术、测量方法、仪器精密度的影响，因此在实验设计中应综合考虑。

⑥ 可行性和认可性　可行性是指研究者的技术水平和实验室的实际设备条件能够完成本实验指标的测定。认可性是指经典的（公认的）实验测定方法必须有文献依据。自己创立的指标测定方法必须经过与经典方法作系统比较并有优越性，方可获得学术界的认可。

此外，在选择指标时，还应注意以下关系：客观指标优于主观指标；计量指标优于计数指标；变异小的指标优于变异大的指标；动态指标优于静态指标，如体温、体内激素水平变化等，可按时、日、年龄等作动态观察；所选的指标要便于统计分析。

三、筛选与预备性实验

1. 初步筛选

初步筛选是进行正式实验研究之前的探索性工作。定向筛选是用同样的实验指标同时对多种药物进行筛选。

功能性筛选是对某药物或方剂进行多种实验，目的在于初步发现被测试对象可能具有的药理作用，如麻醉动物血液实验、血流动力学实验、离体器官实验等。功能性筛选要求有一定的覆盖面，以便用较短的时间、较少的人力、物力，发现样品可能具有的药理活性。

2. 预备实验

预备实验是在上述设计基本完成以后对实验的预演（预实验）。其目的在于检查各项准备工作是否完善，实验方法和步骤是否切实可行，检测指标是否稳定可靠，而且初步了解实验结果与预期结果的距离，有助于为选题和实验设计提供依据，从而为正式实验提供补充、修正的意见和宝贵的经验，是完善实验设计和保证实验成功的必不可少的重要环节。

一般通过预备实验要着重解决以下几个问题：

（1）确定正式实验样本的种类和例数；

（2）检查实验的观察指标是否客观、灵敏和可靠；

（3）改进实验方法和熟悉实验技术；

（4）调整处理因素的强度，探索药物剂量大小和反应的关系，确定最适合的用药剂量；

（5）发现值得进一步研究的线索。

四、实验结果的观察、记录及其处理

1. 实验及其结果的观察和记录

（1）实验过程的观察

实验观察应注意对实验的整个过程的观察，从引进欲检验因素之前一直观察到引进欲检验因

素之后产生变化的终结，或从撤销欲检验因素后直到其功能恢复到正常为止的全过程的观察。注意实验中的变化过程及引入欲检验因素的时间、出现变化的时间和恢复到正常水平的时间进行准确的记录。要等前一项实验结果恢复正常后再进行下一项实验。观察要特别注意有无出现非预期结果或"反常"现象。在排除了错误的不合理的结果之后，应对其进行分析，进一步实验是否有新的发现和新理论的得出。

（2）实验结果的记录

结果的记录也应做到系统、客观和准确。要重视原始记录，预先拟定好原始记录的方式和内容。记录的方式可以是文字、数字、表格、图形、照片、录像等。切不能用整理后的记录替代原始记录，要保持记录的原始性和真实性。

一般实验记录的项目和内容包括：

① 实验名称、实验日期和实验者；

② 受试对象　实验对象的分组，动物种类、品系、编号、体重、性别、来源、合格证号、健康状况，离体器官名称等；

③ 刺激种类、刺激参数若是药物刺激，则应记录药物名称、来源（生产厂家）、剂型、批号、规格（含量或浓度）、剂量、给药方法等；

④ 实验仪器　主要仪器名称、生产厂家、型号、规格等；

⑤ 实验条件　实验时间、室（水）温，动物饲养、饲料、光照、湿度、恒温条件等；

⑥ 实验方法及步骤　测定内容和方法等；

⑦ 实验指标　实验指标的名称、单位、数值及变化等，如有实验曲线，应注明实验项目、刺激（或药物）施加与撤销标记。

2. 实验结果的处理

实验结果必须进行整理和分析，才能从中发现问题，揭示其变化的规律性及影响因素。

（1）原始资料的类型　实验中得到的结果数据称为原始资料，分为两大类：计量资料和计数资料。计量资料以数值大小来表示某种变化的程度，如血压值、呼吸频率、尿量、血流量等，这类资料可从测量仪器中读出，也可通过测量所描记的曲线得到。计数资料是清点数目所得到的结果，如动物存活或死亡的数目、有效或无效等。

（2）对原始资料的分析和处理　在取得一定样本量的原始资料后，即可进行生物统计学分析，得到可用来对实验结果某些规律性进行评价的数值。有些数值，如率、比、平均值、标准差、标准误、相关系数等，被称为统计指标。经统计学处理的结果数据可制成统计表或统计图，以便研讨所获得的各种变化规律。其次，还可以作相应的显著性检验或计算某些特征参数等。

在分析和判断实验结果时，决不能带有研究者的偏见或主观意愿，或者在计算平均数时任意取舍资料。必须实事求是，不能人为地强求实验结果符合自己的假说，而应该根据实验结果去修正假说，使假说上升为理论。

（3）实验结果的表示方法　在实验所得的结果中，凡属于可定量的指标，如：高低、长短、快慢、轻重、多少等等，均应以法定计量单位和数值予以表达，并制成表格。在可以记录到曲线的实验项目中，应尽量采用曲线来表示实验结果。要求在所记录到的曲线上仔细标写清楚各项图注，使他人易于观察和辨识曲线的内在含义。如应在曲线的适当部位标注度量标尺及度量单位、刺激开始和终止的标志、实验日期和实验名称等等。

3. 研究（实验）结论

科学研究经过实验设计、实验与观察、数据处理，对实验结果进行统计学分析，就可做出研究总结、得出结论，并写出论文。这个结论要回答原先建立的假说是否正确，并对实验中发现的现象用所搜集到的资料做出理论解释。研究结论是从实验观察结果概括或归纳出来的判断。结论内容要严谨、精练、准确。

第二节　实验设计原则

为了确保实验设计的科学性，除要对实验对象、处理因素、实验效应 3 个重要因素做出合理的安排以外，还必须遵循实验设计的 3 个原则，即对照原则、随机原则、重复原则。这些原则是为了避免和减少实验误差，取得实验可靠结论所必需的要求，是实验过程应始终遵循的。

一、对照原则

即设立参照物，使处理因素和非处理因素的差异有一个科学的对比。通常将实验分为处理组和对照组。各组之间，除处理因素不同外，其他非处理因素尽量保持相同，从而消除非处理因素造成的影响，根据处理与不处理之间的差异，显示处理因素带来的特殊效应。为此要求受试对象的基本特点，实验动物品系、性别、年龄相同，体重相近；采用的仪器设备、各种试剂和材料、处理时间、实验环境（温度、湿度、光照、噪声等）、实验方法、操作过程、采用的检测指标等也要一致；研究全过程都要按照统一的标准进行，例如由同一个人做实验的一部分或观察一种指标，使得掌握条件或标准能够相同，只有这样，才能消除非处理因素带来的误差，实验结果才能说明问题。

根据实验研究目的和要求的不同，可选用不同的对照形式：

（1）空白对照（又称正常对照）　在不加任何处理的空白条件下进行观察对照。例如，观察生长激素对动物生长作用的实验，就要设立与实验组动物同属，年龄、性别、体重相近的空白对照组，以排除动物本身自然生长对实验的干扰。

（2）实验对照组（或假处理对照）　是指在某种有关的实验条件下进行观察对照。动物经过相同的麻醉、注射，甚至进行假手术、做切开、分离……但不用药或不进行关键处理，以此作为手术对照，以排除手术本身的影响。假处理所用的液体 pH、渗透压、溶剂等理化性质均与处理组相同，因而可比性好。如要研究切断迷走神经对胃酸分泌的影响，除设空白对照外，假手术组就是实验对照。

（3）标准对照　指用标准值或正常值作为对照，以及在所谓的标准条件下进行对照。例如，要判断某一个体血细胞的数量是否在正常范围内，则需要通过计数红细胞、白细胞、血小板的数量，将测得的结果与正常值进行对照比较，根据其是否偏离正常值的范围做出判断。此时所用的正常值就是标准对照。

（4）自身对照　是指将同一受试对象实验后的结果与实验前的资料进行比较。例如，用药前后的对比、手术前后对比。

（5）相互对照（又称组间对照）　指不专门设立对照组，而是几个实验组、几种处理方法之间互为对照。例如几种药物治疗某种疾病时，可观察几种药物的疗效，各给药组间互为对照。

二、随机原则

随机原则是指在实验研究中，使每一个个体都有均等机会被分配到任何一个组中，分组结果不受人为因素的干扰和影响，并按照随机的次序来安排操作的顺序。通过随机化的处理，可使抽取的样本能够代表总体，减少抽样误差；还可使各组样本的基本条件尽量一致，消除或减小组间误差，从而使处理因素产生的效应更加客观，便于得出正确的实验结果。

通常在随机分组前对可能明显影响实验的一些因素，如性别、年龄、病情等，先加以控制，这就是分层随机（均衡随机）。例如将 30 只动物（雌雄各半）分为 3 组，可先把动物分为雌雄两组，每组 15 只，再分别把不同性别分组中的实验动物随机分为 3 组，这样比把 30 只动物不管性别随机分在 3 组中更加合理。如果在动物分组时，先抓到的是不活泼者，后抓到的是活泼者。而后几组动物会比前几组动物的耐受力强些，这样实验得出的结论是不可靠的。为了避免各种因素引起的实验结果偏差，随机化是一个重要手段。随机化的方法很多，具体可以参考生物统计学相关内容。

三、重复原则

重复是指可靠的实验效应能够在相同条件下重复出来（重现性好），这就要求各处理组及对照组的例数（或实验次数）要有一定的数量。假如样本量过小，仅在一次实验或一个样本上获得的结果往往由于个体差异的存在，以及实验误差的影响而不准确，其结论的可靠性也差。如样本过多，不仅增加工作难度，而且造成不必要的人力、财力和物力的浪费。因此，应在保证实验结果具有一定可靠性的条件下，确定最少的样本例数，以节省人力和经费。

在生理学实验中，正确决定实验动物的数量或样本的大小，主要依据两个原则，一是根据生物统计学原理，二是根据文献资料、实验结果，结合以往的经验来确定。例如，要研究侧脑室注射组胺对胃酸分泌的影响，设对照组（脑室注射人工脑脊液）和实验组（组胺组、H1 和 H2 受体阻断剂组、H1 受体阻断剂 + 组胺组、H2 受体阻断剂 + 组胺组），等共 6 组，每组 10 只动物，那么，完成这项实验就要 60 只动物。

重复的第二个含义是指重复实验或平行实验。由于实验动物的个体差异等原因，一次实验结果往往不够确实可靠，需要多次重复实验才能获得可靠的结果。通过重复实验，一是可以估计抽样误差的大小，因为抽样误差（即标准误差）大小与重复次数成反比；二是可以保证实验的可重现性（即再现性）。实验需重复的次数（即实验样本的大小），对于动物实验而言（指实验动物的数量）取决于实验的性质、内容及实验资料的离散度。一般而言，计量资料的样本数每组不少于 5 例，以 5 ~ 10 例为好。计数资料的样本数则需每组不少于 30 例。

除上述三个原则外，实验设计还应尽可能地从多角度加以论证。如检查某一神经因素的作用，可用刺激、切断、药物拮抗（模拟）、受体阻断等方法，如果得到相同的结论，则结论可信且具有普遍意义。又如对鱼类等水产动物生理活动的影响因素较多，因此在设计时还需要按照统计学要求分因子和水平进行设计。

第三节　设计性实验的组织与实施

设计性生理学实验以讲授、讨论、实践结合的方式进行，以在老师指导下的学生自行实践为主，放手让学生自己去思考、设计、探索、总结，让学生在实践中学到知识、学到方法，培养创新能力和实践能力。设计性生理学实验的组织与实施可分为七个阶段。实验设计宜穿插在课程的全过程，采取课内与课外相结合的方式进行。

1. 动员阶段

在课程初期，通知学生该门课程的实验安排，重点强调最后一次实验课为设计性生理学实验，使学生心中有数，更加积极主动地从课程学习中汲取设计性生理学实验设计的方法和思路，为选题和实验设计做准备。要求学生每 5~7 人组成一个实验小组，每个实验小组进行一个实验设计。

2. 选题讨论与报告形成阶段

由于学生一般只做过验证性实验和综合性实验，在学生选题前 4 周应开设"设计性生理学实验"专题讲座，详细讲授"开展设计性生理学实验的目的、意义及具体实施方法"，使学生的选题和实验设计有据可依。

在课程中期，各实验小组通过查阅文献，确立所做实验的题目，并向教师汇报。教师对选题进行指导，纠正选题偏大偏空、重复无新意或过于复杂等通病。然后，由小组组长分工查阅有关资料，并组织小组成员研究讨论逐步完善选题，协作完成实验设计报告。教师采用个别检查指导的形式，了解并督促各组完成实验设计报告。

3. 教师评阅阶段

教师于选题讨论后两周内收集实验设计报告，逐个认真评阅，审查报告的创新性、科学性、可行性、实用性，写出评语。必要时找学生单独谈话、交流，提出具体的修改意见，将报告返还给学生，让其进一步修改完善，做好开题论证的准备工作。

4. 开题论证阶段

开题论证阶段一般安排在课程结束前的第二、三次课上，由教师主持小型开题论证会，并邀请相关学科的教师参加组成评审组。学生将实验设计报告制作成答辩幻灯，每组选一个学生代表对设计报告进行汇报。开题论证分为设计者讲解、专家组成员及同学提问、实验设计者回答，教师做点评四个阶段。限定每组的总时间为 10 ~ 15 min，强调主要问题要讲解清楚。汇报结束后，评审专家及其他学生针对此方案的科学性、目的明确性、创新性和可行性提出问题、疑惑和意见，要求汇报人和同组的同学给予回答。此过程可以锻炼学生表达能力、反应能力和团结协作精神，也可以考查学生对自己小组和其他人设计内容的理解、把握程度，作为评定成绩的依据。实验小组根据评审专家和同学提出的问题和建议补充并完善实验设计，形成设计报告定稿并于一周内上交。

5. 实验前准备阶段

教师将设计报告上报教学准备室，并与教学准备室技术人员沟通，将实验过程中所需实验动物、试剂和器械准备好。学生可申请参与实验前的准备工作。

6. 实验阶段

此阶段包括预备实验和正式实验两个阶段。预备实验是在实验准备完成后对实验"预演"，是完备实验设计和保证实验成功的必不可少的重要环节。其目的在于检查各项准备工作是否完善，实验方法和步骤是否切实可行，测试指标是否稳定可靠，而且初步了解试验结果与预期结果的差距，为选题和实验设计提供依据，从而为正式实验提供补充、修正的意见和宝贵的经验。此阶段一般需要 2~3 次实验课，占用时间较多，可通过晚上及假日开放教学实验室来解决。在预备实验过程中要求学生独立思考、解决问题，不断改进和完善实验设计，从而以最简单、最经济的方法得到符合准确度要求的预期结果。

预备实验结束后依据修正好的实验方案开始正式实验。正式实验过程中教师只负责提供实验所需物品，对实验过程不加干预和指导。

7. 论文写作与答辩阶段

正式实验结束后，学生对实验结果进行分析、推理，得出结论。按照中文核心期刊论文的格式撰写实验报告。报告具体包括标题、作者和班级、摘要、前言、材料与方法、结果与分析、讨论与结论及参考文献八个部分。

各实验小组完成论文写作，并准备论文答辩幻灯。教师组织学生在班内进行论文答辩。在答辩期间，记录各个同学答辩表现，对表现好的适当加分。答辩后，各实验小组根据教师及同学提出的意见对论文修改、完善。最后把论文交给教师评定成绩并存档。优秀的论文可推荐投稿发表。

在设计性实验的全过程中要综合发挥学生的主体作用和教师的主导作用。教师在前期讲解，实验设计、实验过程和论文撰写指导，论文答辩讲评，以及成绩综合评定方面发挥好引导作用。提供客观、公正和建设性的意见，注意保护和鼓励学生的想象力和积极性。

第四节　动物生理学实验设计示例

▶ 实验 11-1　神经纤维的绝对不应期检测

【立题依据】

可兴奋细胞和可兴奋组织在接受刺激而发生兴奋的一个短暂时期内，不管再次接受多强的刺激，都不能做出新的反应而产生新的兴奋，此时期称为绝对不应期。兴奋的基本标志是动作电位的暴发，通常对于动作电位的引导，可以评价组织是否兴奋。连续给予可兴奋组织两次刺激时，如果刺激时间间隔小于绝对不应期，则第二次刺激不能引起组织兴奋，无法引导出动作电位，据此原理，可以观察可兴奋组织的绝对不应期。

【设计思路】

通过制备蛙坐骨神经干标本，以神经标本盒和生物信号采集处理系统引导记录神经干复合动作电位，施加不同时间间隔的两个刺激。观察不能记录到第二次刺激引起的动作电位的最小时间间隔。

【实验设计】

1. 实验动物、器材和试剂

蛙（或蟾蜍）、解剖器械、铁支架、烧杯、生物信号采集处理系统、神经标本盒、刺激电极、引导电极。

2. 实验步骤及解析

（1）取蛙（或蟾蜍）1只，制备坐骨神经干标本，置于神经标本盒中，并连接刺激电极与引导电极。

解析：利用坐骨神经干标本，引导复合动作电位。

（2）利用生物信号采集处理系统输出双刺激，刺激强度均为 3 V，时间间隔自 5 ms 起，间隔减量设计为 0.1 ms，记录动作电位波形图。

解析：观察刺激时间间隔减小到何种程度时，进入该条神经干的不应期，记录神经干的不应期，此时记录的不应期为相对不应期。

（3）利用生物信号采集处理系统输出双刺激，第一个刺激强度设为 3 V，第二个刺激强度设为 6 V，时间间隔自 5 ms 起，间隔减量设计为 0.1 ms，记录动作电位波形图。

解析：增大第二次刺激的强度，如在一定时间间隔内，第二次刺激强度虽然很强，但仍不能引起神经干产生新的兴奋，则此时期为绝对不应期。

▶ 实验 11-2　不同环境温度对神经干传导速度的影响

【立题依据】

神经细胞的兴奋过程会伴随着动作电位的暴发，而动作电位暴发的过程是细胞膜发生去极化、复极化及离子转运的综合结果。其中，去极化的过程是由于钠离子跨膜内流而最终形成的平衡电位。钠离子内流的速度既取决于细胞膜两侧钠离子的初始浓度差，又取决于钠钾 ATP 酶（即钠泵）的活动状态。如果改变钠泵活动状态，会引起神经细胞膜两侧钠离子分布的改变，就会对去极化的过程产生影响，从而影响神经细胞兴奋的过程。

【设计思路】

神经纤维处于静息状态时，处于细胞内负外正的极化状态，即静息电位。将两个刺激电极与神经干接触，当刺激器发出脉冲刺激时，负电极处发生去极化，去极化达阈电位时暴发动作电位，使负电极处发生内正外负的反极化，使已兴奋的电极处电位低于邻近未兴奋处，出现电位差而产生局部电流。此局部电流依次扩布引起整个神经纤维兴奋，随着兴奋在神经干的扩布，放置在膜外的两电极可记录出电位差的动态变化。本实验方法为细胞外记录法。若把微电极插入细胞内记录单细胞动作电位，为细胞内记录法。两种方法记录的动作电位波形有所不同。

蛙或蟾蜍坐骨神经干由众多的神经纤维组成，不同的纤维其兴奋性不尽相同。当给予神经干一个电刺激时，刺激强度的不同会引起一个至多个纤维兴奋，记录电极会把多个动作电位同时记录下来，形成的动作电位图形，称为复合动作电位。利用已知距离的两对记录电极记录，可分别记录到两个复合动作电位，依据距离时间相比的原理计算出神经干的传导速度。通过改变环境温度，可观察低温对神经干传导速度的影响。

【实验设计】

1. 实验动物、器材和试剂

蛙或蟾蜍（身长约15 cm）、生物信号采集处理系统、刺激电极、引导电极、神经标本盒、蛙板、毁髓针、玻璃分针、铜锌弓、眼科剪、眼科镊（直、弯）、手术剪、中式剪刀、中型镊子、滴管、培养皿、丝线、室温及低温任氏液（5～10℃）。

2. 实验步骤及解析

（1）制备蛙或蟾蜍坐骨神经干标本，放置于神经标本盒，连接刺激电极与两对引导电极，施加电刺激，记录正常状态下坐骨神经干复合动作电位，并计算该神经干传导速度。

解析：利用已知距离的两对记录电极记录，可分别记录到两个复合动作电位，并依据距离时间相比的原理计算出神经干的传导速度，以此传导速度作为对照。

（2）向神经干表面滴加低温任氏液，重复步骤（1），记录复合动作电位波形并计算低温状态下神经干的传导速度。

解析：通过用低温任氏液降温的方法，改变神经干的温度，间接影响神经干内代谢的程度，使钠钾泵活性发生改变，间接改变神经细胞膜两侧钠离子的分布，从而使动作电位幅度及动作电位时长均发生改变，进而影响神经干兴奋的传导速度。

▶ 实验 11-3 反射弧结构与功能的完整性

【立题依据】

反射是指在中枢神经系统参与下机体对内外环境刺激的规律应答。反射弧包括感受器、传入神经、神经中枢、传出神经、效应器；反射活动一般需要经过完整的反射弧才能实现，如果反射弧中任何一个环节中断（结构或功能受到破坏）则反射不能发生。

【设计思路】

根据反射弧的活动机理，选择合适的实验材料和实验用具（如由于脊髓的机能比较简单，所以常使用只损毁脑的动物：脊蛙和脊蟾蜍）。该实验可以通过损毁反射弧任一环节来说明只有在反射弧完整的条件下才能完成反射。具体设计只要是符合实验目的都可以。

【实验设计】

1. 实验动物、器材和试剂

蛙（或蟾蜍）、1% 普鲁卡因、0.5% 及 1% 硫酸、解剖器械、铁支架、烧杯、滤纸片、纱布。

2. 实验步骤及解析

取蛙（或蟾蜍）1 只，用毁髓针毁掉全部脑髓，使成脊蛙（或脊蟾蜍），用蛙嘴夹夹住脊蛙（或脊蟾蜍）下颌，悬于铁支架上进行下列实验。

（1）正常反射活动的观察。将蛙的一侧后肢脚趾浸入 0.5% 的硫酸中 2~3 mm，浸入时间最长不超过 10 s，可见有屈肌反射出现，当反射出现后，迅速以清水将后肢皮肤上的硫酸洗净。

解析：设立正常对照，观察在基本反射弧完整的情况下，反射活动的基本形式，反射时等指标。

（2）在同一侧的后肢最长趾趾关节上作一个环形皮肤切口，然后再用手术镊剥净切口以下的皮肤。再以上述方法刺激，观察结果。

解析：观察破坏甚至去除反射弧中皮肤感受器后，反射活动是否能够正常进行。

（3）在另一侧后肢股部的内侧，沿坐骨神经的方向将皮肤作一切口，将坐骨神经（此神经包括传出神经和传入神经纤维）分出，并在下面穿 1 根线，以便将神经提起。然后将蘸有 1% 普鲁卡因的小棉球置于神经干下，约经半分钟后，再以同样的方法刺激，观察结果。如仍有反射出现，则以后每隔 1 min 刺激 1 次，直到不引起反应为止。

解析：观察破坏反射弧中传入神经纤维与传出神经纤维的功能后，反射活动是否能够正常进行。

（4）待普鲁卡因作用消除后，即另一侧后肢又可出现屈肌反射后，用毁髓针完全捣毁蛙（或蟾蜍）脊髓，再以硫酸刺激后肢脚趾皮肤，观察结果。

解析：观察破坏反射弧中最基本中枢——脊髓后，反射活动是否能够正常进行。

▶ 实验 11-4　红细胞渗透脆性检测

【立题依据】

正常情况下，哺乳动物红细胞渗透压与血浆渗透压相等，大约为 0.9% NaCl 溶液的渗透压。因此，当红细胞悬浮于等渗的 NaCl 溶液时，其形态和容积可保持不变。若将红细胞置于低渗溶液中，则水分进入红细胞，使之膨胀变形，甚至破裂溶血。但红细胞对于低渗溶液具有一定的抵抗力，这取决于红细胞的渗透脆性，渗透脆性大，容易溶血，渗透脆性小，则不容易溶血。

【设计思路】

配制不同浓度的 NaCl 溶液，将哺乳动物红细胞分别置于其中，观察开始出现溶血的最小 NaCl 溶液浓度。

【实验设计】

1. 实验动物、器材和试剂

家兔、兔固定箱、手术刀、试管架、小试管若干、2 mL 刻度吸管、注射器、NaCl 溶液、蒸馏水。

2. 实验步骤及解析

（1）制备不同浓度梯度的 NaCl 溶液，取小试管 15 支，作好编号，依次排列于试管架上。NaCl 溶液浓度从低至高依次为 0.25%、0.30%、0.32%、0.34%、0.36%、0.38%、0.40%、0.42%、0.44%、0.46%、0.48%、0.50%、0.60%、0.70%、0.80%。

解析：设置等渗浓度以下的各浓度梯度 NaCl 溶液。

（2）将兔装入兔固定箱，用手术刀将耳缘静脉划一小横切口，血液自行流出后，分别滴入各试管内，使血细胞和 NaCl 溶液充分混匀。在室温下静置 2 h，使细胞下沉（或进行离心沉淀 10 min），按如下标准观察有无溶血、不完全溶血现象。

上层上清液无色，管底为混浊红色，表示没有溶血；

上层上清液呈淡红色，管底为混浊红色，表示只有部分红细胞破裂溶解，为不完全溶血；

管内液体完全变为透明的红色，管底无细胞沉积，为完全溶血。

解析：红细胞对低渗溶液具有一定的抵抗力，新生红细胞抵抗力强，渗透脆性小，衰老红细胞抵抗力弱，渗透脆性大。依据不同浓度试管内出现的现象，判断红细胞的最小渗透脆性，即最大抵抗力。

▶ 实验 11-5　钙离子在血液凝固反应中的作用

【立题依据】

血液流出血管后，迅速发生凝固。血液凝固是由多种凝血因子参与的一系列酶促反应的级联反应，大致可分为三个主要步骤，即凝血酶原激活物的形成、凝血酶原激活物催化凝血酶原转变为凝血酶、凝血酶催化纤维蛋白原转变为纤维蛋白，最后由纤维蛋白聚合成血凝块。这三个步骤都需要 Ca^{2+} 的参与。

【设计思路】

通过人为添加不同钙离子结合剂（5% 草酸钾和 3.8% 柠檬酸钠），除去血浆中的钙离子，然后添加 $CaCl_2$ 溶液以补充钙离子，观察钙离子对于血液凝固的影响。

【实验设计】

1. 实验动物、器材和试剂

家兔（或鸡）、试管、试管架、吸管、秒表、3.8% 柠檬酸钠、1% 氯化钙、5% 草酸钾、烧杯。

2. 实验步骤及解析

（1）取 A、B、C 三支试管，其中 A、B 分别加入 3 滴 3.8% 柠檬酸钠和 5% 草酸钾，然后再向各管加入 1 mL 家兔（或鸡）的新鲜血液，混匀后观察血凝情况。

解析：设置 C 管的目的是作为 A 管和 B 管的对照。血凝过程中，Ca^{2+} 是重要的凝血因子，其参与了血液凝固的许多环节，当血液中没有 Ca^{2+} 时血液就不会发生凝固。在试管内放有草酸钾时，由于草酸钾与血液中的 Ca^{2+} 发生化学反应，生成草酸钙沉淀，使血液中没有 Ca^{2+}，故血液不会发生凝固；在试管内加入 3.8% 柠檬酸钠时，由于柠檬酸钠与血液中的 Ca^{2+} 发生化学反应，生成络合物，导致血液中没有 Ca^{2+}，故血液也不会发生凝固。

（2）向 A 和 B 管中分别再加 1~2 滴 1% $CaCl_2$ 后，观察现象。

解析：当继续向血液中加入 $CaCl_2$ 溶液，$CaCl_2$ 中的钙离子会起到凝血因子Ⅳ的作用，从而再次启动凝血过程，血液凝固。

▶ 实验 11-6　心脏自律细胞的分布与自律性差异

【立题依据】

哺乳动物心脏特殊传导系统具有自律性，但各部分的自律性高低不同。正常情况下，窦房结自律性最高，它自动产生的兴奋向外扩布，依次激动心房肌、房室交界、房室束、心室内传导组织和心室肌，引起整个心脏兴奋和收缩。由于窦房结是主导整个心脏兴奋和跳动的正常部位，故称之为正常起搏点；其他部位自律组织受窦房结的"抢先占领或超速驱动压抑"控制，并不表现出它们自身的自动节律性，只是起着兴奋传导作用，故称之为潜在起搏点。一旦窦房结的兴奋不能下传时，则潜在起搏点可以自动发生兴奋，使心房或心室依从节律性最高部位的兴奋节律而跳动。

【设计思路】

用结扎法观察蛙心起搏点和心脏传导系统不同部位自律性的高低及兴奋传导方向。

【实验设计】

1. 实验动物、器材和试剂

蛙或蟾蜍、蛙类手术器械、蛙心夹、滴管、丝线、秒表、任氏液。

2. 实验步骤及解析

（1）取蟾蜍或蛙一只，用探针破坏中枢神经系统，仰卧位固定于蛙板上。用剪刀剪开胸骨表面皮肤，并自剑突向两侧角方向打开胸腔，剪开胸骨见心脏包在心包中，仔细剪开心包，暴露心脏。观察蛙心各部的收缩顺序，并计算其收缩频率。

解析：完整暴露蟾蜍心脏以备后续实验使用，观察在正常情况下，蟾蜍心脏各部收缩的基本形式和颜色的变化。

（2）用眼科镊在左右动脉干下穿一线备用，将心尖翻向头端，暴露心脏背面，然后将放置在动脉干下的那条线在窦房沟处做一结扎，即为斯氏第一结扎。待心房和心室恢复搏动后，分别记录它们的搏动频率。（每次读取数据时，重复三次，取平均值）比较心脏各部位搏动频率的变化。

解析：斯氏第一次结扎切断了静脉窦和心房之间的联系，结果是暂时性的心房、心室停止收缩。但心房本身也有自律性，所以在一段时间之后会表现出来，心房的收缩期应该明显慢于静脉窦，心房收缩一段时间之后，心室才开始收缩。

（3）在冠状沟处穿线做第二次结扎，即斯氏第二结扎。这时心房和静脉窦仍继续搏动，心室则停止搏动。待心室恢复搏动后，记录心脏各部位的搏动频率。

解析：斯氏第二次结扎切断了心房与心室之间的联系，结果是暂时性的心室停止收缩。但心室本身也有自律性，所以在一段时间之后会表现出来，心室的收缩期频率应该明显慢于心房和静脉窦。

▶ 实验 11-7　自主神经系统对心脏活动的支配

【立题依据】

自主神经系统包括交感神经和副交感神经，它们在调节内脏活动时，存在着神经紧张的现象，即它们有经常性冲动发放到所支配的效应器官。交感神经对于心脏活动的调节主要表现为正性的变时、变力、变传导作用，而副交感神经主要表现为负性的变时、变力、变传导作用。正常动物机体内心脏活动稳定，是通过交感和副交感神经活动的相互拮抗平衡而实现的。

【设计思路】

通过人为施加不同因素，破坏交感神经和副交感神经拮抗的平衡性，观察对于动脉血压的影响，从而探索自主神经系统对心脏活动的支配及交感与副交感神经的拮抗作用。

【实验设计】

1. 实验动物、器材和试剂

健康成年家兔、20% 氨基甲酸乙酯溶液、0.5% 肝素生理盐水、38℃生理盐水、手术器械1套，小动物手术台、动脉夹、注射器（1 mL、5 mL、50 mL）、生物信号采集处理系统、刺激电极、压力换能器、动脉插管。

2. 实验步骤及解析

（1）麻醉家兔，进行颈部右侧颈总动脉插管术，并连接压力换能器，记录正常状态下血压，同时分离颈部交感神经、副交感神经、减压神经。

解析：选用动脉血压为观测指标，间接反映心脏活动情况，设立空白对照。

（2）电刺激一侧交感神经，选择刺激强度为 6 V，刺激频率为 40～50 次，刺激时间为 15～20 s，观察血压的变化。

解析：通过人为刺激使交感神经活动增强，观察心脏活动的变化。

（3）电刺激迷走神经，观察血压的变化。

解析：通过人为刺激使迷走神经活动增强，观察心脏活动的变化。

▶ 实验 11-8　血液 pH 对呼吸频率的影响

【立题依据】

呼吸运动是呼吸中枢节律性活动的反映。在不同生理状态下，呼吸运动所发生的适应性变化有赖于神经系统的反射性调节，其中较为重要的有肺牵张反射以及外周化学感受器与中枢化学感受器的反射性调节。体内外各种刺激可以直接作用于中枢部位或通过不同的感受器反射性地影响呼吸运动的频率与深度。

【设计思路】

通过人为施加不同因素，分别改变家兔血液 pH，观察家兔呼吸频率的改变，从而探索家兔血液 pH 与呼吸频率的关系。

【实验设计】

1. 实验动物、器材和试剂

家兔、生物信号采集处理系统、血气分析仪、兔手术台、哺乳动物手术器械一套、呼吸换能器、刺激电极、保护电极、气管插管等；20% 氨基甲酸乙酯、生理盐水、120 g/L NaH_2PO_4（或乳酸）、50 g/L $NaHCO_3$、橡皮管（长约 50 cm）、纱布、细线等。

2. 实验步骤及解析

（1）麻醉家兔，进行颈部气管插管，并连接呼吸换能器，记录正常状态下家兔呼吸频率。

解析：选用呼吸频率为观测指标，设立空白对照。

（2）按 5 mL/kg 耳缘静脉缓慢注射 NaH_2PO_4，描记并观察呼吸频率和幅度的变化，5 min 后抽取动脉血 1 mL，血气分析仪检测 pH。

解析：NaH_2PO_4 改变了血液 pH，提高了血中 H^+ 浓度。H^+ 是化学感受器的有效刺激物，可经过刺激外周化学感受器来调节呼吸运动，使呼吸运动加深加快。此外，H^+ 也可以直接刺激中枢化学感受器，但因血中 H^+ 不容易透过血脑屏障直接作用于中枢化学感受器，因此，血中 H^+ 对中枢化学感受器的直接刺激作用不大，也较缓慢。

（3）耳缘静脉注射 $NaHCO_3$，纠正酸中毒，描记并观察呼吸频率和幅度的变化，5 min 后抽取动脉血 1 mL，血气分析仪检测 pH。

解析：$NaHCO_3$ 作为血液中的碱储，改变了血液 pH，降低了血中 H^+ 浓度，减弱了 H^+ 对外周化学感受器的刺激，因此，呼吸频率会降低。

▶ 实验 11-9　酸性物质促进胰液分泌的主要机制

【立题依据】

早在 18 世纪末，人们就发现酸性物质能够促进动物胰液的分泌。胰液的分泌主要受神经及体液因素的调节，其中体液调节在该过程中发挥着主要作用。酸性物质可以刺激小肠黏膜 S 细胞释放促胰液素，经血液循环作用于胰腺后，引起胰液分泌的增加。

【设计思路】

通过人为施加酸性物质，并应用神经阻断技术，探讨酸性物质是否是促进胰液分泌的直接因素；探讨在酸性物质促进胰液分泌的过程中，是神经因素，还是体液因素为主导因素。

【实验设计】

1. 实验动物、器材和试剂

健康成年犬、20% 氨基甲酸乙酯、0.5% 肝素生理盐水、38℃生理盐水、$0.1\ mol \cdot L^{-1}$ 盐酸溶液、手术器械 1 套、狗手术台、阿托品、秒表、注射器（1 mL、5 mL、50 mL）、生物信号采集处理系统、胰导管插管、丝线。

2. 实验步骤及解析

（1）浅麻醉狗，将狗仰卧于手术台上，于剑突下正中线作长约 10 cm 切口，寻找十二指肠及胰腺，在十二指肠及胰腺间主胰导管部位作插管并固定，收集并记录基础状态下胰液的分泌。

解析：选用单位时间内胰液分泌的滴数及总量为观测指标，设立空白对照。

（2）将 $0.1\ mol \cdot L^{-1}$ 的盐酸溶液 40 mL 注射入狗的十二指肠内，观察胰液分泌量的变化。

解析：通过酸化十二指肠，观察酸性物质对胰液分泌的影响。

（3）待胰液分泌恢复至正常水平后，向股静脉内注射 $0.1\ mol \cdot L^{-1}$ 的盐酸溶液 10 mL，观察胰液分泌量的改变。

解析：设立实验使酸性物质直接进入血液，验证是否是酸性物质本身作为一种体液因素促进胰液的分泌。

（4）静脉注射阿托品 1 mg，然后再向十二指肠内注射盐酸。观察胰液分泌量的改变。

解析：通过应用迷走神经主要递质乙酰胆碱的阻断剂阿托品，观察阻断迷走神经对于胰腺的支配作用后，酸性物质是否依然引起胰液分泌的改变，若胰液分泌依然变化，证明体液因素在其中的作用。

（5）向狗静脉内注射粗制胰泌素。粗制胰泌素的制备可提前进行，其为酸性物质注入狗十二指肠后的浸出液，注射后观察胰液分泌的变化。

解析：酸性物质的十二指肠浸出液中包含促胰液素，将其直接注射入血液中，检测其对胰液分泌的影响。

▶ 实验 11-10　血浆胶体渗透压与尿生成的关系

【立题依据】

尿生成的过程包括肾小球滤过、肾小管和集合管重吸收及肾小管和集合管分泌与排泄 3 个基本过程，其中影响滤过的因素中，包括两肾血流量、滤过膜的通透性与面积、有效滤过压等主要因素，其中有效滤过压又由肾小球毛细血管血压、血浆胶体渗透压和肾小囊内压共同组成，肾小球毛细血管血压为滤过的动力，血浆胶体渗透压及肾小囊内压为滤过的阻力。在其他因素不变的情况下，通过人为改变血浆胶体渗透压，观察其对尿量的影响，从而加深对于尿生成过程中滤过环节的理解。

【设计思路】

通过人为施加不同因素，分别提高和降低家兔血浆胶体渗透压，间接影响滤过过程中的有效滤过压，观察对尿液生成量的影响，从而探索血浆胶体渗透压与尿生成的关系。

【实验设计】

1. 实验动物、器材和试剂

健康成年家兔、20% 氨基甲酸乙酯溶液、0.5% 肝素生理盐水、38℃生理盐水、明胶水溶液、手术器械 1 套、小动物手术台、注射器（1 mL、5 mL、50 mL）、生物信号采集处理系统、输尿管插管（或膀胱套管）、丝线。

2. 实验步骤及解析

（1）麻醉家兔，实施膀胱套管术（也可作输尿管插管术），记录正常状态下家兔尿液滴数。

解析：选用尿液滴数为观测指标，设立空白对照。

（2）耳缘静脉注射 38℃生理盐水 20 mL，观察尿量的变化。

解析：通过注射大量生理盐水降低血浆胶体渗透压，观察其对尿生成量的影响。

（3）待尿液生成稳定后，耳缘静脉注射明胶水溶液，观察尿量的变化。

解析：耳缘静脉注射明胶后，增加血浆中胶体物质的浓度，提高血浆胶体渗透压，观察其对尿生成量的影响。

▶ 实验 11-11　家兔动脉血压与尿生成的关系

【立题依据】

动物机体以整体的形式与环境保持密切的联系。动物通过神经及体液调节机制改变和协调各器官系统（如循环和泌尿等）的活动，以适应内环境的变化，维持新陈代谢正常进行。尿生成的过程包括滤过、重吸收及分泌三个基本过程。影响滤过的因素包括两肾血流量、滤过膜的通透性与面积、有效滤过压等主要因素，其中，血压是有效滤过压的重要组成部分。通过观察动物在整体情况下，血压改变对尿量的影响，加深对机体血压与泌尿关系的理解。

【设计思路】

通过人为施加不同因素，分别改变家兔动脉血压，间接影响滤过过程中的有效滤过压，观察对尿液生成量的影响，从而探索家兔动脉血压与尿生成的关系。

【实验设计】

1. 实验动物、器材和试剂

健康成年家兔、20%氨基甲酸乙酯溶液、0.5%肝素生理盐水、38℃生理盐水、0.01%去甲肾上腺素、0.01%乙酰胆碱、手术器械1套、小动物手术台、动脉夹、注射器（1 mL、5 mL、50 mL）、生物信号采集处理系统（刺激器、计滴器）、刺激电极、压力换能器、动脉插管、输尿管插管（或膀胱套管）。

2. 实验步骤及解析

（1）麻醉家兔，进行颈部右侧颈总动脉插管术，并连接压力换能器，同时实施膀胱套管（也可作输尿管插管术），记录正常状态下家兔血压及尿液滴数。

解析：选用动脉血压及尿液滴数为观测指标，设立空白对照。

（2）夹闭左侧颈总动脉：等血压稳定后，用动脉夹夹住左侧颈总动脉，观察血压及尿量的变化。出现明显变化后去除动脉夹。

解析：通过夹闭左侧颈总动脉，使流经左侧颈动脉窦血液减少，窦神经发放冲动频率减弱，减压反射程度降低，从而使动脉血压上升，观察对尿生成量的影响。

（3）电刺激迷走神经、交感神经和减压神经：将保护电极与刺激输出线相连，等血压恢复后，分别将右侧迷走神经、减压神经轻轻搭在保护电极上，选择刺激强度为6 V，刺激频率为40~50次，刺激时间为15~20 s，观察血压和尿量的变化。

解析：通过分别刺激迷走神经、交感神经和减压神经来改变家兔动脉血压，观察尿生成量的变化。

（4）耳缘静脉注射 0.01% 去甲肾上腺素 0.3 mL，观察血压及尿量的变化。

解析：去甲肾上腺素可以通过和受体结合而使阻力血管收缩，从而升高血压，观察其对尿量的影响。

（5）待血压恢复后，由耳缘静脉注射 0.01% 乙酰胆碱 0.3 mL，观察其对尿量的影响。

解析：乙酰胆碱和受体结合后，可以通过抑制心脏和舒张血管使血压降低，观察其对尿量的影响。

▶ 实验 11-12　卵巢及雌激素对大鼠性周期的影响

【立题依据】

在性周期排卵的动物，性周期受机体内性激素水平的影响，伴随着性周期可见到生殖器官和附属生殖器官的变化。大鼠的性周期中，各个时期阴道分泌物涂片呈现不同的特点。根据涂片观察所得结果，判断大鼠进入性周期的哪一阶段。

【设计思路】

通过对大鼠阴道涂片的观察，了解性周期中阴道上皮细胞的变化；进而了解在性周期各个时期中卵巢的活动与性激素的变动。

【实验设计】

1. 实验动物、器材和试剂

性成熟雌性大鼠 6 只、玻片、常用手术器械、显微镜、吸管、盖玻片、生理盐水、乙醚、己烯雌酚、瑞特氏染料。

2. 实验步骤及解析

（1）取性成熟雌性大鼠 6 只，分成三组：第一组为对照组；第二组为去卵巢组；第三组为去卵巢注射己烯雌酚组。取清洁玻片 3 块，按上述分组作好记号，然后各滴入 1 滴生理盐水。用吸有生理盐水的吸管吸取阴道分泌物，然后涂到玻片上，盖上盖玻片，不染色即可进行观察。如待涂片干后，用瑞特氏染料染色 3～5 min，细胞核被染色，细胞的形态更容易辨认。

解析：设立不同的实验组，分别为正常组、雌激素缺乏组和雌激素组。

（2）7～10 d 后检查各组鼠的阴道涂片。如去卵巢后鼠已进入休情期，即给第三组鼠皮下注射己烯雌酚 25 μg。3 d 后再检查各组鼠阴道分泌物，观察它们进入性周期的哪一阶段。

解析：通过切除卵巢，减少内源性雌激素的量，使大鼠进入休情期，观察雌激素不足对于性周期的影响。再通过注射外源性雌激素，观察对鼠性周期的影响。

附 录

附录一　膜片钳实验技术介绍

一、膜片钳技术的定义基本原理、方法及用途

1. 定义

膜片钳技术（patch clamp technique）是采用钳制电压或电流的方法对生物膜上离子通道的电活动进行记录的微电极技术。

2. 基本原理

膜片钳技术是用微波管电极（膜片电极或膜片吸管）接触细胞膜，以吉欧（GΩ）以上的阻抗使之封接，使与电极尖开口处相接的细胞膜小区域（膜片）与其周围在电学上绝缘，在此基础上固定电位，对此膜片上的离子通道离子流进行监测记录（附图 1-1）。

膜片钳技术是在电压钳技术基础上发展起来的。电压钳是利用负反馈技术将膜电位在空间和时间上固定于某一测定值，以研究动作电位产生过程中膜的离子通透性与膜电位之间的依从关系。但电压钳只能研究 1 个细胞上众多通道的综合活动规律，无法反映单个通道的活动特点，且通过细胞内微电极引导记录的离子通道电流背景噪声太大。膜片钳技术的优势是利用负反馈电子

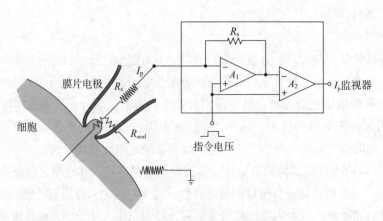

附图 1-1　膜片钳技术原理图

R_s 是与膜片阻抗相串联电阻，R_{seal} 是封接阻抗，I_p 是来自膜片电极的记录电流；
A_1 是第一级场效应管运算放大器；A_2 是第二级场效应管运算放大器

线路将微电极尖端吸附的 1 平方微米至几个平方微米细胞膜的电位固定在一定水平上，对通过通道的微小离子电流做动态或静态的观察。因微电极尖端与细胞膜表面进行了高阻抗封接，阻值可达到 $10 \sim 100 \, \mathrm{G\Omega}$，近似电绝缘，从而可大大减少记录时的背景噪声，使矩形的单通道信号得以分辨出来。

3. 基本方法

膜片钳使用的基本方法是：把经过加热抛光的玻璃微电极在液压推进器的操纵下，与清洁处理过的细胞膜形成高阻抗封接，导致电极内膜片与电极外的膜在电学上和化学上隔离起来，由于电性能隔离与微电极的相对低电阻（$1 \sim 5 \, \mathrm{M\Omega}$），只要对微电极施以电压就能对膜片进行钳制，从微电极引出的微小离子电流通过高分辨、低噪声、高保真的电流 – 电压转换放大器输送至电子计算机进行分析处理。

膜片钳技术实现的关键是建立高阻抗封接，并能通过特定的记录仪器反映这些变化，因而，膜片钳实验室除了一般电生理实验所需的仪器外，还特需防震工作台、屏蔽罩、膜片钳放大器、三维液压操纵器、倒置显微镜、数据采集卡、数据记录和分析系统等。

4. 用途

膜片钳记录的用途如下：①研究通道电流；②研究通道平均开闭时间；③研究离子通道开关的动力学；④研究药物对通道的影响；⑤通过改变膜内外溶液成分，研究各种因素对膜通透性的影响；⑥了解第二信使的作用。

二、膜片钳的记录模式

在膜片钳技术的发展过程中，主要形成了四种记录模式，即细胞贴附记录模式（cell-attached recording mode 或 on-cell mode）、膜内面向外记录模式（inside-out recording mode）、膜外面向外记录模式（outside-out recording mode）、全细胞记录模式（whole-cell recording mode）即穿孔膜片记录模式（perforated patch recording mode），如附图 1–2 所示。

根据研究目的和观察内容的不同，可采取相应的记录模式。此外，还有带核膜片记录、人工脂膜的膜电流记录、自动化膜片记录、平面膜片记录等其他记录模式。

1. 细胞贴附记录模式

当吸管与细胞简单接触，造成低电阻密封时，给吸管内以负压吸引，吸管与细胞膜的封接将提高几个数量级，形成高阻抗封接（giga-seal），这时直接对膜片进行钳制，高分辨测量膜电流，这种方式称为细胞贴附模式。其优点在于不需要灌流，细胞质及调控系统完整，可在正常离子环境中研究递质和电压激活的单通道活动，但不能人为直接地控制细胞内环境条件，不能确切测定膜片上的实效电位。此外，即使在浴液中加入刺激物质，也不能到达与电极内液接触的膜片的细胞外面，相反，如果膜片离子通道对浴液中的刺激物质有反应，则说明这种刺激物质是经过某些细胞内第二信使的介导间接地起作用。

2. 膜内面向外记录模式

在巨阻抗封接后如向上提起电极，在微电极尖端可逐渐形成一封闭的囊泡，并与细胞脱离，将其短时间地暴露于空气，可使囊泡的外面破裂，与电极相连的膜片和整个细胞相分离，形成膜内面向外的模式。此种构型下，能较容易改变细胞内的离子或物质浓度，也能把酶等直接加于膜

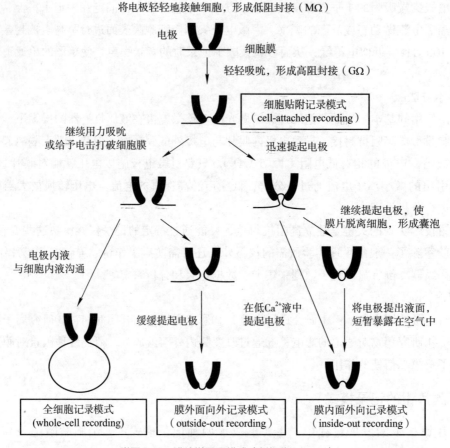

将电极轻轻地接触细胞，形成低阻封接（MΩ）

电极　　细胞膜

轻轻吸吮，形成高阻封接（GΩ）

细胞贴附记录模式
（cell-attached recording）

继续用力吸吮
或给予电击打破细胞膜　　　　　迅速提起电极

继续提起电极，使
膜片脱离细胞，形成囊泡

电极内液
与细胞内液沟通

缓缓提起电极　　在低Ca^{2+}液中
提起电极　　将电极提出液面，
短暂暴露在空气中

全细胞记录模式
（whole-cell recording）　　膜外面向外记录模式
（outside-out recording）　　膜内面外向记录模式
（inside-out recording）

附图 1-2　膜片钳记录模式（刘振伟，2016）

的内侧面，因此适用于研究胞内激素和第二信使物质，如 1,4,5- 三磷酸肌醇、cAMP、cGMP、Ca^{2+} 等对离子通道型受体功能的调节。

　　将细胞贴附模式的膜片以外某部位的胞膜进行机械性地破坏，经破坏孔调控细胞内液，并在细胞吸附状态下进行内面向外的单一离子通道记录，这种模式被称为开放细胞吸附膜内面向外模式（open cell-attached inside-out mode）。这种方法的细胞体积越大，破坏部位离被吸附膜片越远或破坏孔越小，均可导致细胞质外流越慢。

　　3. 膜外面向外记录模式

　　如果从全细胞模式将膜片微电极向上提起，可得到切割分离的膜片，由于它的细胞膜外侧面面对膜片微电极腔内液，膜外面自然封闭而对外，所以这个模式被称为膜外面向外记录模式。此构型多用于研究细胞膜外侧受体控制的离子通道，研究腺苷酸环化酶、多磷酸磷脂酰肌醇激酶、蛋白激酶 C 等活动性变化，以及细胞膜上信使物质二酰甘油、花生四烯酸等对离子通道型受体功能的调节。此外，在实验条件下，分离小块细胞膜片接触模拟状态下的膜内或膜外离子环境，从而可用来研究药物对电压和化学门控性通道的影响，从分子水平上解释药物的作用机制，也有助于研制开发特定的药物，以作用于与某些疾病相关的离子通道，产生最佳的治疗效果。

4. 全细胞记录模式

即穿孔膜片记录模式。在形成巨阻封接后，如进一步在吸管内施加脉冲式的负压或加一定的电脉冲，使吸管中的膜片破裂，吸管内的溶液与细胞内液导通。由于吸管本身的电阻很低，这时可形成全细胞记录模式或孔细胞记录模式（hole cell recording mode）。其优点在于容易控制细胞内液成分，适合于小细胞的电压钳位，但全细胞记录的是许多通道的平均电流，须通过各种通道阻断剂来改变内部介质以分离电流，是当前细胞电生理研究中应用最广泛的一种模式。其不足之处在于胞内可移动小分子可从细胞内渗漏（wash-out）到膜片微电极腔内液中。

为克服胞质渗漏的问题，Horn 和 Marty 将与离子亲和的制霉菌素（nystatin）或两性霉素 B（amphotericin B）经膜片微电极灌流到含类甾醇的细胞膜上，在已形成细胞贴附模式的膜片上形成只允许一价离子通过的孔，用此法在膜片上形成很多导电性孔道，借此对全细胞膜电流进行记录，这种方法被称为穿孔膜片模式或制霉菌素膜片模式（nystatin-patch mode）。该模式的胞质渗漏极为缓慢，局部串联阻抗较常规全细胞模式高，钳制速度缓慢，故又称为缓慢全细胞模式（slow whole-cell mode）。运用穿孔膜片钳技术，可以防止细胞内物质的流失而影响其功能，具有特殊的生理意义和实用价值。

以上提到的四种膜片钳记录模式中都是通过一根电极对膜片或细胞进行电压钳制，但相同的电极电压所造成的钳制水平不同，以 V_p 代表电极电位，V_m 代表膜电位，则：

细胞贴附记录模式：$V_m = 细胞静息电位 - V_p$

膜内面向外记录模式：$V_m = -V_p$

膜外面向外记录模式：$V_m = V_p$

常规全细胞记录模式：$V_m = V_p$

三、膜片钳实验操作

运用膜片钳进行膜离子通道特性的研究，是一项艰辛、细致、繁杂的工作，要求较高的技术水平和实验条件做保证。膜片钳的实验过程主要包括以下几个方面。

1. 标本制备

根据研究目的的不同，可采用不同的组织细胞，如心肌细胞、平滑肌细胞、肿瘤细胞等，现在几乎可对各种细胞进行膜片钳的研究。对所采用的细胞，必须满足实验要求，一般多采用酶解分离法，也可采用细胞培养法；此外，由于与分子生物学技术的结合，现在也运用分子克隆技术表达不同的离子通道，如利用非洲爪蟾卵母细胞表达外源离子通道或其他受体基因，是目前离子通道或受体结构和功能研究中的一种重要方法，在研究离子通道及神经递质受体的结构、功能及药理作用方面都发挥了重要作用。

2. 电极制备

（1）拉制 合格的膜片微电极是成功封接细胞膜的基本条件。要成功封接细胞膜需要两方面的因素保证，一是设法造成干净的细胞膜表面，二是制成合格的电极。首先要选择适当的玻璃毛细管，其材料可使用软质玻璃（苏打玻璃、电石玻璃）或硬质玻璃（硼硅玻璃、铝硅玻璃、石英玻璃）。软玻璃电极常用于做全细胞记录，硬质玻璃因导电率低、噪声小而常用于离子单通道记录。膜片微电极是将玻璃毛细管用电极拉制仪拉制而成的。由于膜片微电极不是刺入的，其尖端形状以不锐利为宜，肩颈部尽可能粗短一些。通常采用两步拉制。两步拉制的目的主要是使电极前端的锥度变大，狭窄部长度缩短，由此可降低电极的串联电阻，也可减少全细胞记录时的电极液透析时间。由于膜片微电极最忌沾染灰尘和脏物，更忌触碰尖端附近部位，所以一般要求在使用前制作。

（2）涂硅酮树脂　在微电极最尖端以外的部分涂以硅酮树脂，其目的是降低电极与灌流液之间的电容，并形成一个亲水界面。硅酮树脂可减少本底噪声，对单通道记录很重要。在进行全细胞记录时，不用硅酮树脂也可以得到满意的效果，通常微电极在涂抹硅酮树脂后再进行抛光，但最好是在涂抹后 1 h 内抛光，否则很难改变电极尖端的形状。

（3）热抛光　将电极固定于显微镜工作台上，在镜下将尖端靠近热源（通电加热的白金丝等）。当通电加热时，可见电极尖端微微回缩，此时电极变得光滑。且可烧去尖端的杂质，得到较干净的表面。热抛光有利于和细胞膜紧密封接，并在封接后更易保持稳定。

（4）充灌微电极液　电极在实验前要灌注电极液。由于电极尖端较细，因此在充灌前，电极内液要用 0.2 μm 的滤膜进行过滤。灌注的方法多种多样，在微电极尖端较粗的情况下，用注射针或聚乙烯的塑料管直接从电极尾部灌充即可，这种方法叫反向灌充。在尖端较细的情况下，首先将电极尖端浸浴灌注液中，利用毛细管现象使尖端部分充满液体，然后从其尾部灌注，如有气泡，用手指轻轻弹除尖端残留的气泡即可。灌注后的电极电阻一般为 2~5 MΩ，而全细胞记录则最好在 2~3 MΩ。

3. 膜片钳实验系统

根据不同的电生理实验要求，可以组建不同的实验系统，但都有一些共同的基本部件，包括机械部分（防震工作台、屏蔽罩、仪器设备架）、光学部分（显微镜、视频监视器、单色光系统）、电子部件（膜片钳放大器、刺激器、数据采集设备、计算机系统）和微操纵器等。

（1）机械部分　大多数膜片钳实验都要求所有实验仪器及设备均具有良好的机械稳定性，以使微电极与细胞膜之间的相对运动尽可能小。防震工作台放置倒置显微镜和与之固定连接的微操纵器，其他设备置于台外。由铜丝网制成的屏蔽罩应接地以防止周围环境的杂散电场对膜片钳放大器的探头电路的干扰。仪器设备架要靠近工作台，便于测量仪器与光学仪器配接。

（2）光学部分　倒置显微镜是膜片钳实验系统的主要光学部件，它不仅具有较好的视觉效果，便于将玻璃电极与细胞的顶部接触，而且借助移动物镜来实现聚焦，具有较好的机械稳定性。视频监视器主要用来监视实验过程中的操作，特别是能将封接参数（如封接阻抗）与细胞的形态对应，以实现良好的封接。

（3）电子部件　膜片钳放大器是整个实验系统中的核心，它可用来作单通道或全细胞记录，其工作模式可以是电压钳，也可以是电流钳。从原理来说，膜片钳放大器的探头电路即 I–V 变换器有两种基本结构形式，即电阻反馈式和电容反馈式。前者是一种典型的结构，后者因用反馈电容取代了反馈电阻，降低了噪声，所以特别适合超低噪声的单通道记录。由于供膜片钳实验的专用计算机硬件及相应软件程序的相继出现，使得膜片钳实验操作简便、效率提高。如与 EPC-9 型膜片钳放大器（内含 ITC-16 数据采集/接口卡）配套使用的软件 PULSE/PULSEFIT，它既可产生刺激波形，控制数据采集，又可分析数据，同时具有用于膜电容监测的锁相放大器，多种软件功能集成于一体。

4. 进行实验、记录和分析数据

准备工作就绪后即可进行实验操作、数据记录和分析。这里主要介绍高阻抗封接的形成（附图 1-3）。

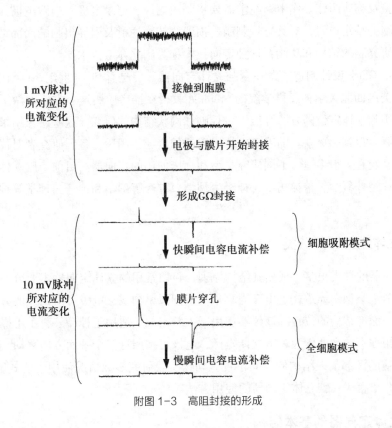

附图 1-3　高阻封接的形成

对电极持续施加 1 个 1 mV、10 ~ 50 ms 的阶跃脉冲刺激，电极入水后电阻为 4 ~ 6 MΩ，此时在计算机屏幕显示框中可看到测试脉冲产生的电流波形。开始时增益不宜设得太高，一般可在 1 ~ 5 mV·(PA)$^{-1}$，以免放大器饱和。由于细胞外液与电极内液之间离子成分的差异造成了液结电位，故一般电极刚入水时测试波形基线并不在零线上，须首先将保持电压设置为 0 mV，并调节"电极失调控制"使电极直流电流接近于零。用微操纵器使电极靠近细胞，当电极尖端与细胞膜接触时封接电阻指示 R_m 会有所上升，将电极稍向下压，R_m 指示会进一步上升。通过细塑料管向电极内稍加负压，细胞膜特性良好时，R_m 一般会在 1 min 内快速上升，直至形成 GΩ 级的高阻抗封接。一般当 R_m 达到 100 MΩ 左右时，电极尖端施加轻微负电压（−30 ~ −10 mV）有助于 GΩ 封接的形成。此时电流波形再次变得平坦，使电极超极化，由 −40 mV ~ −90 mV，有助于加速形成封接。为证实 GΩ 封接的形成，可以增加放大器的增益，从而可以观察到除脉冲电压的首尾两端出现电容性脉冲尖端电流之外，电流波形仍呈平坦状。

在形成高阻抗封接后，记录实验结果之前，通常要根据实验的要求进行参数补偿，以期获得符合实际的结果。需要注意的是：应恰当设置放大器的带宽，例如 10 kHz，这样在电流监测端将观察不到超越此频带以外的无用信息。

附录二　脑立体定位实验技术介绍

在动物实验及临床医疗工作中，经常需要将刺激电极、记录电极、损毁电极、给药导管等安置在人或动物脑的特定位置，对其进行刺激、损毁、药物注射及引导出脑的局部结构或者单个细胞的电活动以研究脑的结构和功能，这种定向技术称为脑立体定位术。

20世纪初，Clark设计制造了第一台脑立体定向器，但是直到20世纪30年代，立体定向器才受到重视。美国西北大学神经科学院的Stephen教授在推广应用这个方法上做了大量工作。他和他的学生应用脑立体定位的方法开展了对丘脑和网状结构的研究，这些研究结果使得当时的一些神经生理学概念得到了更新。随着脑立体定向器的广泛使用后，各国研究者对仪器不断进行改良，迄今为止已经有了很多适应不同研究类型和临床使用的定向器。目前，脑立体定位技术已经被广泛应用于神经外科学、精神病学、神经生理学、神经解剖学和神经药理学等神经科学各学科的研究中。

一、脑立体定向器的分类

脑立体定向器的种类很多，根据其结构原理，目前常用的立体定向器主要分为赤道式和直线式（三平面）两个类型。赤道式是由互为直角的半圆弧梁构成，电极可沿两弧的方向移动，通过坐标来确定某一深部结构的位置。该仪器多用于人脑定位，适用于神经外科手术操作。直线式以三个假想的互相垂直的平面作为一组立体坐标，电极可按照这三个平面方向移动。通过立体坐标的读数来确定脑的深部某一结构的空间位置。动物实验研究多数情况使用直线式脑立体定向器，因此这里主要介绍直线式脑立体定向器的使用方法。

二、脑立体定向器的基本结构

脑立体定向器的主要结构有主框、电极移动架和头部固定器等部件，以及各部件相应的零件和附件等。这里以某通用脑立体定向器为例，介绍脑立体定向器的基本结构（附图2-1）。

主框为较厚的方棱条杆构成的U形框架。横梁中点有记号，两臂有完全对称的毫米刻度。主框四角有主框脚做支柱，一边放置于桌上，主框脚的高度可以调节。主框为全仪器的基架，其他部件都附着于主框上。

电极移动架借立柱"龙门式"地支于主框的两臂，每臂1个（或2个），均可装卸自如。电极固定夹夹定电极，以3个移动滑尺按需要而分别向前、后、左、右、上、下移动电极，支撑电极移动架的立柱，可沿主框前后移动，这就可使前后移动的滑尺移动范围较小（30 mm），不易发生误差。左右移动的滑尺移动范围为50 mm。上下移动的滑尺移动范围为50 mm。这样的范围已足以适用于3.5 kg以下的猫、3.0 kg以下的兔、150 g以上的鼠。

头部固定器包括：①耳杆及固定柱，对称地装于主框的两臂；②上颌固定器，固定在主横框的两臂，猫、兔、鼠的头颅形态悬殊、大小各异，故头部固定器以不同的构造分别适应各种动物。

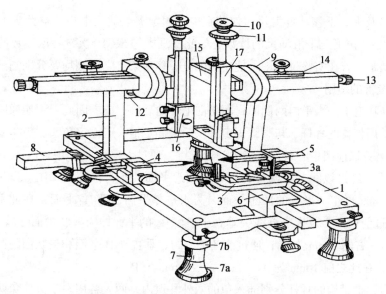

附图 2-1 某通用脑立体定向器（胡还忠，2002）

1. 主框 2. 电极移动架立柱 3. 上颌固定器 3a. 眼眶括 4. 耳杆固定柱 5. 耳杆 6. 上颌固定器固定柱，固定在主框横梁的中点 7. 主框脚（四角各一，可调节高度） 7a. 主框脚座 7b. 主框脚调节钮 8. 可移动固定横柱 9. 前后移动滑尺的角度盘，可前、后各转90度角 10. 上下移动滑尺调节旋钮 11. 上下移动滑尺调节旋钮的刻度盘 12. 角度盘的调节螺丝 13. 角度盘的固定螺丝 14. 左右移动滑尺 15. 前后移动滑尺 16. 电极固定夹 17. 上下移动滑尺

用于猫的头部固定器，耳杆、胃杆为四方而尖头细圆的直杆，两杆管身上有相同的刻度。上颌固定器为一有柄的小框，附以直角形结构的牙齿固定杆和眼眶括。用于兔的头部固定器，耳杆尖端弯转。上颌固定器由门齿固定槽和一端有钩的弯形眼眶固定杆组成。用于鼠的头部固定器，与用于兔者相似，唯耳杆为尖端更细的直形杆。若将兔用门齿固定槽和鼠用眼眶固定杆并用，则亦适用于一般的豚鼠。

三、通用立体定向器的使用

1. 仪器校验

脑立体定向器长途搬运后或使用一定时期后应加以校验，重点在检验电极移动架各滑尺是否保持直角。用一大型透明三角板的直角，放在三个滑动尺之间，仔细观察，各滑尺应彼此垂直。上下移动滑尺，应与电极移动架的支柱完全平行，检查各衔接部各螺丝是否松动，若太松可用螺丝锥将上端有两个小孔的螺丝帽旋松，然后以顺时针方向旋大螺丝帽，再将有两个小孔的螺丝帽旋紧，滑尺可以变紧（不可太紧）。

检查主框两臂的平行情况。若因跌撞而变得不在同一水平面上，仪器不可使用。装上猫用的一对耳杆，看两耳杆的尖接触处是否在正中线。再观察固定头的装置的两侧对称度如何。小框（或横板）是否与主框平行。

检查完仪器有无故障后，可进行下列校验性操作：将两耳杆柱旋松，在主框前后移动，然后再按原规定刻度装好。看两侧耳杆尖是否完全对正。取下一侧耳杆，将一侧电极移动架装好，前、后，左、右及上、下移动各滑尺，使装在电极固定夹上的假电极（空针头）尖正对耳杆尖（另一侧）的中心，记下三个滑动尺的读数。如此反复操作 5～10 次，各取读数的平均数，并计算出标准差和全距。若在实验过程中，使用两侧电极移动架，则两侧均要分别测试。

2. 用于兔装置的使用

由于兔的外耳道不是水平向两侧面，而是向上、向后的方向，因此，不能像固定猫头一样用直形耳杆，可采用带钩的耳杆，与眼眶固定杆及门齿固定槽一起固定兔头。兔头固定的位置一般采用 Sawyer 图谱：以前囟中心及人字缝尖为标志点，通过人字缝尖以上 1.5 mm 处（假想点）与前囟中心连一线，经过该线并与两耳杆平行的假想平面，作为标准面（H_{12}）；由前囟中心向下（腹侧方向）12 mm 再作一平行的假想平面，为水平零平面，即 H_0 平面，在此平面以上为 H_+，以下为 H_-；通过前囟中心及人字缝线尖垂直于 H_0 平面的平面即为矢状平面（L_0 平面），在它的左侧 1 mm 为 L_1，右侧 1 mm 为 R_1；通过前囟中心的、垂直于 H 平面和矢状面的假想面为冠状平面（AP_0 平面），在此之前 1 mm 为 A_1，在此之后 1 mm 为 P_1。

将兔麻醉后，把带钩的耳杆分别插入兔的两外耳道内，两人各用左手分执兔两耳，向上并微向外拉，用右手拇指将耳杆塞入外耳道，耳杆刻度面向兔头侧，这时耳杆的钩端向外向下，将耳杆沿外耳道下插，然后向外侧斜到水平方向，感觉到耳尖穿破骨膜时，两人各将耳杆杆身由耳杆固定柱上方开口处套入，并加以固定，这时耳杆有刻度的一面朝向仪器的后上方，数字向上。若方向装得不正确，则耳杆钩部不能进入外耳道。用左手紧拉耳郭，将两侧的耳杆固定柱放在主框的 13.5 cm 处加以固定，旋松耳杆固定柱上的螺旋及门齿槽下部的螺旋，将兔的上门齿套入门齿固定槽内，使门齿根部紧靠槽的上缘，装上一侧的眼眶固定杆，前后拉动上颌固定器，直到眼眶固定杆尖端的钩恰好钩在眼眶下缘的前部。然后装好对侧的眼眶固定杆，将两侧的眼眶固定杆装妥后，用右手拇指及食指向内紧捏两固定杆，将兔头从两侧方向夹紧并固定。前后推动门齿槽，使其紧钩门齿，并旋紧下部的螺旋将其固定。

兔头固定后，要确定三个标准平面及电极的方向。首先，沿中线切开颅顶皮肤后，分开附于骨膜上的肌肉，露出前囟中心及人字缝的尖部。将左、右侧可以调节角度的电极移动架装在主框臂上，将一尖端已磨平的、直径与电极相同的注射针头夹在电极夹上，移动电极，移动架上滑尺，使针尖移动。细心观察是否与矢状缝一致，旋松电极移动架上调节电极角度部分的螺旋，使电极微向前倾斜，推动前后移动的滑尺，使针尖落在前囟中心部，与骨接触，记录上下移动滑尺上的读数，然后移动前后移动滑尺，使针尖落在人字缝尖部，并使它的位置比前囟中心低 1.5 mm。

这一系列的操作有时需要若干次的移动电极才能达到要求。电极方向校妥后，立即牢固固定，换上电极，读下电极尖在前囟中心部时的各滑尺读数。

用上述方法确定 H 平面时，耗时、繁复。若使用电极导向器即可在短时间内定好平面。使用时先测量前囟中心到人字缝的直线距离，前后移动电极导向器上的活动针，使活动针 b 与不活动针 a 两尖端的距离等于前囟中心到人字缝尖的距离，并使 a 的尖端低于 b 的尖端 1.5 mm。将 a 针接触前囟中心，b 针接触人字缝尖并扶稳。转动电极的角度，先使移动架上电极夹下缘与电极导向器有机玻璃块的上缘平行，将电极固定，再细心观察电极与导向器中的指示直线是否完全平行。如不完全平行，则须再转动电极，直至完全平行后固定。移去电极导向器，再移前后方向滑尺，使电极尖端分别与前囟中心和人字缝接触，测定这两点的 H 读数，借此再校正电极方向。

　　3. 用于鼠的装置使用

　　用于鼠的头部固定装置与兔近似，在兔用装置上换一鼠用门齿槽、鼠用眼眶固定杆及鼠用耳杆即可，鼠用耳杆为一对尖端较细的直形杆。

　　固定大鼠头部方向位置的标准一般多采用 de Groot 的规定或 Krieg 的规定。

　　按 de Groot 1959 年发表的图谱规定，使鼠的上门齿根部比耳杆尖高 5 mm。鼠头装置中央电极移动架上装一尖端磨平的注射针头，用它测量耳杆尖的高度后，再向前移到门齿固定槽，调节上颌固定器高度，使门齿固定槽的上面比耳尖高 5 mm，固定上颌固定器后，这一要求即达到。

　　Krieg 所定的原则与 Sawyer 等固定兔头的方法近似。以前囟中心及人字缝尖为标准点，上下移动鼠上颌固定器，直到人字缝尖的位置比前囟中心低 1 mm，读下前囟中心的坐标数值（H_0，AP_0，L_0）。由于鼠用耳杆为直形杆，能够以外耳道连线为轴转动鼠头，故无须转动电极，Sherwood 式固定器也用类似的方法固定鼠头。

附录三　实验动物主要生理学数据

附表 3-1　常用实验动物血液生理学主要参数

动物种类	红细胞 /（$\times 10^{12} \cdot L^{-1}$）	白细胞 /（$\times 10^{12} \cdot L^{-1}$）	血小板 /（$\times 10^{12} \cdot L^{-1}$）	血细胞比容 /%	血红蛋白 /（$g \cdot L^{-1}$）	中性粒细胞 /%	淋巴细胞 /%	血容量 /（$mg \cdot kg^{-1}$）
马	10.1	8.0	241	44.0	150	60.4	29.0	75 ~ 100
牛	6.0	8.2	426	39.1	124	28.2	55.6	55 ~ 60
猪	7.0	14.8	404	41.2	127	34.5	55.0	60 ~ 80
山羊	17.0	9.6	47.9	31.8	113	38.6	57.1	55 ~ 80
绵羊	12.0	7.4	337	32.8	120	32.2	63.0	60 ~ 70
猫	7.5	13.2	228	36.0	125	57.1	34.0	45 ~ 77
狗	6.7	11.5	393	47.0	165	61.7	30.0	75 ~ 100
豚鼠	5.4	9.9	477	43.0	134	37.0	55.7	65 ~ 80
兔	6.2	8.1	468	39.0	134	45.0	63.0	45 ~ 70
大鼠	7.3	9.8	330	45.0	152	25.5	76.0	50 ~ 65
小鼠	8.6	9.2	240	45.0	142	17.2	80.0	70 ~ 80
猴	5.4	11.3	300 ~ 500	40.0	130	50	50.0	55 ~ 70
鸡	3.1	23.4	34.3	34.3	101	28.1	59.7	60 ~ 90

附表 3-2　常用实验动物生理参数正常值表

动物种类	心率 / (次·min⁻¹)	呼吸频率 / (次·min⁻¹)	血压 /kPa	体温 /℃
猫	120 ~ 140	20 ~ 30	18.0 ~ 22.6	38.0 ~ 39.5
狗	70 ~ 120	10 ~ 30	13.3 ~ 19.9	37.7 ~ 39.0
豚鼠	297 ~ 350	66 ~ 120	10 ~ 12	38.2 ~ 38.9
兔	123 ~ 304	38 ~ 60	8 ~ 16	38.5 ~ 39.5
大鼠	324 ~ 341	66 ~ 144	12.2 ~ 15.7	37.8 ~ 38.7
小鼠	422 ~ 549	118 ~ 139	17.7 ~ 21.3	37.2 ~ 38.8
猴	227	40	13.34 ~ 16.00	39.6 ~ 39.8
马	30 ~ 45	8 ~ 16		37.5 ~ 38.5
牛	40 ~ 80	10 ~ 25		37.5 ~ 39.5
猪	60 ~ 80	10 ~ 30		38.5 ~ 39.5
山羊	60 ~ 80	12 ~ 30		38 ~ 39.5
鸡	120 ~ 200	15 ~ 30		40 ~ 42
鸽	600（328 ~ 780）	85 ~ 230	106/147	/
蛙	170（141 ~ 244）	25 ~ 30	105/135	/

附录四　常用生理溶液的配制与使用

一、各种生理盐溶液的配制

生理盐溶液为代体液，用于维持离体组织、器官及细胞的正常生命活动。生理盐溶液必须具备下列条件：即渗透压与组织液相等；应含有组织、器官维持正常机能所必需的、比例适宜的各种盐类离子；酸碱度应与血浆相同，并具有充分的缓冲能力；应含有氧气和营养物质。

动物的种类不同，体液的组成各异，渗透压也不一样。因此，作为代体液的生理盐溶液，在组成成分上要有相应的区别。如两栖类动物体液的渗透压相当于 0.65% NaCl 溶液；哺乳类动物体液的渗透压则相当于 0.9% NaCl 溶液；海生动物体液的渗透压约相当于 3.0% NaCl 溶液。

对氧和营养物质的需要，不同的动物及组织也有差异，如两栖类动物的组织器官对氧和营养物质的需要程度明显低于哺乳动物。

动物生理学实验中最常用的生理盐溶液大体有三种：蛙心灌注多用任氏液，哺乳动物的实验多用乐氏液，哺乳动物的离体小肠实验多用台氏液（附表 4-1）。

配制溶液时，可按附表 4-1 用天平称取各种物质，然后将其溶解于蒸馏水中。为求配制程序简便，可预先配好各种物质的浓溶液（基础溶液），用量筒或吸量管按比例吸取一定的容积，然后用蒸馏水稀释到所需量即可。配制的方法见附表 4-2。

附表 4-1 常用生理盐溶液及其成分

药品名称	任氏液	乐氏液	台氏液	生理盐水	
	用于两栖类	用于哺乳类	用于哺乳类小肠	两栖类	哺乳类
氯化钠（NaCl）/g	6.5	9.0	8.0	6.5	9.0
氯化钾（KCl）/g	0.14	0.42	0.2		
氯化钙（CaCl$_2$）/g	0.12	0.24	0.2		
碳酸氢钠 NaHCO$_3$/g	0.2	0.1 ~ 0.3	1.0		
磷酸二氢钠 NaH$_2$PO$_4$/g	0.01	–	0.05		
氯化镁（MgCl$_2$）/g	–	–	0.1		
葡萄糖 /g	2.0（可不加）	1.0	1.0		
加蒸馏水至	1000 mL	1000 mL	1000 mL	1000 mL	1000 mL

注：配制时，CaCl$_2$ 需最后逐滴加入并且同时搅拌，以免形成 CaCO$_3$ 沉淀；葡萄糖应在实验应用时临时加入，不能储存过久。

附表 4-2 配制生理盐溶液的基础溶液及所需量*

母液	生理盐水		任氏液	乐氏液	台氏液
	两栖类用	哺乳类用	两栖类用	哺乳类用	哺乳类用
20% NaCl	35.0	45.0	32.5	45.0	40.0
10% KCl	—	—	1.4	4.2	2.0
10% CaCl$_2$	—	—	1.2	2.4	2.0
5% NaHCO$_3$	—	—	4.0	2.0	20.0
1% NaH$_2$PO$_4$	—	—	1.0	—	5.0
5% MgCl$_2$	—	—	—	—	2.0
葡萄糖（GS）	—	—	2.0（可不加）	1.0 ~ 2.5	1.0
蒸馏水（H$_2$O）	均加至 1000 mL				

* 表中各成分，除葡萄糖以 g 为单位外，均以 mL 为单位。

二、血细胞稀释液的配制

1. 红细胞稀释液

NaCl（维持渗透压）	0.5 g
Na$_2$SO$_4$（使溶液比重增加，红细胞均匀分布不易下沉）	2.5 g
HgCl$_2$（固定红细胞并防腐）	0.25 g
蒸馏水	加至 100 mL

（也可用生理盐水做稀释液）

2. 白细胞稀释液

（1）哺乳动物

冰醋酸（破坏红细胞）　　　　　　　　　　　　　　　　　1.5 mL

1% 龙胆紫（染白细胞核，便于计数）	1 mL
蒸馏水	加至 100 mL

（2）鱼类

NaCl	0.7 g
中性红	3.0 mg
结晶紫	1.5 mg
甲醛	0.4 mL
蒸馏水	加至 100 mL

3. 常用消毒药品的配制及用途（附表 4-3）

附表 4-3　常用消毒药物的配制及用途

消毒药品	常配浓度及方法	用途
新洁尔灭	1：1000	洗手、浸泡手术器械
来苏尔（煤酚皂溶液）	3%~5%	器械消毒、实验室场面、喷洒动物笼架、实验台消毒
	1%~2%	洗手、皮肤洗涤
石碳酸（苯酚）	5%	器械消毒、实验室消毒
	1%	洗手、手术部位及皮肤洗涤
漂白粉	10%	消毒动物排泄物、分泌物、严重污染区域
	0.5%	实验室喷雾消毒
生石灰	10%~20%	污染的场面和墙壁的消毒
福尔马林	10% 甲醛溶液	器械消毒
40% 甲醛溶液	40% 甲醛溶液	实验室熏蒸消毒
乳酸	4~8 mL/100 m³	实验室熏蒸消毒
碘酊（碘酒）	碘 3~5 g，碘化钾 3~5 g，75% 乙醇加至 100 mL	皮肤消毒，待干后用 75% 乙醇脱碘
红汞消毒液	2% 红汞溶液	黏膜消毒
升汞消毒液	0.1% 升汞溶液	洗手、手术部位皮肤洗涤
硼酸消毒液	2% 硼酸溶液	洗涤直肠、鼻腔、口腔、眼睛等
雷佛奴尔消毒液	1% 雷佛奴尔溶液	各种黏膜消毒、创伤洗涤

附录五　实验动物常用麻醉药及参考剂量

附表 5-1　实验动物常用麻醉药及参考剂量

麻醉剂	给药方式	作用特点	常用药液浓度	剂量（mg/kg 体重）	麻醉维持时间及注意事项
乙醚	吸入	麻醉深度易控制，使用安全，但苏醒较快	/	/	实验过程中要一直连续吸入给药；乙醚可刺激呼吸道分泌大量黏液，在麻醉前可先皮下注射阿托品 0.1～0.3 mg/kg 体重，毒性大
氯仿	吸入	主要作用于中枢神经系统，对心、肝、肾有损害	/	/	实验过程中要一直吸入麻醉维持，毒性大
戊巴比妥钠	狗：静注；兔、鼠：腹腔注射	麻醉过程平稳，安全范围较小，维持时间较长	2%～4%	静注：30；腹腔：40～50	2～4 h，中途加 1/5 量，多维持 1 h 以上；静注时先快后慢，并注意动物的反应
异戊巴比妥钠	狗、兔：静注、肌注；鼠类：腹腔；直肠给药	用量过大或静注过快时易发生呼吸抑制和血压下降等不良反应	静注：5%；肌注或腹腔、直肠：10%	静注：40～50；肌注：80～100；腹腔：100	4～6 h，如注射给药宜现配现用，以免变质和产生毒副作用
氨基甲酸乙酯（乌拉坦）	兔、猫：腹腔或静注；鸽：肌注；蛙类：皮下淋巴囊	麻醉过程平稳，安全范围大，维持时间较长，不抑制呼吸中枢	静注、腹腔：25%；肌注；皮下淋巴囊：20%	静注、腹腔：75～1000；肌注：1350；皮下淋巴囊：400～600	2～4 h，安全，毒性小，主要适用于小动物，有时可降低血压
硫喷妥钠	狗、猫、兔、大鼠：静注	安全范围较大，常用作基础麻醉剂	小动物：2.5%～10%；大动物：5%～10%	狗、兔：20～30；猪：15；羊：20～25	15～30 min 作用最强，缓慢注射
水合氯醛	狗、羊：静注；猪：耳静脉注射；禽：内服	主要用作猪的麻醉和其他动物的基础麻醉，羊对该药物反应大，应慎用	静注：10%～20%	猪：静注 150～170；300；狗：300；羊：200～300；禽：内服 200～300	临用前用等渗葡萄糖液配制，静注时药液不能漏入皮下，速度宜慢，也可直接用水合氯醛乙醇液或水合氯醛硫酸镁注射液
普鲁卡因	局部麻醉	主要用于浸润麻醉，在腹腔慢性手术时，用作传导麻醉	浸润麻醉：0.25%～0.5%；传导麻醉和硬膜外麻醉：2%～5%	传导麻醉：每点注射量 10～20 mL	本品可煮沸消毒，但不宜高压消毒
氯醛糖	静注或腹腔注射	麻醉过程平稳，维持时间较长，如与镇静剂合用，对心血管的反射抑制作用较弱	1%	80～100	3～4 h，本药溶解度小，用前可水溶加热促溶，但温度不宜过高，以免降低药效

注：静注：静脉注射；肌注：肌内注射。

附录六　常用血液抗凝剂的配制及用法

1. 肝素

肝素（heparin）的抗凝作用很强，常用来作为全身抗凝剂，尤其是进行动物循环方面的实验，肝素的应用更有其重要意义。纯的肝素每 10 mg 能抗凝 100 mL 血液（按 1 mg 等于 100 个国际单位，10 个国际单位能抗凝 1 mL 血液计）。用于试管内抗凝时，一般可配成 1% 肝素生理盐水溶液。方法是取已配制好的 1% 肝素生理盐水溶液 1 mL 加入试管内，加热 100℃烘干，每管能抗凝 5~10 mL 血液。用于动物全身抗凝时，一般剂量：大鼠（2.5~3.0）mg/（200~300）g 体重，兔 10 mg/kg 体重，狗 5~10 mg/kg 体重。

2. 柠檬酸钠（枸橼酸钠）

柠檬酸钠可使血液中的钙形成难以解离的可溶性复合物，从而使血液不凝固。但抗凝作用较差，且碱性较强，不宜作化学检验用，但可用于红细胞沉降速度测定等。生理学实验常用 5%~10% 的水溶液，这一浓度只能用于体外抗凝。如果注入体内，会使动物发生柠檬酸钠休克。

3. 草酸钾

1~2 mg 草酸钾可抗凝 1 mL 血液。如配成 10% 水溶液，每管加 0.1 mL，可使 5~10 mL 血液不凝固。

4. 草酸盐合剂

选取　草酸铵 1.2 g，草酸钾 0.8 g，福尔马林 1.0 mL，蒸馏水加至 100 mL，配成 2% 溶液。

每毫升血液加草酸盐合剂 2 mg（相当于草酸铵 1.2 mg，草酸钾 0.8 mg）。用前根据取血量，将计算好的试剂量加入玻璃容器内烤干备用。如取 0.5 mL 于试管中，烘干后每管可使 5 mL 血液不凝固。此抗凝剂最适于做红细胞比容测定，能使血凝过程中所必需的钙离子沉淀达到抗凝的目的。

附录七　促胰液素的制备

促胰液素的制备方法简单易行，而且效果比较好。常用预备实验动物（狗或猪）的十二指肠制备。下面介绍两种制备方法：

1. 粗制法

（1）在急性实验的狗或猪刚死后，马上截取其十二指肠和上段空肠 1 m 左右即可，用自来水缓慢冲洗，冲净肠内容物。用线结扎肠管的一端，向肠管内注入 0.5% HCl 约 500 mL，再结扎肠管另一端。静候 0.5~1 h 后，将肠管里的盐酸倒入烧杯中，并用手轻轻地挤出残余的盐酸，此液内即含有促胰液素。将其煮沸后加入氢氧化钠溶液，使其呈碱性（pH 8~9），然后再慢慢地加入盐酸溶液，使其略呈酸性（pH 5~6），此时有大量沉淀物析出，将此液体过滤，即得含有促胰液素的液体。如果不急用，可将此液放入冰箱保存，或者将从肠管里倒出的盐酸溶液放入冰箱内暂时保存，使用时再照上法制备。

（2）在急性实验的狗或猪刚死后，马上截取其十二指肠和上段空肠 1 m 左右，用自来水缓慢冲洗干净。顺肠管纵向剪开平铺在木板上，用解剖刀刮下全部黏膜放入研钵，再加细碎玻璃 5 g 和 0.5% HCl 10~15 mL 共同研磨。将研碎的稀浆倒入瓷杯中，再加 0.5% HCl 100~150 mL，煮沸 10~15 min，用 10%~20% NaOH 溶液趁热中和，边加边用玻璃棒搅拌，不时地用 pH 试纸检查，待到中性时过滤即可。急性实验的促胰液素可以调至弱酸性（pH 5~6）。已制好的促胰液素应保存在冰箱中。

2. 精制法

在急性实验的狗或猪刚死后，马上截取其十二指肠和上段空肠 1 m 左右，用自来水缓慢冲洗干净。轻轻刮取其黏膜，用相当于黏膜体积 4 倍的乙醇来抽提，取上清液加入 0.1 mol·L^{-1} CaCl$_2$ 进行沉淀或皂化其中的脂肪，过滤后，将滤液在低温真空中蒸发，待蒸发到原来体液的 1/4 时，加入 1% 醋酸（每 100 mL 加 3 mL 醋酸）混匀。15 min 后用离心机沉淀。取出沉淀下来的胶性物，反复用无水乙醇抽提，弃去不能抽提的沉渣，然后浓缩乙醇提取液，用相当于此液 4 倍的丙酮沉淀，再取沉淀物用丙酮洗干，即可得到较纯净的促胰液素。这样制备的促胰液素可以长期保存于 -20℃或 -80℃冰箱。

附录八　标准状态气体容积换算系数

附表 8-1　标准状态（STPD）气体容积换算系数

气压		气温 /℃										
mmHg	kPa	10	11	12	13	14	15	16	17	18	19	20
675	90.0	0.84510	0.84133	0.83753	0.83370	0.82985	0.82598	0.92208	0.81813	0.81414	0.81013	0.80607
680	90.7	0.85145	0.84766	0.84383	0.83998	0.83611	0.83211	0.82829	0.82432	0.82032	0.81628	0.81220
685	91.3	0.85780	0.85398	0.85013	0.84626	0.84237	0.83845	0.83451	0.83051	0.82649	0.82243	0.81833
690	92.0	0.86414	0.86031	0.85643	0.85254	0.84863	0.84469	0.84072	0.83671	0.83266	0.82858	0.82446
695	92.7	0.87049	0.86663	0.86273	0.85882	0.85489	0.85092	0.84693	0.84290	0.83883	0.83473	0.83059
700	93.3	0.87684	0.87295	0.86904	0.86510	0.86114	0.85716	0.85315	0.84910	0.84501	0.84088	0.83672
705	94.0	0.88318	0.87928	0.87534	0.87138	0.86740	0.86339	0.85936	0.85529	0.85118	0.84704	0.84285
710	94.7	0.88953	0.88560	0.88164	0.87766	0.87366	0.86963	0.86558	0.86148	0.85735	0.85319	0.84898
715	95.3	0.89588	0.89193	0.88794	0.88394	0.87992	0.87587	0.87179	0.86768	0.86352	0.85934	0.85511
720	96.0	0.90222	0.89825	0.89424	0.89022	0.88618	0.88210	0.87801	0.87387	0.86970	0.86549	0.86124
725	96.7	0.90857	0.90458	0.90055	0.89650	0.89244	0.88834	0.88422	0.88006	0.87587	0.87164	0.86737
730	97.3	0.91492	0.91090	0.90685	0.90278	0.89869	0.89458	0.89044	0.88626	0.88204	0.87779	0.87350
735	98.0	0.92126	0.91722	0.91315	0.90906	0.90495	0.90081	0.89665	0.89245	0.88821	0.88349	0.87963
740	98.7	0.92761	0.92355	0.91945	0.91534	0.91121	0.90705	0.90287	0.89864	0.89438	0.89009	0.88576
745	99.3	0.93396	0.92987	0.92576	0.92162	0.91747	0.91329	0.90908	0.90434	0.90056	0.89624	0.89189

续表

气压		气温 /℃										
mmHg	kPa	10	11	12	13	14	15	16	17	18	19	20
750	100.0	0.94030	0.93620	0.93206	0.92916	0.92373	0.91952	0.91530	0.91103	0.90673	0.90240	0.89802
755	100.7	0.94665	0.94252	0.93836	0.93418	0.92998	0.92576	0.92151	0.91722	0.91290	0.90855	0.90451
760	101.3	0.95300	0.94885	0.94466	0.94046	0.93624	0.93200	0.92773	0.92342	0.91907	0.91470	0.91028
765	102.0	0.95934	0.95517	0.95096	0.94674	0.94250	0.93823	0.93394	0.92961	0.92562	0.92085	0.91641
770	102.7	0.96569	0.96149	0.96853	0.95302	0.92373	0.94447	0.94016	0.93580	0.93142	0.92700	0.92254

气压		气温 /℃										
mmHg	kPa	21	22	23	24	25	26	27	28	29	30
675	90.0	0.80197	0.79782	0.79362	0.78933	0.78505	0.78068	0.77625	0.77175	0.76719	0.76255
680	90.7	0.80808	0.80390	0.79968	0.79541	0.79108	0.78670	0.78224	0.77772	0.77314	0.76848
685	91.3	0.81419	0.80999	0.80575	0.80146	0.79711	0.77270	0.78823	0.78369	0.77908	0.77440
690	92.0	0.82030	0.81608	0.81182	0.80750	0.80313	0.79871	0.79421	0.78966	0.78503	0.78033
695	92.7	0.82641	0.82217	0.81789	0.81355	0.80916	0.87047	0.80020	0.79562	0.79098	0.78626
700	93.3	0.83252	0.82826	0.82396	0.81960	0.81579	0.81072	0.80619	0.80159	0.79693	0.79219
705	94.0	0.83826	0.83435	0.83003	0.82565	0.82122	0.81673	0.81218	0.80756	0.80287	0.79812
710	94.7	0.84473	0.84040	0.83609	0.83170	0.82724	0.82273	0.81816	0.81352	0.80882	0.80404
715	95.3	0.85084	0.84652	0.84216	0.83774	0.83327	0.82874	0.82415	0.81949	0.81477	0.80997
720	96.0	0.85695	0.85261	0.84823	0.84380	0.83930	0.83475	0.83014	0.82546	0.82072	0.81590
725	96.7	0.86306	0.85870	0.85430	0.84984	0.84532	0.84076	0.83612	0.83143	0.82666	0.82183
730	97.3	0.86917	0.86479	0.86037	0.85589	0.85135	0.84676	0.84211	0.83739	0.83261	0.82776
735	98.0	0.87528	0.87088	0.86643	0.86193	0.85738	0.85277	0.84810	0.84336	0.83856	0.83368
740	98.7	0.88139	0.87679	0.87250	0.86789	0.86341	0.85878	0.85409	0.84933	0.84451	0.83961
745	99.3	0.88750	0.88306	0.87857	0.87403	0.86943	0.86478	0.86007	0.85530	0.85045	0.84554
750	100.0	0.89361	0.88914	0.88464	0.88008	0.87546	0.87079	0.86606	0.86126	0.85640	0.85147
755	100.7	0.89972	0.89523	0.89071	0.88612	0.88149	0.87680	0.87205	0.86723	0.86235	0.85740
760	101.3	0.90583	0.90132	0.89677	0.89217	0.88149	0.88281	0.87803	0.87320	0.86830	0.86332
765	102.0	0.91194	0.90741	0.90284	0.89822	0.89354	0.88881	0.88402	0.87916	0.87425	0.86925
770	102.7	0.91805	0.91350	0.90891	0.90427	0.89957	0.89482	0.89001	0.88513	0.88019	0.87518

耗氧量（V）校正为标准状态下的气体容量（V_0）

$$V_0 = K \cdot V$$

（K 为标准状态气体容积换算系数，根据实验时气压和温度从附表 8-1 中查得）

附录九　生物信号采集系统有关实验参数

附表 9-1　生物信号采集系统有关实验参数

实验名称	显示模式	采样间隔	触发方式	通道号	信号	换能器	交直流	放大倍数	刺激参数及刺激方式
不同刺激强度刺激肌肉	连续记录	1 ms	自动	1	张力	张力	DC	500	单刺激或主周期刺激
				4	刺激标记	刺激电极		5	
不同持续时间刺激肌肉	连续记录	1 ms	自动	1	张力	张力	DC	500	单刺激或主周期刺激
				4	刺激标记	刺激电极		5	
不同刺激频率刺激肌肉	连续记录	1 ms	自动	1	张力	张力	DC	500	单刺激、主周期刺激或自动频率调节
				4	刺激标记	刺激电极		5	
骨骼肌电活动与收缩的关系	连续记录	50 μs	自动	1	张力	张力	DC	500	单刺激或主周期刺激
				4	刺激标记	刺激电极		5	
神经干动作电位及传导速度	记忆示波	25 μs	刺激器	2	动作电位	神经屏蔽盒	AC	500	主周期刺激
				4	动作电位		AC	500	
神经干不应期的测定	记忆示波	25 μs	刺激器	2	动作电位	神经屏蔽盒	AC	500	自动间隔调节
				4	刺激标记	刺激电极		5	
心室期前收缩与代偿间歇	连续记录	1 ms	自动	1	张力	张力	DC	500	单刺激
				3	心电	心电测量线	AC	1000	
				4	刺激标记	刺激电极		5	
心肌不应期的测定	记忆示波	100 μs	刺激器	3	心电	心电测量线	AC	500	自动间隔调节
				4	刺激标记	刺激电极		5	
离体心脏灌流	连续记录	1 ms	自动	1	张力	张力	DC	500	串刺激
				3	心电	心电测量线	AC	1000	
心室内压的测定	连续记录	1 ms	自动	1	压力	压力	DC	500	串刺激
				3	心电	心电测量线	AC	1000	
离体心脏冠脉流量的测定	连续记录	1 ms	自动	1	张力	张力	DC	500	串刺激
				2	记滴	记滴	DC	500	
动物心电向量图	X-Y 记录仪	1 ms	自动	2	心电 *	心电测量线	AC	1000	
				4	心电	心电测量线	AC	1000	
动物心电	连续记录	1 ms	自动	3	心电	心电测量线	AC	1000	
动物心电容积导体	连续记录	1 ms	自动	3	心电	心电测量线	AC	1000	
心室肌细胞跨膜电位	记忆示波	100 μs	刺激器	3	胞内电位	玻璃微电极	AC	500	主周期刺激

续表

实验名称	显示模式	采样间隔	触发方式	通道号	信号	换能器	交直流	放大倍数	刺激参数及刺激方式
动物动脉血压的测定	连续记录	1 ms	自动	1	压力	压力	DC	500	串刺激
				3	心电	心电测量线	AC	500	
减压神经放电	连续记录	25 μs	自动	1	神经放电	保护电极	AC	10000	主周期刺激
				3	心电	心电测量线	AC	500	
动物潮气量的测定	连续记录	5 ms	自动	1	压力	压力	DC	500	串刺激
动物呼吸运动的观察	连续记录	5 ms	自动	2	压力	压力	DC	500	串刺激
跨膈压的测定	连续记录	5 ms	自动	1	压力	压力	DC	500	串刺激
动物膈肌肌张力的测定	连续记录	5 ms	自动	2	张力	张力	DC	500	单刺激或主周期刺激
动物膈肌频率张力曲线的测定	连续记录	1 ms	自动	2	张力	张力	DC	500	自动频率调节
动物膈肌肌电图的观测	连续记录	25 μs	自动	1	肌电	保护电极	AC	10000	主周期刺激
离体肠肌的运动	连续记录	50 ms	自动	2	张力	张力	DC	500	串刺激
影响尿生成的因素	连续记录	1 ms	自动	1	血压	压力	DC	500	主周期刺激
				2	记滴	记滴	DC	500	

注：① 以上数据仅供参考，遇特殊情况可在提供参数的基础上左右调整。
② 注意在定标后，物理放大倍数要求固定，不可随意调整，同时压力换能器专机专用。
③ 神经不可损伤，保护电极钩上若有沾血，则用棉球拭干，声音、图像同步出现。
④ 制作神经标本时，神经越长越好，神经干动作电位主周期刺激参数设置（依顺序）：1，0.1，1，5，5，3，1（25 μs）或 1，0.1，1，1，1，8，1（20 μs）。

附录十　国家实验动物管理法规

• 《实验动物管理条例》
• 《实验动物质量管理办法》
• 《实验动物许可证管理办法（试行）》
• 《关于善待实验动物的指导性意见》
以上国家实验动物管理法规的具体内容请登录本书配套的数字课程网站浏览。

参考文献

白波.医学机能学实验教程［M］.北京：人民卫生出版社，2004.

毕晓普，多尔曼.生理学基础实验［M］.北京：科学出版社，1985.

陈军.膜片钳实验技术［M］.北京：科学出版社，2001.

陈克敏.实验生理科学教程［M］.北京：科学出版社，2001.

陈主初，吴端生.实验动物学［M］.长沙：湖南科学技术出版社，2002.

邓世雄.功能学实验［M］.北京：人民卫生出版社，2002.

高良才.人体及动物生理学实验［M］.上海：华东师范大学出版社，2020.

胡还忠.医学机能学实验教程［M］.北京：科学出版社，2002.

黄敏，李冬冬.医学机能实验学［M］.北京：科学出版社，2002.

解景田，赵静.生理学实验［M］.2 版.北京：高等教育出版社，2002.

鞠躬，赵湘辉.基础医学实验技术系列丛书：神经生物学实用实验技术［M］.西安：第四军医大学出版社，
　　2012.

李大鹏，肖向红.动物生理学实验［M］.3 版.北京：高等教育出版社，2022.

李效义.基础医学功能实验指导［M］.北京：中国协和医科大学出版社，2001.

林德贵.兽医外科手术学［M］.4 版.北京：中国农业出版社，2004.

刘振伟.实用膜片钳技术［M］.2 版.北京：北京科学技术出版社，2016.

柳巨雄，杨焕民.动物生理学［M］.北京：高等教育出版社，2011.

马恒东.动物生理学实验［M］.北京：科学出版社，2017.

沈岳良，现代生理学实验教程［M］.北京：科学出版社，2002.

施雪筠.生理学实验指导［M］.上海：上海科学技术出版社，2000.

王秋娟.生理学实验与指导［M］.北京：中国医药科技出版社，1993.

王廷华.组织细胞化学理论与技术［M］.2 版.北京：科学出版社，2009.

王月影，朱河水.动物生理学实验教程［M］.北京：中国农业大学出版社，2010.

王竹立，林明栋.实验生理科学［M］.广州：中山医科大学实验生理科学教研室，2000.

杨芳炬.机能学实验［M］.2 版.成都：四川大学出版社，2006.

杨秀平.动物生理学实验［M］.北京：高等教育出版社，2004.

姚运纬，李鸿勋，赵荣瑞，等.生理学实验指导［M］.郑州：河南医科大学出版社，1998.

袁孝如.现代生理学实验技术［M］.北京：科学出版社，2004.

张才乔.动物生理学实验［M］.2 版.北京：科学出版社，2018.

赵轶千，王雨若.生理学实验指导［M］.北京：人民卫生出版社，1985.

中国农业大学 . 家畜外科手术学［M］. 3 版 . 北京：中国农业出版社，2001.

朱大诚 . 生理学实验教程［M］. 北京：人民军医出版社，2009.

朱鹤年，倪国坛，路长林 . 关于猫中脑"怒叫中枢"的研究［J］. 生理科学，1982, Z1:28.

左明雪 . 人体及动物生理学［M］. 4 版 . 北京：高等教育出版社，2016.

Paxinos G，Watson C. 大鼠脑立体定位图谱：第 3 版［M］. 诸葛启钏，主译 . 北京：人民卫生出版社 , 2005.

Snider R S，Niemer W T. A Stereotaxic Atlas of the Cat Brain［M］. Chicago：University of Chicago Press,1961.

郑重声明

高等教育出版社依法对本书享有专有出版权。任何未经许可的复制、销售行为均违反《中华人民共和国著作权法》，其行为人将承担相应的民事责任和行政责任；构成犯罪的，将被依法追究刑事责任。为了维护市场秩序，保护读者的合法权益，避免读者误用盗版书造成不良后果，我社将配合行政执法部门和司法机关对违法犯罪的单位和个人进行严厉打击。社会各界人士如发现上述侵权行为，希望及时举报，我社将奖励举报有功人员。

反盗版举报电话　　(010) 58581999　58582371
反盗版举报邮箱　dd@hep.com.cn
通信地址　北京市西城区德外大街4号　高等教育出版社法律事务部
邮政编码　100120

读者意见反馈

为收集对教材的意见建议，进一步完善教材编写并做好服务工作，读者可将对本教材的意见建议通过如下渠道反馈至我社。

咨询电话　400-810-0598
反馈邮箱　gjdzfwb@pub.hep.cn
通信地址　北京市朝阳区惠新东街4号富盛大厦1座　高等教育出版社总编辑办公室
邮政编码　100029

防伪查询说明

用户购书后刮开封底防伪涂层，使用手机微信等软件扫描二维码，会跳转至防伪查询网页，获得所购图书详细信息。

防伪客服电话　(010) 58582300